Karl Heinz Holst

Schnittgrößen in Brückenwiderlagern

Karl Heinz Holst

Schnittgrößen in Brückenwiderlagern

unter Berücksichtigung der Schubverformung
in den Wandbauteilen

Berechnungstafeln

Springer Fachmedien Wiesbaden GmbH

CIP-Titelaufnahme der Deutschen Bibliothek

Holst, Karl Heinz:
Schnittgrößen in Brückenwiderlagern: unter
Berücksichtigung der Schubverformung in den
Wandbauteilen; Berechnungstafeln / Karl Heinz
Holst. – Braunschweig; Wiesbaden: Vieweg, 1990

ISBN 978-3-663-07752-7   ISBN 978-3-663-07751-0 (eBook)
DOI 10.1007/978-3-663-07751-0

Professor Dipl.-Ing. *Karl Heinz Holst* lehrt an der Fachhochschule Lübeck
im Fachbereich Bauwesen.

Vieweg ist ein Unternehmen der Verlagsgruppe Bertelsmann International.

Buchbinderische Verarbeitung: Hunke & Schröder, Iserlohn

Inhalt

Vorwort

Ein kastenförmiges Brückenwiderlager in seinem Tragverhalten richtig zu erfassen, beinhaltet eine Problematik, die bis heute noch nicht exakt gelöst ist. Streng betrachtet handelt es sich um ein räumlich wirkendes Tragwerk, bei dem im allgemeinen, schiefwinkligen Fall keine Vereinfachungen durch Symmetrie von Belastung und System gegeben sind. Die maßgebenden tragenden Bestandteile dieses Tragwerkes sind Flächentragwerke, eine dreiseitig gelagerte Platte als Stirnwand und zweiseitig über Eck gelagerte Platten als Flügelwände. Während die dreiseitig gelagerte Platte durch die Arbeiten von F. Czerny [8, 9] und J. Hahn [10] hinreichend bekannt war, gelang K. Stiglat und H. Wippel erstmalig die Darstellung der über Eck gelagerten Platte unter Gleichlast [11]. D. Stein brachte hierzu Ergänzungen für einige typische Lastfälle [12]. Mit diesen Erkenntnissen war man in der Lage, ein rechtwinklig zusammengesetztes Plattensystem für symmetrische Lastfälle bei Annahme voller Einspannung der Ränder zu berechnen. Ein erster Durchbruch erfolgte durch die Arbeiten von Eibl, Iványi und Schambeck [13], in denen erstmals auch schon Scheibenkräfte als Auflagerkräfte der zugehörigen Flächentragwerke in Ansatz gebracht wurden. Nach wie vor konnte nur ein symmetrisches System für symmetrische Lastfälle berechnet werden. Offen geblieben sind Lösungen auf die Fragen exzentrischer Belastungszustände, tatsächlicher Einspanngrade der Flächentragwerke, Auswirkung der großen Wanddicken und Tragverhalten schiefwinkliger Systeme, denen wir uns in unserer Arbeit über Brückenwiderlager, von der der erste Teil mit [5] vorgelegt wurde, gewidmet haben. Wir konnten nachweisen, daß die Schubverformungen bei den üblichen großen Wanddicken nicht vernachlässigt werden dürfen, wenn man das Tragverhalten richtig erfassen will. Hieraus resultieren große Scheibenzugkräfte, die über den Ansatz der vorher beschriebenen Näherungen hinausgehen. Wir haben die exzentrischen Belastungszustände mit eingearbeitet und legen das Berechnungsverfahren für ein rechtwinkliges Widerlager vor. Die Auswertungen der schiefwinkligen Formen dauern derzeit an. Unser Ziel, alle aufgeworfenen Fragen zu lösen, haben wir aber noch nicht erreicht, auch bei uns ist es zunächst bei der Volleinspannung der Wandbauteile zum Fundament geblieben. Sobald die Voraussetzungen für die Fortsetzung der Arbeit gegeben sind, soll diese Frage noch abschließend geklärt werden.

Ich danke Herrn Regierungsdirektor Winfried Zylka im Kultusministerium des Landes Schleswig-Holstein und dem Kanzler der Fachhochschule Lübeck, Horst Drewello, daß meine Arbeiten in den Kreis der förderungswürdigen Forschungsarbeiten an Fachhochschulen mit einbezogen wurden. So konnten die erforderlichen Fremdleistungen finanziert werden.

Meinem Partner, Herrn Dipl.-Ing. Michael Paßvogel, danke ich für seine Mitarbeit; er übernahm die Programmerstellung und EDV-Bearbeitung.

Verlagsarbeit wird heute bei Spezialthemen immer schwieriger, da das Kopierunwesen und die sinkende Bereitschaft, Fachliteratur selbst zu erwerben, nur begrenzte Auflagenhöhen zulassen. Ich danke daher dem Vieweg-Verlag, daß er dennoch die Veröffentlichung meiner Arbeit übernommen hat.

Lübeck, im Juni 1989 *Karl Heinz Holst*

1 Einführung

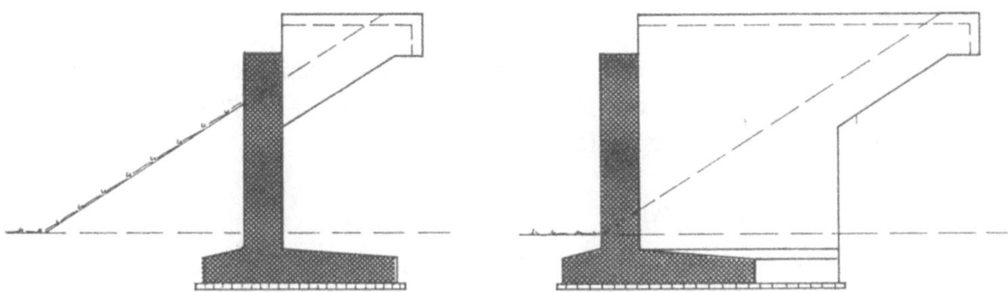

Bild 1 Widerlagerformen

Widerlagerbauwerke schließen ein Brückenbauwerk ab und leiten es in die anschließende Trasse des Verkehrsweges über. Sie sind Bestandteil der Brückenkonstruktion und haben vielfältige Aufgaben zu übernehmen. Einzelheiten hierzu entnehme man [1]. Von der Konstruktion her lassen sich zwei Grenzlösungen unterscheiden, die in Bild 1 gegenübergestellt sind. Beide Widerlagerformen unterscheiden sich im Tragverhalten. Bei der einfachen Widerlagerwand werden die Beanspruchungen über das Biegetragverhalten der Widerlagerwand in den Baugrund abgeleitet. Bei dem kastenförmigen Widerlager ist das Tragverhalten durch eine Faltwerkkonstruktion geprägt, in der die Beanspruchungen durch die Platten- und Scheibentragfähigkeit der Wände abgeleitet werden. In einer solchen Konstruktion treten neben den Biegemomenten dann auch Normalkräfte, oder, besser gesagt, Scheibenkräfte auf, die das Tragverhalten wesentlich mitbestimmen. Verläßt das kastenförmige Widerlager in seiner Konstruktion die Symmetrie, d.h., geht es in ein schiefwinkliges Widerlager über, so verändern sich die Schnittgrößen nicht unwesentlich durch Zusatzbeanspruchungen, die zur Erfüllung der Gleichgewichts- und Verformungsbedingungen auftreten. Im folgenden werden Berechnungstafeln dargestellt und erläutert, die die Ermittlung der Schnittgrößen der beiden vorher erläuterten Widerlagerformen ermöglichen.

2 Das Berechnungsverfahren

2.1 Allgemeines

Die Ermittlung der Schnittgrößen erfolgte nach der Finite-Element-Methode am Flächentragwerk für einen homogenen, isotropen und linear elastischen Werkstoff. Der Einfluß der Querdehnung wurde vernachlässigt ($\mu = 0$).

2.2 Die einfache Widerlagerwand

Bei der einfachen Widerlagerwand wurde der Berechnung die Kirchhoffsche Plattentheorie zugrunde gelegt. Die Berechnung selbst erfolgte nach [2] mit einem Bezugssystem nach Bild 2. Hierbei wurde das dikubische Rechteckelement mit 16 Freiheitsgraden nach Bild 3 mit folgender Ansatzfunktion verwendet:

$$w = \Sigma\, a_{ij} \cdot x^i \cdot y^i \quad \text{mit} \quad 0 \leq i;\ j \leq 3$$

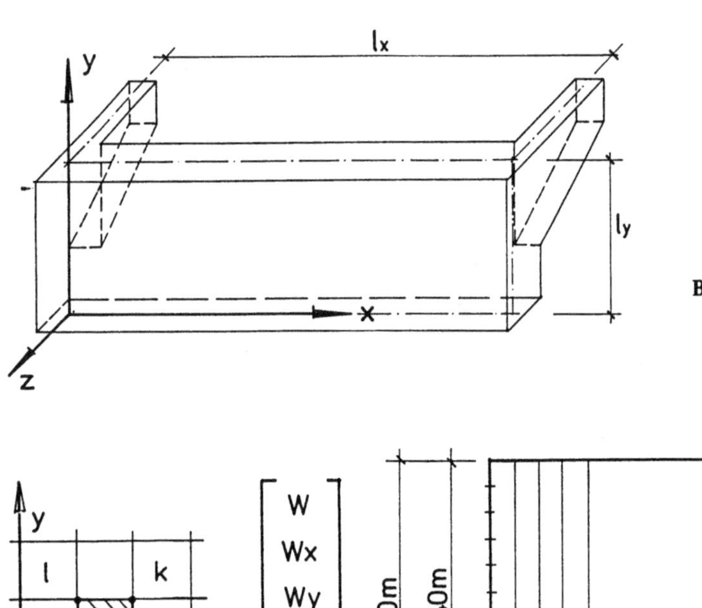

Bild 2 System

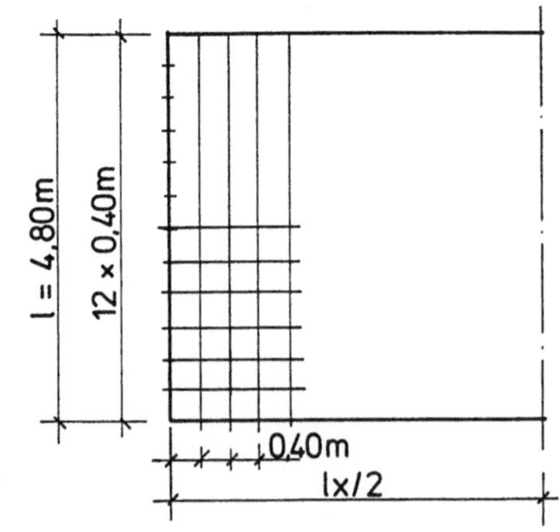

Bild 3 Element und Rasterteilung

Die Größe der einzelnen Systeme war vom Parameter $\epsilon = l_x/l_y$ mit $\epsilon = 1, 2, 3, 4$ abhängig. Die Berechnung wurde für die Systeme mit den Abmessungen $l_y = 4,80\,\text{m}$ und $l_x = \epsilon \cdot 4,80\,\text{m}$ durchgeführt.

2.3 Das kastenförmige Widerlager

2.3.1 Vorbemerkungen

Um das Tragverhalten eines kastenförmigen Widerlagers richtig zu erfassen, muß die Platten- und Scheibentragwirkung der Wandbauteile berücksichtigt werden. Daher ist es sinnvoll, bei der Berechnung solcher Tragwerke von der Faltwerktheorie auszugehen. Faltwerke sind Tragwerke, in denen die Wandbauteile unter einem Winkel zwischen ihren Ebenen biege- und schubfest miteinander verbunden sind und entsprechend ihrer Beanspruchung als Platten- und Scheibentragwerke wirken. Hierbei ist die Steifigkeit der Scheibenanteile wesentlich größer als die der Plattenanteile. Da die Verformungen je zweier Wandbauteile an der gemeinsamen Kante gleich sind, kann man die Systeme für die Berechnung entkoppeln und in einem Ersatzsystem unter Ansatz der Randquerkräfte der Platten als Belastung der Scheiben berechnen. Bei der Anwendung dieser Vorgehensweise zeigte sich aber durch den Nachweis von Verformungen an der gemeinsamen Kante von Stirn- und Flügelwand, daß die Voraussetzung der großen Scheibensteifigkeit nicht gegeben ist. Die Scheiben geben den wirkenden Schubbeanspruchungen nach, die Elemente verformen sich zusätzlich durch eine Gleitung, an die sich das korrespondierende Plattenelement nur durch eine starke Krümmung angleichen kann. Dieses Krümmungsverhalten führt zu großen Momentenspitzen, worüber in [5] berichtet wurde. Eine feinere Diskretisierung, d. h. die Wahl eines engeren Rasternetzes, brachte keine Abhilfe, im Gegenteil, das Krümmungsverhalten des kleineren Plattenelementes mußte zwangsläufig stärker werden. Die Problematik verschwand erst, als die Berechnung auf die erweiterte Plattentheorie nach Reissner abgestellt wurde [3, 4], da die Dicke der Wände gegenüber den Längen- und Breitenabmessungen der Platte nicht mehr als klein zu betrachten war. Jetzt konnten die entsprechenden Schubverformungen in der Platte, die nach Kirchhoff zu vernachlässigen waren, erfaßt und in die Berechnung eingeführt werden.

2.3.2 Die Berechnungsgrundlagen

Aus den voraussetzenden Annahmen der Kirchhoffschen Plattentheorie [6]

— die Dicke der Platte ist klein zu ihren Längen- und Breitenabmessungen,
— die Durchbiegungen der Mittelfläche der Platte sind klein gegenüber der Dicke der Platte,
— Punkte der Mittelfläche der Platte erfahren nur eine Verschiebung senkrecht zu ihr,
— Punkte auf einer Normalen zur Mittelfläche der Platte bleiben auch nach der Verformung auf einer Geraden, die senkrecht zur Mittelfläche steht (Normalenhypothese)

folgt, daß die Dehnungen und Winkeländerungen in der Mittelfläche vernachlässigt werden dürfen. Weiterhin ergeben sich in Folge folgende Vereinfachungen:

— Vernachlässigung der Normalspannungen in z-Richtung,
— Vernachlässigung der Verzerrungen aus den Querschubspannungen τ_{xz} und τ_{yz}.

Betrachtet man die Verschiebung eines Punktes P im Abstand z von der Mittelfläche infolge einer Durchbiegung w der Mittelfläche, so ergibt sich für die Verschiebung des Punktes P mit w (P) = w (Q) = w (x, y):

in der x, z-Ebene

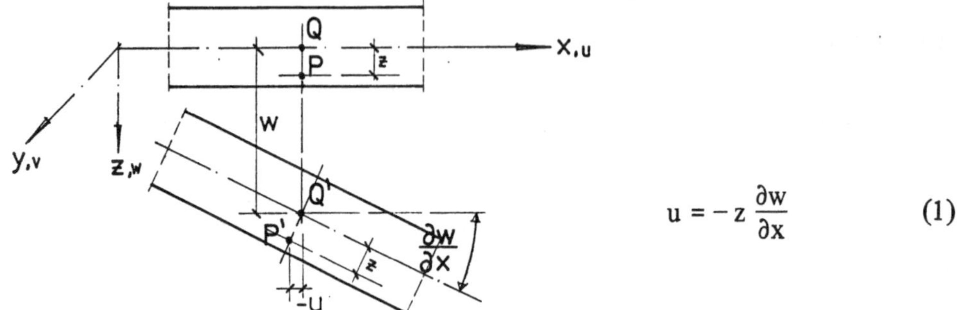

$$u = - z \, \frac{\partial w}{\partial x} \qquad (1)$$

Bild 4 Formänderungen in der x,z-Ebene

in der y, z-Ebene

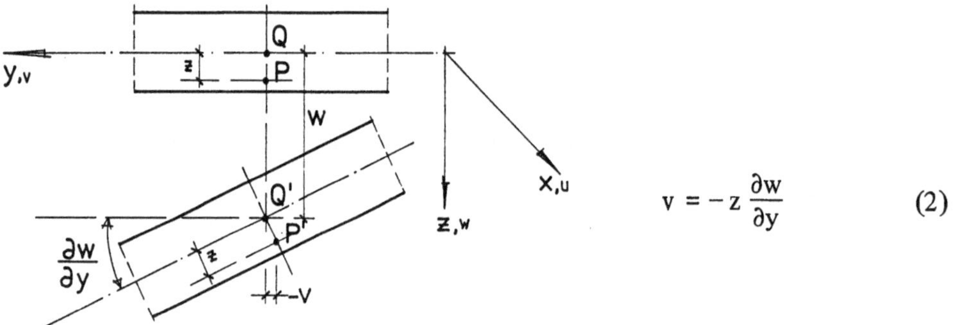

$$v = - z \, \frac{\partial w}{\partial y} \qquad (2)$$

Bild 5 Formänderungen in der y,z-Ebene

Für die Dehnungen einer Fläche dx/dy im Abstand z von der Mittelfläche ergibt sich:

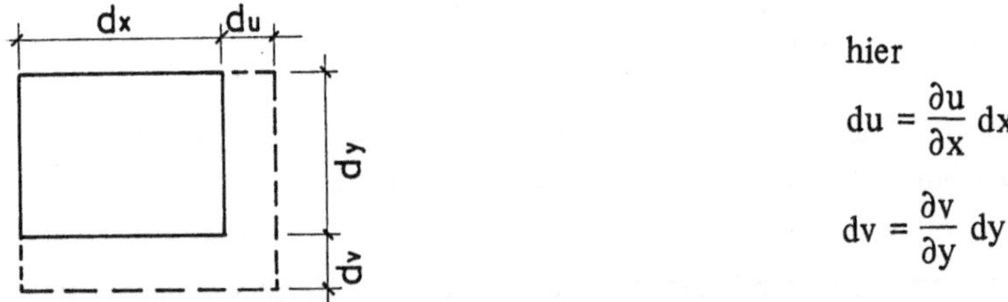

Bild 6 Längenänderung am Element dx/dy

hier

$$du = \frac{\partial u}{\partial x} \, dx$$

$$dv = \frac{\partial v}{\partial y} \, dy$$

es wird

$$\epsilon_{xx} = \frac{du}{dx} = \frac{\frac{\partial u}{\partial x}\, dx}{dx} = \frac{\partial u}{\partial x}$$

unter Verwendung von (1)

$$\epsilon_{xx} = -z\,\frac{\partial^2 w}{\partial x^2} \tag{3}$$

$$\epsilon_{yy} = \frac{dv}{dx} = \frac{\frac{\partial v}{\partial y}\, dy}{dy} = \frac{\partial v}{\partial y}$$

unter Verwendung von (2)

$$\epsilon_{yy} = -z\,\frac{\partial^2 w}{\partial y^2} \tag{4}$$

Für die Gleitung einer Fläche dx/dy im Abstand z von der Mittelfläche ergibt sich:

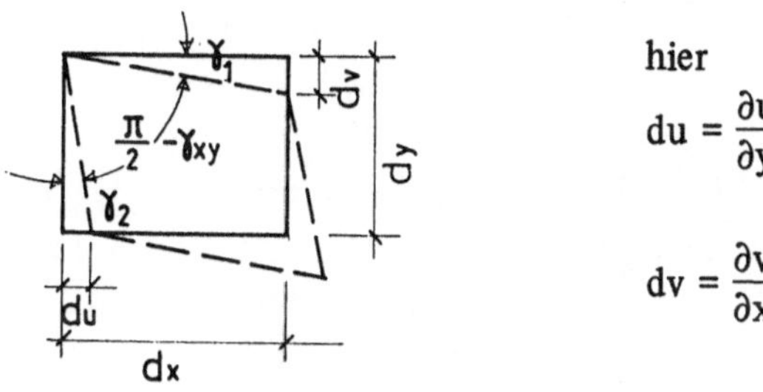

hier

$$du = \frac{\partial u}{\partial y}\, dy$$

$$dv = \frac{\partial v}{\partial x}\, dx$$

Bild 7 Gleitung am Element dx/dy

es wird

$$\gamma_{xy} = \gamma_1 + \gamma_2 = \frac{dv}{dx} + \frac{du}{dx} = \frac{\frac{\partial v}{\partial x}\, dx}{dx} + \frac{\frac{\partial u}{\partial y}\, dy}{dy} = \frac{\partial v}{\partial x} + \frac{\partial u}{\partial y}$$

Die weitere Umformung ergibt:

$$\gamma_{xy} = \frac{\partial u}{\partial y} \cdot \frac{\partial x}{\partial x} + \frac{\partial v}{\partial x} \cdot \frac{\partial y}{\partial y} = \epsilon_{xx} \cdot \frac{\partial x}{\partial y} + \epsilon_{yy} \cdot \frac{\partial y}{\partial x}$$

unter Berücksichtigung von (3) und (4) ergibt sich:

$$\gamma_{xy} = -z\,\frac{\partial^2 w}{\partial x^2} \cdot \frac{\partial x}{\partial y} - z\,\frac{\partial^2 w}{\partial y^2} \cdot \frac{\partial y}{\partial x} = -2z \cdot \frac{\partial^2 w}{\partial x \cdot \partial y}$$

Unter Verwendung der Spannungsdehnungsformeln des zweiachsigen Spannungszustandes

$$\epsilon_{xx} = \frac{1}{E}\,(\sigma_x - \mu \cdot \sigma_y), \qquad\qquad \epsilon_{yy} = \frac{1}{E}\,(\sigma_y - \mu \cdot \sigma_x),$$

$$\gamma_{xy} = \frac{1}{G}\cdot\tau_{xy}, \qquad \text{mit Gleitmodul} \quad G = \frac{E}{2\,(1+\mu)}$$

$$\begin{aligned} &E \quad \text{Elastizitätsmodul}\\ &\mu \quad \text{Querdehnzahl}\end{aligned}$$

ergeben sich die Spannungsgleichungen

$$\sigma_x = \frac{E}{1-\mu^2}\,(\epsilon_{xx} + \mu\,\epsilon_{yy}) = -\frac{E\cdot z}{1-\mu^2}\left(\frac{\partial^2 w}{\partial x^2} + \mu\,\frac{\partial^2 w}{\partial y^2}\right) \tag{5}$$

$$\sigma_y = \frac{E}{1-\mu^2}\,(\epsilon_{yy} + \mu\,\epsilon_{xx}) = -\frac{E\cdot z}{1-\mu^2}\left(\frac{\partial^2 w}{\partial y^2} + \mu\,\frac{\partial^2 w}{\partial x^2}\right) \tag{6}$$

$$\tau_{xy} = G\cdot\gamma_{xy} = -2\,G\,z\,\frac{\partial^2 w}{\partial x\,\partial y} = -\frac{E\cdot z}{1+\mu}\,\frac{\partial^2 w}{\partial x\,\partial y} \tag{7}$$

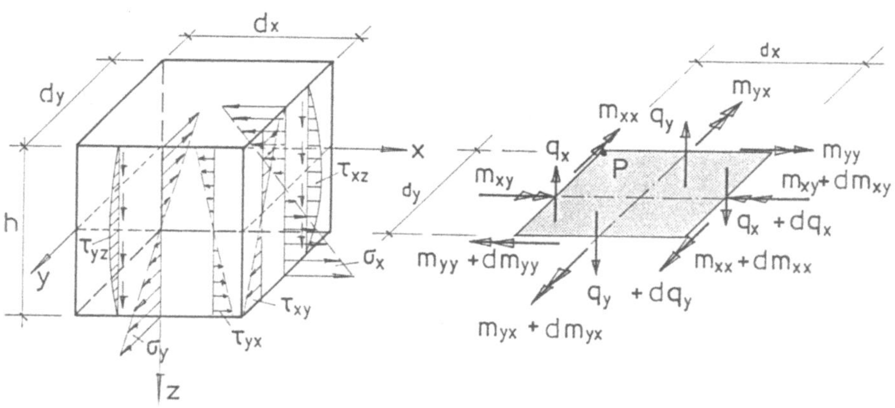

Bild 8 Spannungen und Schnittgrößen am Plattenelement dx/dy

Bild 8 zeigt die einwirkenden Spannungen und Schnittkräfte am Element dx/dy mit der konstanten Höhe h. Den Normalspannungen σ_x und σ_y und den aus den horizontalen Verzerrungen herrührenden Schubspannungen τ_{xy} und τ_{yx} sind aus Gleichgewichtsgründen noch die über die Querschnittshöhe h wirkenden Schubspannungen τ_{xz} und τ_{yz} hinzuzuzählen. Diese haben analog zum Verlauf der Biegespannungen einen parabelförmigen Verlauf und verschwinden am Querschnittsrand. Die Schnittgrößen ergeben sich durch die Summierung der Spannungen über die Querschnittshöhe

$$m_{xx} = \int\limits_{-\frac{h}{2}}^{+\frac{h}{2}} \sigma_x \cdot z \cdot dz, \qquad\qquad m_{yy} = \int\limits_{-\frac{h}{2}}^{+\frac{h}{2}} \sigma_y \cdot z \cdot dz,$$

und

$$m_{xy} = m_{yx} = \int\limits_{-\frac{h}{2}}^{+\frac{h}{2}} \tau_{xy} \cdot z \cdot dz = \int\limits_{-\frac{h}{2}}^{+\frac{h}{2}} \tau_{yx} \cdot z \cdot dz$$

aus den Spannungen τ_{xz} und τ_{yz}, die sich aus Gleichgewichtsgründen zu der auf das Element fallenden Belastung p dx dy ergeben, folgt:

$$q_x = \int\limits_{-\frac{h}{2}}^{+\frac{h}{2}} \tau_{xz} \cdot dz, \qquad\qquad q_y = \int\limits_{-\frac{h}{2}}^{+\frac{h}{2}} \tau_{yz} \cdot dz.$$

Für die Momente erhält man die Lösung der Integrale durch Einsetzen der Gleichungen (5), (6) und (7):

$$m_{xx} = -K \left(\frac{\partial^2 w}{\partial x^2} + \mu \frac{\partial^2 w}{\partial y^2} \right), \tag{8}$$

$$m_{yy} = -K \left(\frac{\partial^2 w}{\partial y^2} + \mu \frac{\partial^2 w}{\partial x^2} \right), \tag{9}$$

$$m_{xy} = -(1 - \mu)\ K \frac{\partial^2 w}{\partial x\, \partial y}, \tag{10}$$

mit der Plattensteifigkeit

$$K = \frac{E\,h^3}{12\,(1 - \mu^2)}.$$

  E Elastizitätsmodul
  μ Querdehnzahl
  h Plattendicke

Für die Querkräfte betrachte man noch einmal Bild 8 und bilde die Summe der Momente um die y-Achse im Punkt P am Element dx/dy:

$$dm_{yx} \cdot dx - dq_y \cdot \frac{dx^2}{2} + dm_{xx} \cdot dy - q_x \cdot dy \cdot dx - dq_x \cdot dy \cdot dx = 0$$

unter Vernachlässigung der von höherer Ordnung kleinen Größen

$$dm_{yx} \cdot dx + dm_{xx} \cdot dy - q_x \cdot dy \cdot dx = 0$$

oder

$$\frac{\partial m_{yx}}{\partial y} \cdot dy \cdot dx + \frac{\partial m_{xx}}{\partial x} \cdot dx \cdot dy - q_x \cdot dx \cdot dy = 0$$

ergibt:

$$q_x = \frac{\partial m_{yx}}{\partial y} + \frac{\partial m_{xx}}{\partial x}$$

analog

$$q_y = \frac{\partial m_{xy}}{\partial x} + \frac{\partial m_{yy}}{\partial y}$$

Durch Einsetzen von (8), (9) und (10) ergibt sich dann:

$$q_x = \frac{\partial}{\partial y} \left(-(1-\mu)\,K\,\frac{\partial^2 w}{\partial x\,\partial y} \right) + \frac{\partial}{\partial x} \left(-K\,\frac{\partial^2 w}{\partial x^2} + \mu\,\frac{\partial^2 w}{\partial y^2} \right)$$

$$= -K\,\frac{\partial^3 w}{\partial x\,\partial y^2} + K\,\mu\,\frac{\partial^3 w}{\partial x\,\partial y^2} - K\,\frac{\partial^3 w}{\partial x^3} - K\,\mu\,\frac{\partial^3 w}{\partial x\,\partial y^2}$$

$$= -K\left(\frac{\partial^3 w}{\partial x\,\partial y^2} + \frac{\partial^3 w}{\partial x^3} \right) = -K\,\frac{\partial}{\partial x}\left(\frac{\partial^2 w}{\partial y} + \frac{\partial^2 w}{\partial x} \right)$$

oder:

$$q_x = -K\,\frac{\partial}{\partial x}\,(\Delta w) \tag{11}$$

$$q_y = -K\,\frac{\partial}{\partial y}\,(\Delta w) \tag{12}$$

mit

$$\Delta w = \frac{\partial^2 w}{\partial x^2} + \frac{\partial^2 w}{\partial y^2}$$

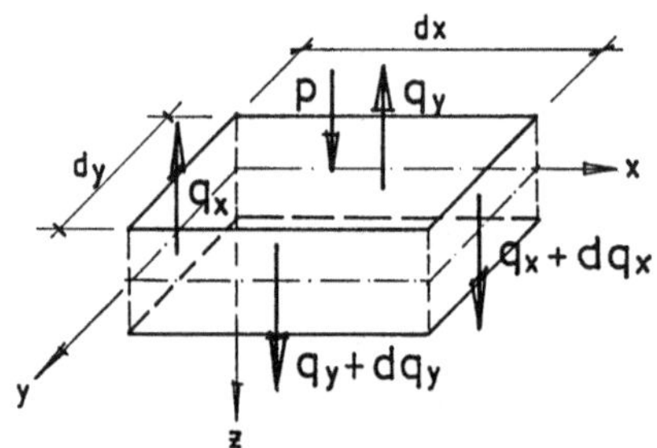

Bild 9 Vertikalkräfte am Plattenelement dx/dy

Die Plattengleichung erhält man aus einer Gleichgewichtsbetrachtung in z-Richtung:

$$F_z = 0: \quad p\,dx\,dy + dq_x\,dy + dq_y\,dx \qquad\qquad = 0$$

$$p\,dx\,dy + \frac{\partial q_x}{\partial x}\,dx\,dy + \frac{\partial q_y}{\partial y}\,dy\,dx = 0$$

$$p + \frac{\partial q_x}{\partial x} + \frac{\partial q_y}{\partial y} \qquad\qquad\qquad = 0$$

unter Verwendung von (11) und (12)

$$p - K \frac{\partial^2 (\Delta w)}{\partial x^2} - K \frac{\partial^2 (\Delta w)}{\partial y^2} = 0$$

$$p - K (\Delta \Delta w) = 0$$

mit

$$\Delta \Delta w = \frac{\partial^4 w}{\partial x^4} + 2 \frac{\partial^4 w}{\partial x^2 \partial y^2} + \frac{\partial^4 w}{\partial y^4}$$

oder

$$\Delta \Delta w = + \frac{p}{K} \tag{13}$$

Für die Auflösung des Problems nach der Finite-Element-Methode wird der Weg einer Näherungslösung beschritten. Es werden nicht die Differentialgleichungen für die Verschiebungen bzw. Verdrehungen gelöst, sondern die Lösung nach der Energiemethode erarbeitet, d.h., man sucht die Lösung nach dem Prinzip vom Minimum der potentiellen Energie. Dieses Prinzip ist den statischen Gleichgewichtsbedingungen äquivalent, wie es am nachstehend aufgeführten Beispiel erläutert werden soll:

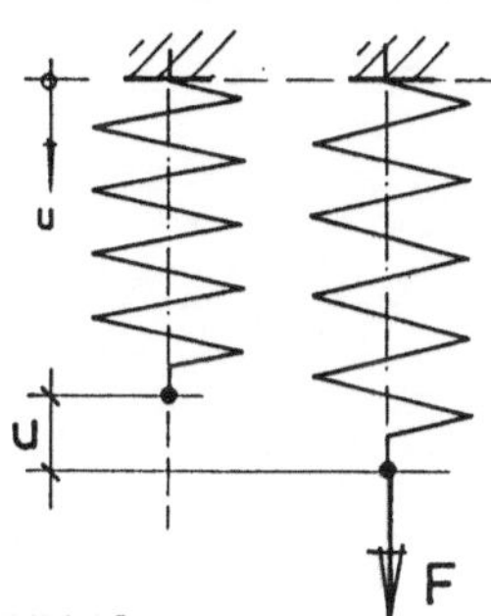

es sei k die Federkonstante

$$\Sigma V = 0; \quad F - k \cdot u = 0, \quad \text{oder} \quad u = \frac{F}{k}$$

die potentielle Energie ist wie folgt beschrieben

$$\Pi_a = - F \cdot u \qquad \text{(Lageenergie)}$$

$$\Pi_i = \frac{1}{2} \cdot k \cdot u^2 \qquad \text{(Formänderungsenergie)}$$

Bild 10
Verformung und Federweg

Folglich

$$\Pi = \Pi_a + \Pi_i = \frac{1}{2} \cdot k \cdot u^2 - F \cdot u$$

Minimum:

$$\frac{\partial \Pi}{\partial u} = 0; \quad k \cdot u - F = 0; \quad \text{oder} \quad u = \frac{F}{k}$$

Im Verfahren der Finiten Elemente wird ein Verschiebungsansatz folgender Form angeschrieben:

$$w = a_1 \cdot w_1 (x,y) + a_2 \cdot w_2 (x,y) + a_3 \cdot w_3 (x,y) + \dots$$

wobei die $w (x,y)$ fest vorgegebene Funktionen sind und die a_1 bis a_n die freien Ansatzkoeffizienten darstellen. Damit ist die potentielle Energie nur noch eine Funktion der freien Ansatzkoeffizienten. Man erhält somit ein lineares Gleichungssystem für die Berechnung der freien Ansatzkoeffizienten. Dieses Verfahren ist deshalb eine Näherungslösung, weil sich das System nur im Rahmen der vorgegebenen Verschiebungen verformen kann. Die potentielle Energie der Platte läßt sich in folgender Form darstellen:

$$\Pi_a = - \int\limits_A \overline{p} \cdot w \cdot \mathrm{dA} \qquad \text{(Lageenergie)}$$

Für die die Formänderungsenergie gilt:

$$\Pi_i = \frac{1}{2} \int\limits_A D^T \cdot E \cdot D \; \mathrm{dA}$$

Hierin bedeuten:

D Schnittgrößenvektor im Innern des Körpers

$$D^T = \left[-\frac{\partial^2 w}{\partial x}, \; -\frac{\partial^2 w}{\partial y}, \; -2\frac{\partial^2 w}{\partial x \, \partial y} \right]$$

E Elastizitätsmatrix für isotropes Material

$$E = \frac{E \cdot d^3}{12 \, (1 - \mu^2)} \cdot \left[\begin{array}{c|c|c} 1 & \mu & \\ \hline \mu & 1 & \\ \hline & & \dfrac{1-\mu}{2} \end{array} \right]$$

mit μ Querkontraktionszahl
      E   Elastizitätsmodul
      d   Plattendicke

Insgesamt ergibt sich dann:

$$\Pi = \Pi_i + \Pi_a$$

Reissner hat nun diese Theorie weiterentwickelt, indem er die Verzerrungen durch die quergerichteten Schubspannungen τ_{yz} und τ_{xz} nicht mehr vernachlässigte. Um diese näherungsweise berücksichtigen zu können, muß man die Normalenhypothese fallen lassen, d.h., man muß von der Annahme ausgehen, daß ursprünglich zur Mittelfläche normal stehende Geraden nach der Verformung keinen rechten Winkel mit der Mittelfläche mehr bilden. Die alte Annahme, daß diese Linien nach der Verformung gerade bleiben, bleibt indessen erhalten. Um den Verformungszustand der Platte eindeutig beschreiben zu können, sind jetzt drei Verformungsgrößen zu bestimmen:

— die Verschiebung senkrecht zur Mittelfläche w,
— die Winkelverdrehung β_x; senkrecht zur Ebene x, z,
— die Winkelverdrehung β_y; senkrecht zur Ebene y, z.

Allgemein gelten die Beziehungen gemäß Bild 11.

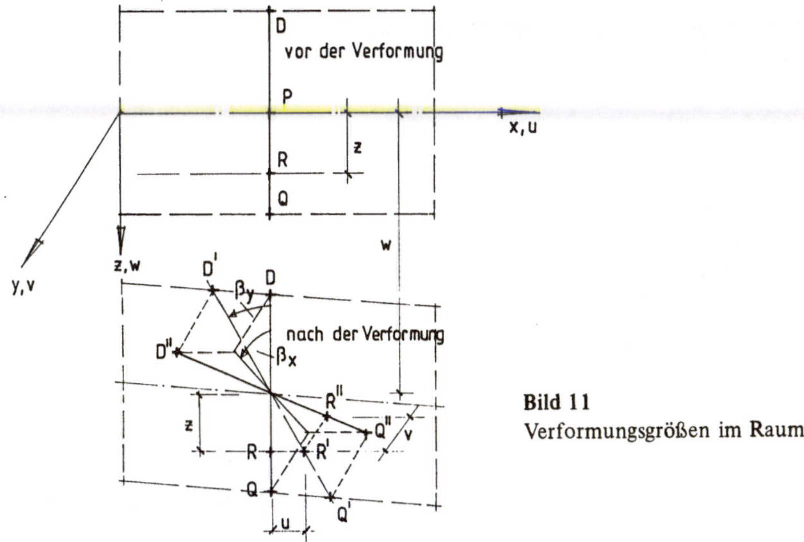

Bild 11
Verformungsgrößen im Raum

Damit sind die Verschiebungen aller Punkte gegeben:

$$w(P) = w(x, y)$$
$$u(P) = z \cdot \beta_y$$
$$v(P) = -z \cdot \beta_x$$

Die Zusammenhänge zwischen den Schnittgrößen m_{xx}, m_{yy} und m_{xy} und den Verformungsgrößen ergeben sich wie bei der Kirchhoffschen Theorie. Die rechnerischen Beziehungen zur Schubverformung $\tau_{x,z}$ und $\tau_{y,z}$ werden nachstehend am Beispiel des schubelastischen Balkens dargestellt:

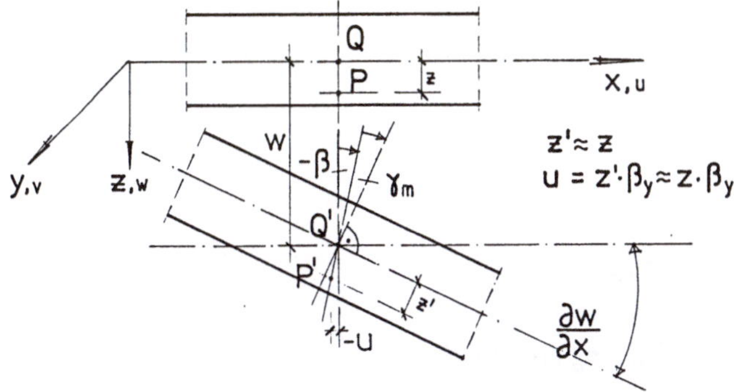

Bild 12 Formänderung in der x,z-Ebene bei Querschnittsabweichung von der Normalen

Die Winkelverdrehung beträgt jetzt:

$$\frac{\partial w}{\partial x} = \gamma_m - \beta$$

Die neu hinzugekommene Formänderungsgröße γ_m soll in Abhängigkeit von Q dargestellt werden. Hierbei ist ein direkter Zugang nicht möglich, da die Annahme des Ebenbleibens der Querschnitte auch nur eine Näherung ist. Bild 13 zeigt ein Element der Länge dx, der Breite b, bei dem die Biegeverformung nicht berücksichtigt ist.

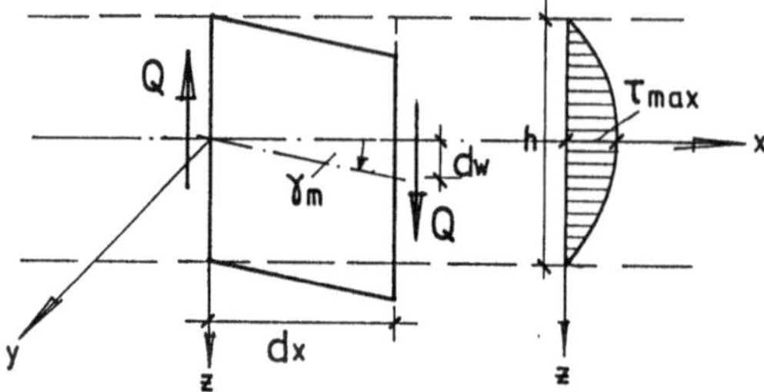

Bild 13 Element unter Schubverformung

Die Gleichung der Kurve der Schubspannung im vorgegebenen Koordinatensystem lautet:

$$\tau_{xz} = \tau_{max} \left(1 - \frac{4}{h^2} z^2\right)$$

Der Vergleich der inneren Arbeit (Komplementärenergie) und der äußeren Arbeit liefert:

$$W_i = W_a$$

$$\int_V \frac{1}{2} \cdot \frac{\tau_{xz}^2}{G} \cdot dV = \frac{1}{2} \cdot Q \cdot dw = \frac{1}{2} \cdot Q \cdot \gamma_m \, dx \tag{14}$$

Die Umformung ergibt:

$$\int_V \frac{1}{2} \cdot \frac{\tau_{xz}^2}{G} \cdot dV = \frac{b \cdot dx}{2G} \int_{-\frac{h}{2}}^{+\frac{h}{2}} \tau_{xz}^2 \, dz = \frac{\tau_{max}^2 \cdot b \cdot dx}{2 \cdot G} \int_{-\frac{h}{2}}^{+\frac{h}{2}} \left(1 - \frac{4}{h^2} z^2\right)^2 dz$$

Nach Integration und Vereinfachung

$$= \frac{\tau_{max}^2 \cdot b \cdot dx}{2G} \cdot h \cdot \frac{8}{15}$$

mit $\tau_{max} = \frac{3}{2} \frac{Q}{b \, h}$ und weiterer Vereinfachung ergibt sich:

$$= \frac{3}{5} \frac{Q^2 \cdot dx}{G \cdot b \cdot h}$$

Einsetzen von (15) in (14):

$$\gamma_m = \frac{6}{5} \frac{Q}{G \cdot b \cdot h} \tag{15}$$

oder

$$\gamma_m = \kappa \, \frac{Q}{G \cdot b \cdot h} \tag{16}$$

mit $\kappa = 1{,}2$ als Formbeiwert für Rechteckquerschnitte.

Damit hat man einen Zusammenhang zwischen der Kraftgröße Q und der Verformungsgröße γ_m gefunden. Der weitere Lösungsweg läuft wieder über die Energiemethode. Die potentielle Energie der Reissnerschen Theorie läßt sich in Abhängigkeit der drei Verformungsgrößen wie folgt anschreiben:

Lageenergie:

$$\Pi_a = \int_A - \bar{p} \, w \, dA$$

Formänderungsenergie:

$$\Pi_i = \Pi_i(w, \beta_x, \beta_y)$$

$$\Pi_i = \frac{1}{2} \int_A D^T \, E \, D \, dA$$

Hierin bedeuten wieder:

D Schnittgrößenvektor im Innern des Körpers
E Elastizitätsmatrix für isotropes Material

$$D = \begin{bmatrix} -\dfrac{\partial \beta_y}{\partial x} \\[2ex] \dfrac{\partial \beta_x}{\partial y} \\[2ex] \dfrac{\partial \beta_y}{\partial y} - \dfrac{\partial \beta_x}{\partial x} \\[2ex] \dfrac{\partial w}{\partial x} + \beta_y \\[2ex] \dfrac{\partial w}{\partial y} - \beta_y \end{bmatrix}$$

$$E = \frac{E \cdot d^3}{12(1-\mu^2)} \cdot \begin{bmatrix} 1 & \mu & & & \\ \mu & 1 & & & \\ & & \dfrac{1-\mu}{2} & & \\ & & & & \\ & & & & \end{bmatrix} + \frac{G \cdot d}{\kappa} \cdot \begin{bmatrix} & & & & \\ & & & & \\ & & & & \\ & & & 1 & \\ & & & & 1 \end{bmatrix}$$

mit E E-Modul
G Schubmodul
d Dicke der Platte
μ Querkontraktionszahl
κ Formbeiwert für Rechteckquerschnitte, hier = 1,2

Die Berücksichtigung der Einflüsse aus der Verformung der Scheiben erfolgt nach den Grundlagen des ebenen Spannungszustandes der Scheibe. Diesem Spezialfall des räumlichen Spannungszustandes stehen folgende Voraussetzungen zur Seite:

— Die Spannungen und Verschiebungen wirken konstant über die Dicke der Scheibe;
— die Normalspannungen in z-Richtung und die quergerichteten Schubspannungen sind null, d.h. σ_z; τ_{xz}; $\tau_{yz} = 0$.

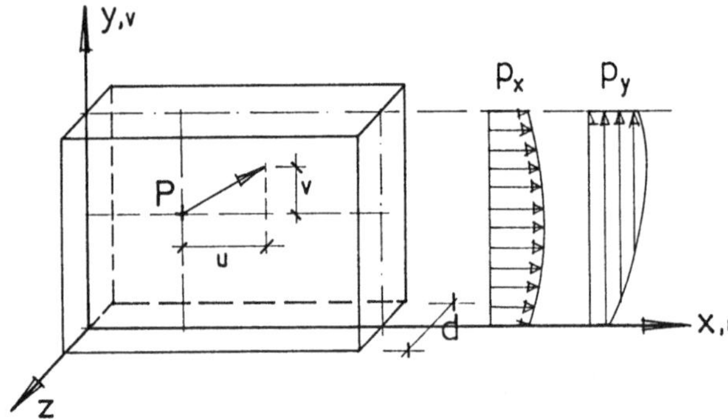

Bild 14
Scheibensystem und Belastung

Betrachtet man die Verformungen u und v eines Scheibenpunktes in der Ebene x,y, so gilt wieder:

$$\epsilon_{xx} = \frac{\partial u}{\partial x}; \qquad \epsilon_{yy} = \frac{\partial v}{\partial y}; \qquad \gamma_{xy} = \frac{\partial v}{\partial x} + \frac{\partial u}{\partial y}$$

Die Spannungsbeziehungen in Abhängigkeit von den Dehnungen lauten wieder:

$$\sigma_{xx} = \frac{E}{1 - \mu^2} (\epsilon_{xx} + \mu\, \epsilon_{yy})$$

$$\sigma_{yy} = \frac{E}{1 - \mu^2} (\epsilon_{yy} + \mu\, \epsilon_{xx})$$

$$\tau_{xy} = \frac{E}{2(1 + \mu)} \gamma_{xy}$$

Mithin wird:

$$\sigma_{xx} = \frac{E}{1 - \mu^2} \left(\frac{\partial u}{\partial x} + \mu \frac{\partial v}{\partial y} \right)$$

$$\sigma_{yy} = \frac{E}{1 - \mu^2} \left(\frac{\partial v}{\partial y} + \mu \frac{\partial u}{\partial x} \right)$$

$$\tau_{xy} = \frac{E}{2(1 + \mu)} \left(\frac{\partial v}{\partial x} + \frac{\partial u}{\partial y} \right)$$

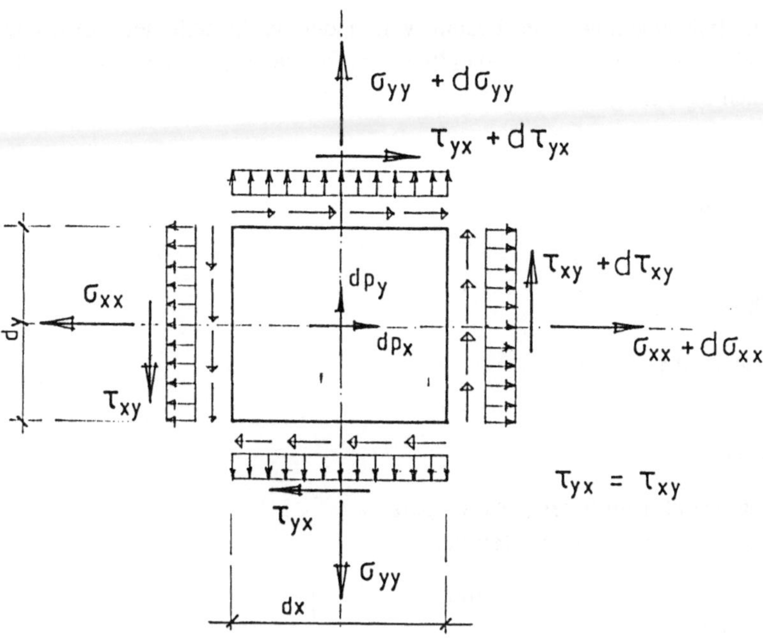

Bild 15 Spannungen am Scheibenelement dx/dy

Die Gleichgewichtsbetrachtung am Element dx/dy mit der Dicke d zeigt:

$$\Sigma F_{(x)} = 0;$$

$$d\sigma_x \cdot d \cdot dy + d\tau_{yx} \cdot d \cdot dx + dp_x \cdot dx \cdot dy = 0$$

oder:

$$\frac{\partial \sigma_{xx}}{\partial x} \cdot dx \cdot dy \cdot d + \frac{\partial \tau_{yx}}{\partial y} \cdot dy \cdot dx \cdot d + dp_x \cdot dx \cdot dy = 0$$

$$\frac{\partial \sigma_{xx}}{\partial x} \cdot d + \frac{\partial \tau_{yx}}{\partial y} \cdot d + dp_x = 0$$

Analog liefert die Bedingung $F_{(y)} = 0$

$$\frac{\partial \sigma_{yy}}{\partial y} \cdot d + \frac{\partial \tau_{xy}}{\partial x} \cdot d + dp_y = 0$$

Die weitere Umformung und Vereinfachung ergibt:

$$\frac{2}{1-\mu} \frac{\partial^2 u}{\partial x^2} + \frac{1+\mu}{1-\mu} \frac{\partial^2 v}{\partial x \, \partial y} + \frac{\partial^2 u}{\partial y^2} + \frac{2(1+\mu)}{E \cdot d} \cdot dp_x = 0 \qquad (17)$$

$$\frac{2}{1-\mu} \frac{\partial^2 v}{\partial y^2} + \frac{1+\mu}{1-\mu} \frac{\partial^2 u}{\partial x \, \partial y} + \frac{\partial^2 v}{\partial x^2} + \frac{2(1+\mu)}{E \cdot d} \cdot dp_y = 0 \qquad (18)$$

zwei partielle Differentialgleichungen zur Lösung von u und v. Anstelle der Auflösung dieser Gleichungen wird bei der weiteren Behandlung des Problems nach der FE-Methode die Lösung wieder nach der Energiemethode erarbeitet. Hierfür gilt:

Lageenergie:

$$\Pi_a = - \int\limits_{R} (p_x \cdot u + p_y \cdot v)\, ds$$

Formänderungsenergie:

$$\Pi_i = \frac{1}{2} \int\limits_{A} D^T \cdot E \cdot D \cdot dA$$

Hierin bedeuten wieder:

D Schnittgrößenvektor im Innern des Körpers
E Elastizitätsmatrix für isotropes Material

mit:

$$E = \frac{E \cdot d}{1 - \mu^2} \begin{bmatrix} 1 & & \\ & 1 & \\ & & \dfrac{1-\mu}{2} \end{bmatrix} \quad \text{und} \quad D = \begin{bmatrix} \dfrac{\partial u}{\partial x} \\[2mm] \dfrac{\partial v}{\partial y} \\[2mm] \dfrac{\partial u}{\partial y} + \dfrac{\partial v}{\partial x} \end{bmatrix}$$

2.3.3 Besondere Angaben zur Berechnung des rechtwinkligen Widerlagers

Für die Durchführung der Berechnung werden die einzelnen Wände des Tragwerkes durch dickwandige ebene Schalen idealisiert. Die Wanddicke der Flügelwände wurde zu 85 Prozent derjenigen der Widerlagerwand angenommen. Dies entspricht den Gepflogenheiten der Praxis. Von dieser Bindung kann jedoch abgewichen werden. Zusatzuntersuchungen zeigten, daß Abweichungen bis zu 10 Prozent nach oben und unten keinen spürbaren Einfluß auf die Schnittgrößen ergeben und somit vertretbar sind.

Als Scheibenelement wurde das rechteckige isopametrische Element vom Serendipity-Typ mit kubischem Ansatz verwendet. Das Plattenelement basiert auf dem Hybrid-Verfahren mit Ansatzfunktionen für die Spannungen nach [7]. Das Element wurde in [5] genauer beschrieben. Das Bezugssystem der Berechnung ist in Bild 16 dargestellt. Um die Berechnungsansätze auch für spätere Untersuchungen am schiefwinkligen Widerlager erhalten zu können, wurde ein umlaufendes Koordinatensystem nach Bild 16 verwendet. Hieraus ergibt sich als Folgerung, daß die in der Widerlagerwand und den Flügelwänden in horizontaler Richtung auftretenden Schnittgrößen mit der Bezeichnung m_{xx} und S_{xx} zu versehen sind. Bei Verwendung eines feststehenden Bezugssystems, wie z. B. bei der einfachen Widerlagerwand, hätten sonst in den Flügelwänden die Schnittgrößen in horizontaler Richtung den Index (zz) erhalten müssen.

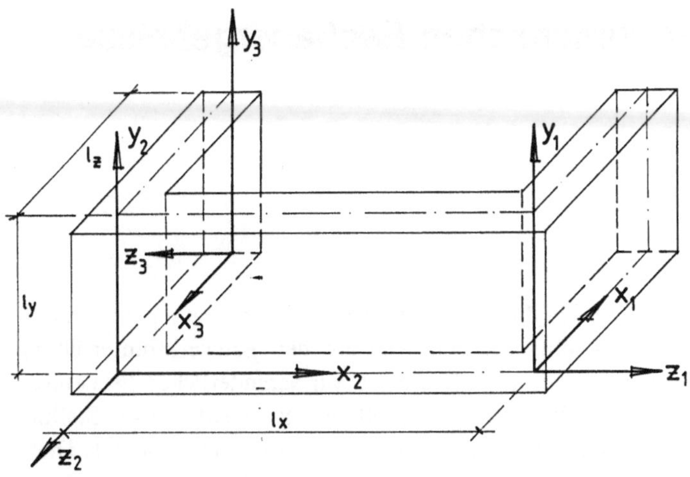

Bild 16 System

Die Größe der einzelnen Systeme, die der Berechnung zugrunde gelegt worden sind, war von den zwei Parametern

$$\epsilon_x = l_x/l_y \qquad \text{und} \qquad \epsilon_z = l_z/l_y$$

abhängig. Hierbei konnten die Parameter die folgenden Werte durchlaufen:

$$\epsilon_x = 1; 2; 3; 4 \qquad \text{und} \qquad \epsilon_z = 0,50; 0,75; 1,00; 1,25.$$

Die Größe der Elemente wurde bei allen Systemen gleich gehalten, so daß die Anzahl der Unbekannten weitgehend von den Parametern ϵ_x und ϵ_z abhängig war. Bei der Berechnung der Scheiben und Plattenanteile in sich wurden aber schon unterschiedliche Elementgrößen verwendet. So hatten alle Scheibenelemente die Größe 1,2 m auf 1,2 m, die Plattenelemente eine solche von 0,4 m auf 0,4 m. Die Untersuchungen wurden für die Systeme mit den Abmessungen von

$$l_y = 4{,}80\,\text{m}; \quad l_x = \epsilon_x \cdot 4{,}80\,\text{m} \qquad \text{und} \qquad l_z = \epsilon_z \cdot 4{,}80\,\text{m}$$

in jeweils systematischer Zuordnung durchgeführt.

3 Auswertung der numerischen Rechenergebnisse

3.1 Die Belastungsfälle

Die Widerlagerbauwerke werden durch die Auflagerkräfte der Überbauten und durch Erddruck beansprucht. Dieser entsteht aus der Wirkung der Bauwerkshinterfüllung und aus der Auflast der Verkehrsregellast. Letztere ist ein veränderlicher Belastungseinfluß. Von allen möglichen Laststellungen der Regelfahrzeuge werden zwei Stellungen für die Ermittlung der Größtwerte der Schnittgrößen für wesentlich erachtet. Diese werden durch die mittige oder zentrische Anordnung der Regelfahrzeuge erhalten und durch diejenige Stellung, die sich durch die größtmögliche seitliche Verschiebung im Fahrbahnbereich ergibt, im folgenden exzentrische Verkehrslaststellung genannt. Lasteinflüsse aus den Ersatzlasten der Verkehrsregellasten sind Teilflächenbelastungen. Diese dürfen in die Tiefe hin unter 60° ausstrahlen, d.h., die Belastungsflächen nehmen mit steigender Tiefe an Größe zu. Dadurch verringert sich der hierdurch verursachte Erddruck und es entstehen Belastungsfiguren mit einem konstanten und einem linear abfallenden Anteil [1]. Der Erddruck beansprucht die Wände entweder direkt oder teilt sich diesen über Randbelastungsfälle mit. Diese Belastungsaufteilungen sind systemabhängig und sollen nachstehend für die beiden Widerlagerformen an ihren Ersatzsystemen erläutert werden.

3.1.1 Einfache Widerlagerwand

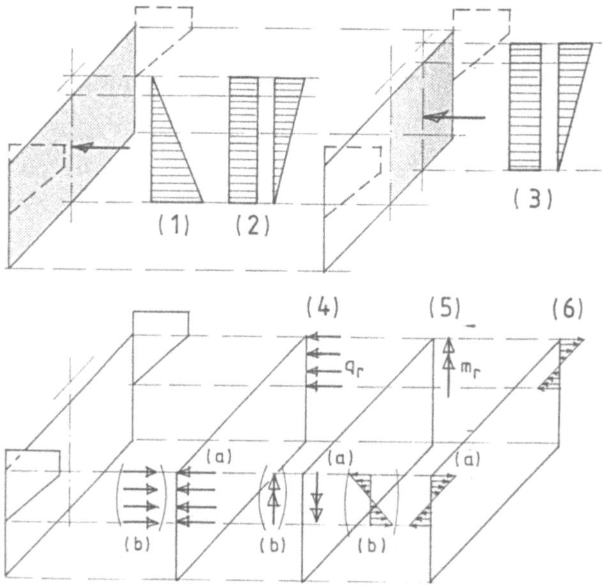

Bild 17
Belastungsfälle für
die einfache Widerlagerwand

Das Ersatzsystem wird durch eine einfache, unten fest eingespannte Wand gebildet. Es wird durch den Erddruck aus der Hinterfüllung der Wand (1), aus zentrischer Verkehrslast (2) und exzentrischer Verkehrslast (3) direkt beansprucht. Für die Lastfälle (2) und (3) werden die Belastungsbreiten wie folgt angesetzt:

— für die mittige Verkehrslast (2) die volle Wandbreite,
— für die außermittige Verkehrslast (3) die halbe Wandbreite.

Diese Regelung trifft exakt nur bei einer lichten Wandbreite von 6,0 m für (2) und einer solchen von 12,0 m für (3) zu. Für alle anderen Fälle weicht sie zur einen oder anderen Seite ab, wobei der ungünstige Einfluß, also derjenige, der zu geringe Werte liefert, praktisch nicht auftritt, da immer nur das Plattenfeld für die Größe der Biegemomente verantwortlich ist, der Einfluß der Randzonen dagegen hierfür eine geringere Bedeutung hat. Der Ansatz der halben Wandbreite für den Lastfall (3) entspricht dem des halbseitigen Belastungsprinzips, das wiederum durch einen symmetrischen und antisymmetrischen Belastungsanteil darstellbar ist. Dieses Belastungsprinzip führt zu den ungünstigen Berechnungswerten; dabei ist es unerheblich, ob die tatsächliche Belastungsbreite geringfügig von der Annahme abweicht. Die Beanspruchungen der Kragflügel führen zu Randbelastungsfällen in der Wand. Hier handelt es sich um eine Randquerkraft (4) und ein Randmoment (5) aus der Erddruckbeanspruchung, sowie um ein Moment aus dem Eigengewicht des Kragflügels (6). Für alle Belastungseinflüsse, mit Ausnahme des Erddruckes aus der Hinterfüllung, sind symmetrische (a) und antisymmetrische (b) Belastungsfälle ausgewiesen, so daß es jederzeit möglich ist, unsymmetrische oder einseitig überschießende Belastungen zu erfassen.

3.1.2 Rechtwinkliges kastenförmiges Widerlager

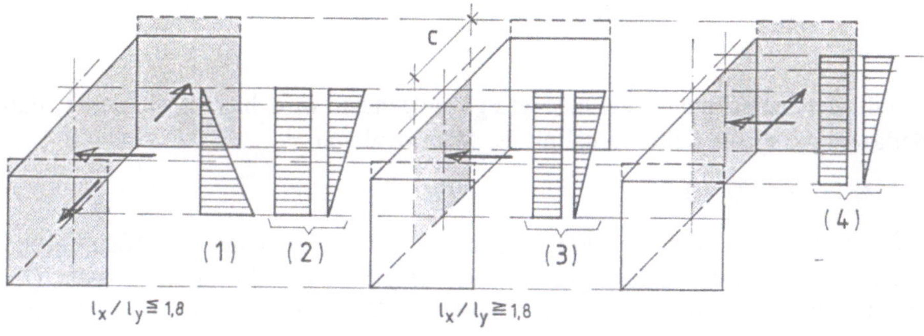

Bild 18 Belastungsfälle am kastenförmigen Widerlager aus der Erddruckbeanspruchung

Das Ersatzsystem wird durch drei zusammenhängende Wände gleicher Höhe mit rechtwinkligem gegenseitigem Anschluß gebildet, die unten im Fundament fest eingespannt sind. Dieses System wird durch den Erddruck aus der Hinterfüllung (1), aus zentrischer Verkehrslast (2) und (3) und exzentrischer Verkehrslast (4) direkt beansprucht. Bei der Erddruckbeanspruchung infolge zentrischer Verkehrslast sind zwei voneinander abweichende Belastungssituationen zu unterscheiden, die von der Widerlagerbreite abhängen. Die Unterscheidung richtet sich danach, ob durch die Lastausstrahlung der oberen Teilflächenbelastung die Flügelwände noch belastet werden. Dies soll noch der Fall sein, wenn die Flügelwände durch die Lastausstrahlung mindestens in halber Wandhöhe getroffen werden (Bild 19). Für ein Widerlager mit einer Wandhöhe von 4,80 m ergibt sich somit eine kritische Wandbreite von

$$c = 6,0 + 2 \cdot 4,80/2 \cdot \tan 60° = 8,75 \, m.$$

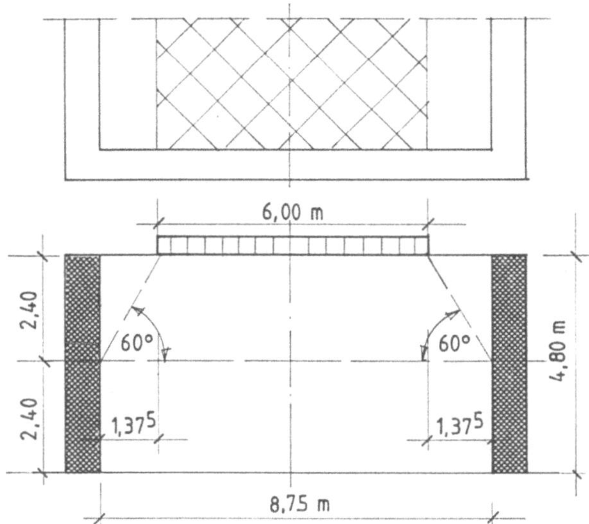

Bild 19
Lastausstrahlungsbereich bei zentrischer
Stellung der Regelfahrzeuge infolge
Verkehrslast

Diese wurde der Berechnung zugrunde gelegt. Allgemein wird hieraus abgeleitet, daß bei Widerlagern mit einem Seitenverhältnis der Stirnwand von

$$l_x/l_y \leqq 8,75/4,80 = 1,8$$

im Lastfall Erddruck aus zentrischer Stellung der Regelfahrzeuge alle Wandflächen belastet sind (2); darüber hinaus wird nur eine Teilfläche der Stirnwand belastet (3). Bezüglich der Belastungsbreite bei der exzentrischen Verkehrslast gelten dieselben Ausführungen wie bei der einfachen Widerlagerwand.

Alle Belastungseinflüsse, die auf Wandteile außerhalb des Ersatzsystems anzusetzen sind, teilen sich diesem über Randbelastungsfälle mit. Hier handelt es sich um die Beanspruchungen aus der Kammerwand am oberen Rand der Widerlagerwand (5), den horizontalen Beanspruchungen aus den Kragflügeln (6) und denselben aus den über das Ersatz-

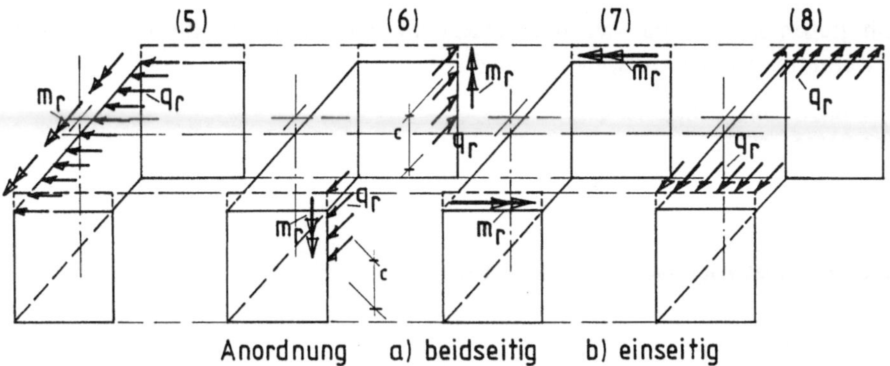

Bild 20 Belastungsfälle am kastenförmigen Widerlager aus den Randbelastungen der Wände

system hinausragenden Wandteilen der Flügelwand. Hier wäre zu unterscheiden zwischen einer reinen Randmomentenbeanspruchung aus dem Kragbereich des Schrammbordes (7) und einer solchen aus Randmoment und -querkraft infolge einer Erddruckbeanspruchung auf den oberen Kragbereich der Flügelwand (7) und (8). Alle Randbelastungsfälle sind für einen symmetrischen und einseitigen Belastungseinfluß ausgewiesen, so daß die jeweiligen, den Werten der exzentrischen Verkehrslast korrespondierenden Schnittgrößen aus den Randbelastungen ermittelt werden können.

3.2 Die Schnittgrößen

3.2.1 Rechenbeziehungen

Die Schnittgrößen werden nach folgenden Beziehungen erhalten:

— bei den Biege- und Drillmomenten

$m = k \cdot p \cdot l_y^2$ aus Erddruck

$m = k \cdot p \cdot l_y$ aus Randquerlasten

$m = k \cdot m_r$ aus Randmomenten

— bei Scheibenkräften und Querkräften

$S = k \cdot p \cdot l_y$ aus Erddruck und Randquerlasten

$S = k \cdot m_r$ aus Randmomenten

Die Beiwerte k sind entsprechenden Diagrammen in Abhängigkeit von den Variablen zu entnehmen.

3.2.2 Einfache Widerlagerwand (Tafeln $E_1 - E_{11}$)

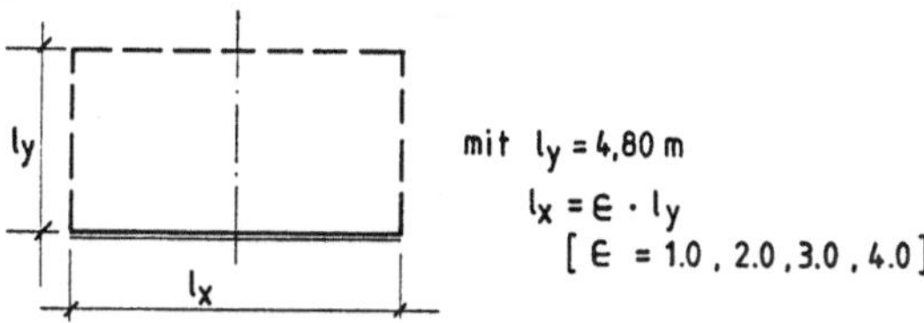

Bild 21 Statisches Ersatzsystem der einfachen Widerlagerwand

Die Schnittgrößen können für vier verschiedene Systeme unterschiedlichen Seitenverhältnisses ϵ ermittelt werden. Ausgewiesen sind

die Biegemomente m_{xx}, m_{yy} und
die Drillmomente m_{xy}.

3.2.3 Kastenförmiges Widerlager (Tafeln 1−19)

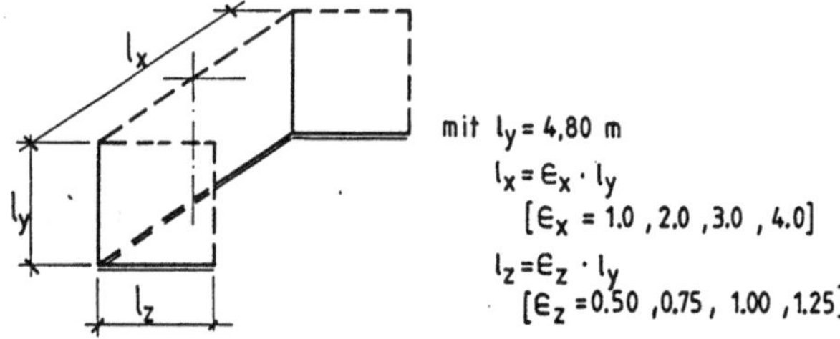

Bild 22 Statisches Ersatzsystem des kastenförmigen Widerlagers

Die Schnittgrößen können für sechzehn verschiedene Systeme unterschiedlichen Seitenverhältnisses ϵ_x und ϵ_z ermittelt werden. Ausgewiesen sind

die Biegemomente m_{xx}, m_{yy},
die Scheibenkräfte S_{xx}, S_{yy},
die Drillmomente m_{xy} und
die Querkräfte Q_y in horizontaler Richtung an der unteren Einspannung für die Weiterrechnung der Lasten auf die Fundamente.

ϵ_x	1,0	2,0	3,0	4,0
ϵ_z=0,50				
0,75				
1,00				
1,25				

Bild 23 Systemvarianten

3.3 Anmerkungen zu den Diagrammen

3.3.1 Einfache Widerlagerwand

Die Beiwerte k sind vom Seitenverhältnis ϵ der Wand und der Randbelastungslänge c abhängig. Für die Lastfälle der direkten Erddruckbeanspruchung wurden die Beiwerte k in Tabellen in Abhängigkeit von ϵ zusammengestellt. Für die Randbelastungslänge sind sie Diagrammen zu entnehmen, deren Abszisse nach ϵ geteilt sind. Der Einfluß der unterschiedlich großen Belastungslänge des freien Randes wird durch Kurvenscharen mit der Kennziffer

$$\beta = c/l_y; \qquad c = \text{Länge des belasteten Randes}$$

dargestellt. Die Beiwerte k sind an diesen Kurven abzulesen.

3.3.2 Kastenförmiges Widerlager

Die Beiwerte sind nach den Seitenverhältnissen der Wände ϵ_x und ϵ_z, sowie dem Randlängenfaktor β veränderlich. Bei den direkten Erddrucklastfällen besteht nur die Abhängigkeit nach den Seitenverhältnissen ϵ_x und ϵ_z; die Diagramme sind in der Abszisse nach ϵ_x geteilt, die Veränderlichkeit nach ϵ_z wird durch Kurvenscharen des festgelegten Seitenverhältnisses dargestellt.

Für die Randbelastungsfälle, die sich über die Widerlagerwand eintragen, ergeben sich die gleichen Abhängigkeiten für die Beiwerte k.

Bei den Randbelastungsfällen aus der Flügelwand sind die Beiwerte k in der Flügelwand selbst nur nach ϵ_z veränderlich; die Diagramme enthalten daher nur einen Kurvenzug. In der Widerlagerwand selbst kommt die Veränderlichkeit nach ϵ_x hinzu, so daß diese Diagramme wieder nach ϵ_x geteilt sind und Kurvenscharen für das Seitenverhältnis ϵ_z enthalten.

Die dritte Veränderliche β kommt bei den Randbelastungsfällen aus dem Kragflügel an der Flügelwand hinzu. Diese wirkt sich aber nur für die Schnittgrößen in der Flügelwand selbst aus. Die Diagramme sind daher dort nach dem Seitenverhältnis ϵ_z geteilt und enthalten Kurvenscharen für die verschiedenen Randlängenfaktoren β. In der Widerlagerwand wirkt sich die unterschiedlich große Belastungslänge des Kragflügels praktisch nicht aus, da sich die Beanspruchungen in der Flügelwand gleichmäßig verteilen können. Die Größe der Verteilung hängt von der Länge der Flügelwand ab, so daß für die Schnittgrößen dann nur die Veränderlichkeit nach dem Seitenverhältnis ϵ_z besteht. Daher sind diese Diagramme wieder nach ϵ_x geteilt und enthalten Kurvenscharen für ϵ_z.

In allen Fällen, in denen die Veränderlichkeit nach ϵ_z und β in ihrer gegenseitigen Unterscheidung kleiner als 5 Prozent bleibt, werden jeweils nur die Mittelwerte dargestellt. In jenen Fällen, in denen eine Veränderlichkeit von ϵ_x auch unter dieser Grenze bleibt, werden Festwerte für den Beiwert k angegeben.

3.4 Empfehlungen zur Bewehrungsanordnung

Die Schnittgrößen aus den Belastungseinflüssen des Erddruckes und der Randlasten verteilen sich nach unterschiedlichen Gesichtspunkten über die Wandhöhe. Bei den Schnittgrößen m_{xx} und S_{xx} in horizontaler Richtung z. B. stellt sich an der gemeinsamen vertikalen Kante zwischen der Widerlagerwand und der Flügelwand für die Beanspruchung aus dem Erddruck (z. B. aus der Hinterfüllung) eine parabelförmige Verteilung über die Wandhöhe ein. Die Schnittgrößen aus den zugehörigen Randbelastungsfällen dagegen klingen von einem hohen Randwert rasch ab, meist im Bereich des oberen Viertels der Wand. Diese spezielle Verteilung muß sich in der Anordnung der Bewehrung widerspiegeln. Somit ist eine Bewehrung nur dann sinnvoll gewählt, wenn der für die Belastung aus dem Erddruck erforderliche Anteil nach der Parabelform verteilt, der Anteil für die Beanspruchung aus der Randbelastung dagegen zusätzlich im oberen Bereich zugelegt wird.

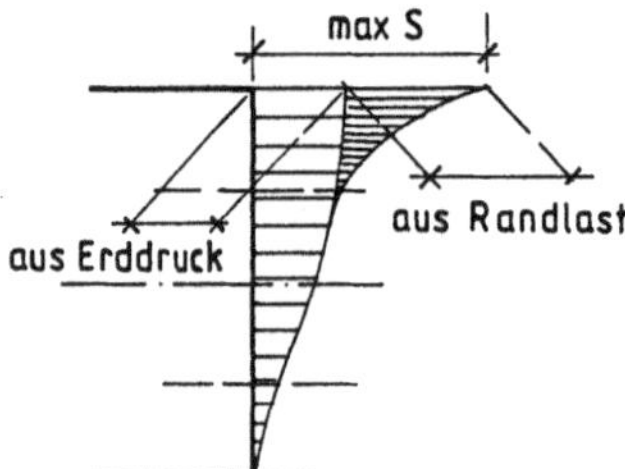

Bild 24
Verteilung der Schnittgrößen in horizontaler Richtung
aus Erddruckbelastung und Randbelastung

4 Berechnungsbeispiel

4.1 System und Vorbemerkungen

In der folgenden Rechnung werden die Schnittkräfte eines rechtwinkligen Widerlagers nach Bild 25 ermittelt. Als Belastungsgröße wird die Brückenklasse 60/30 nach DIN 1072 angenommen. Der Berechnung werden die Belastungsannahmen, wie sie in [1], Abschnitt 5, niedergelegt wurden, zugrunde gelegt. Maßgebend wird der Belastungsfall, bei denen die Regelfahrzeuge durch ihre Ersatzlast auf der Hinterfüllung des Widerlagers angeordnet werden. Die Auswirkung der Auflagerkräfte eines Überbaues auf die Schnittgrößen ist nicht berücksichtigt, da nur das Widerlager nachgewiesen wird. Durch die Querneigung der Fahrbahntafel haben die Flügelwände eine unterschiedlich große Höhe; da diese Einflüsse gering sind, werden jeweils die erforderlichen Nachweise mit der mittleren Widerlagerwandhöhe geführt.

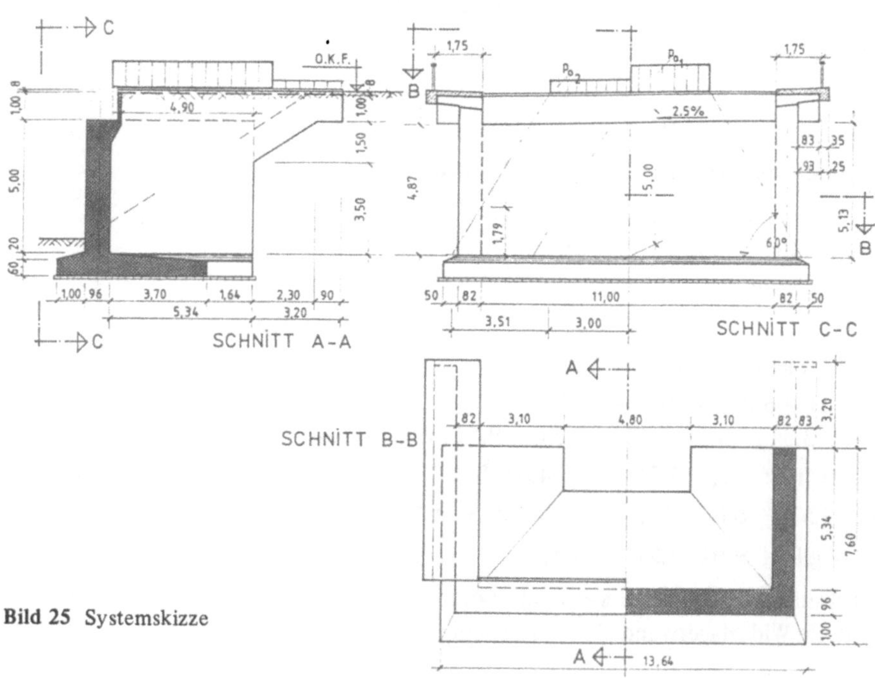

Bild 25 Systemskizze

4.2 Belastungswerte

4.2.1 Erddrucklastfälle

4.2.1.1 Erddruck aus der Hinterfüllung des Widerlagers

Vorwerte: $\gamma = 18\,kN/m^3$; $\varphi = 32,5°$; $\delta = 0$

$\kappa_0 = 1 - \sin 32,5° = 0,463$

O.K. Widerlagerwand	$e = 18,0 \cdot 0,463 \cdot 1,08 =$	$9,0\,kN/m^2$
U.K. Widerlagerwand	$e = 18,0 \cdot 0,463 \cdot 6,08 =$	50,7 ”
O.K. Flügelwand	$e = 18,0 \cdot 0,463 \cdot 0,08 =$	0,7 ”
U.K. Kragflügelende	$e = 18,0 \cdot 0,463 \cdot 1,08 =$	9,0 ”
U.K. Kragflügelanfang	$e = 18,0 \cdot 0,463 \cdot 2,58 =$	21,5 ”

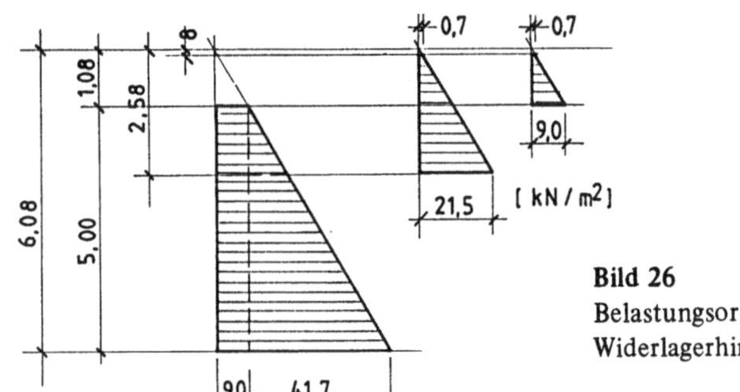

Bild 26
Belastungsordinaten durch den Erdruck aus der
Widerlagerhinterfüllung

4.2.1.2 Erddruck aus der Auflast der Regelfahrzeuge

1. Zentrische Laststellung der Regelfahrzeuge

O.K. Fahrbahn mit $A_0 = 6,0 \cdot 6,0 = 36,0\,m^2$

$\max p_0 = 33,3\ kN/m^2$

$e_0 = 22,2 \cdot 0,463 = 15,4\,kN/m^2$

U.K. Wand mit Lastverteilung unter $60°$

$t = 6,08\,m$; $\Delta l = 6,08/\tan 60° = 3,51\,m$

$A_1 = (6,0 + 2 \cdot 3,51) \cdot (6,0 + 3,51) = 13,02 \cdot 9,51\,m^2$

jedoch nur möglich: $11,0 \cdot 9,51 = 104,6\,m^2$

$A_2 = (3 + 2 \cdot 3,51) \cdot (6,0 \cdot 3,51) = 10,02 \cdot 9,51\,m^2$

jedoch nur möglich: $9,01 \cdot 9,51 = 85,7\,m^2$

Die Lastausstrahlung trifft die Flügelwände unterhalb der halben Wandhöhe; es wird nur
Erddruck auf die Widerlagerwand als Teilflächenbelastung angesetzt.

$$p_u = 16,7 \cdot \frac{36}{104,6} + 16,7 \cdot \frac{36}{2 \cdot 85,7} = 9,3\,kN/m^2$$

$$e_u = 9,3 \cdot 0,463 = 4,3\,kN/m^2$$

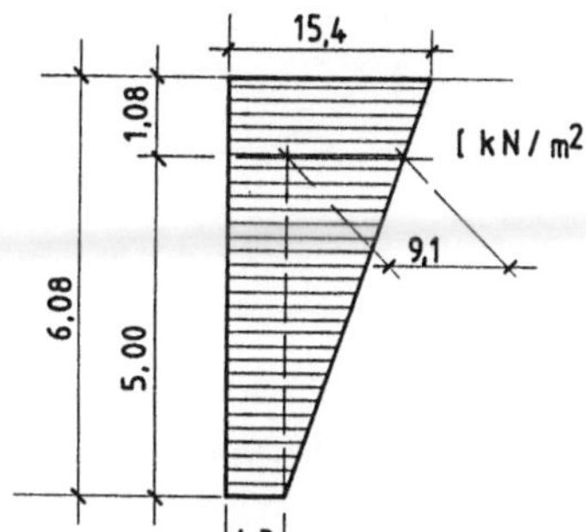

Bild 27
Belastungsordinaten durch den Erddruck aus der Auflast
infolge zentrischer Verkehrslast

2. Exzentrische Laststellung

O.K. Fahrbahn mit $A_0 = 6,0 \cdot 6,0 = 36,0\,\text{m}^2$

$\max p_0 = 33,3\,\text{kN/m}^2$

$\quad e_0 = 33,3 \cdot 0,463 = 15,4\,\text{kN/m}^2$

U.K. Wand mit Lastverteilung unter 60°

$t = 6,08; \quad \Delta l = 6,08 / \tan 60° = 3,51\,\text{m}$

$A_1 = (6,0 + 3,51) \cdot (6,0 + 3,51) = 9,51 \cdot 9,51 = 90,4\,\text{m}^2$

$A_2 = (6,0 + 3,51) \cdot (3,0 + 3,51) = 9,51 \cdot 6,51 = 61,9\,\text{m}^2$

$$p_u = 16,7 \cdot \frac{36}{90,4} + 16,7 \cdot \frac{36}{2 \cdot 61,9} = 11,51\,\text{kN/m}^2$$

$e_u = 11,51 \cdot 0,463 = 5,3\,\text{kN/m}^2$

Der Erddruck wird einseitig auf die halbe Widerlagerwand und voll auf die anliegende
Flügelwand angesetzt. Bei dieser Laststellung wird mit der Länge des Regelfahrzeuges
nicht die gesamte Flügelwandlänge einschließlich des Kragflügels abgedeckt. Die Fehl-
länge am Kragflügelende wird für die Ermittlung des Erddruckordinaten am Kragflügel
unberücksichtigt gelassen, da eine entsprechend ungünstige Laststellung nicht der vorgegebenen Laststellung korrespondieren, ohnehin zu einer größeren Verteilungsfläche
und damit zu geringeren Belastungsordinaten führen würde.

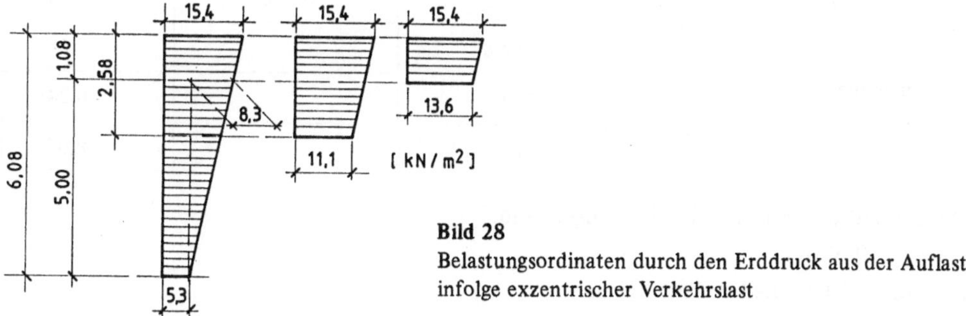

Bild 28
Belastungsordinaten durch den Erddruck aus der Auflast
infolge exzentrischer Verkehrslast

4.2.2 Randbelastungsfälle

4.2.2.1 Aus Kammerwand

1. Aus ständigen Lasten nach 4.2.1.1

$q_r = 9,0 \cdot 1,08/2 = 4,90 \, \text{kN/m}$
$m_r = 9,0 \cdot 1,08^2/6 = 1,75 \, \text{kNm/m}$

2. Aus Verkehrslasten und 4.2.1.2 (zentr. Laststellung)

$q_r = 13,4 \cdot 1,08 + 2,0 \cdot 1,08/2 = 15,6 \, \text{kN/m}$
$m_r = 13,4 \cdot 1,08^2/2 + 2,0 \cdot 1,08^2/3 = 8,6 \, \text{kNm/m}$

4.2.2.2 Aus Kragarm an der Flügelwand

1. Aus ständigen Lasten

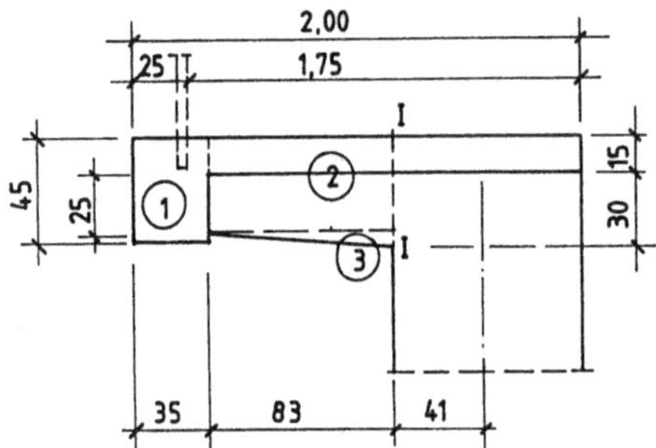

Bild 29 Kragarm an der Flügelwand

Tabelle 1 Auflagerreaktionen am Kragarmanschnitt

Nr.	A	Q_I	e_I	M_I
	m^2	kN	m	kNm
1	0,158	4,0	1,010	4,04
2	0,332	8,3	0,420	3,48
3	0,021	0,5	0,280	0,14
		12,8		7,66
Leitplanke und Abrundung		0,7		0,34
		13,5		8,00

bezogen auf die Mittelfläche der Flügelwand.

$q_g = 13,5 \, \text{kN/m}.$
$m_g = 8,0 + 13,5 \cdot 0,41 = 13,5 \, \text{kN/m}.$

2. Verkehrslast:

$q_p = 0,3 \cdot 0,93 = 0,28 \, \text{kN/m}$
$m_p = 0,3 \cdot 0,93^2/2 + 0,28 \cdot 0,41 = 0,24 \, \text{kN/m}.$

4.2.2.3 Aus Kragflügel

1. Aus ständigen Lasten nach 4.2.1.1 beidseitig

$$\frac{0,7+9,0}{2} \cdot 1,08 \cdot 3,20 \qquad = 16,8 \text{ kN} \cdot 3,20/2 = 26,9 \text{ kNm}$$

$$9,0 \cdot 1,5 \cdot 2,30/2 \qquad = 15,5 \text{ kN} \cdot 2,30/3 = 11,9 \text{ kNm}$$

$$(21,5-9,0) \cdot 1,5/_2 \cdot 2,30/_3 = \underline{7,2 \text{ kN}} \cdot 2,30/_4 = \underline{4,1 \text{ kNm}}$$

$$\Sigma H = 39,5 \text{ kN} \qquad \Sigma M = 42,9 \text{ kNm}$$

ergibt:　$q_r = 39,5/2,50 = 15,8 \text{ kN/m}$
　　　　$m_r = 42,9/2,50 = 17,2 \text{ kN/m}$

2. Aus Verkehrslast nach 4.2.1.2 einseitig

$$\frac{15,4+13,6}{2} \cdot 1,08 \cdot 3,20 \qquad = 50,1 \text{ kN} \cdot 3,20/_2 = 80,2 \text{ kN/m}$$

$$13,6 \cdot 1,5 \cdot 2,30/_2 \qquad = 23,5 \text{ kN} \cdot 2,30/_3 = 18,0 \text{ kN/m}$$

$$-(13,6-11,1) \cdot 1,5/_2 \cdot 2,30/_3 = \underline{-1,4 \text{ kN}} \cdot 2,30/_4 = \underline{-0,8 \text{ kN/m}}$$

$$\Sigma H = 72,2 \text{ kN} \qquad \Sigma M = 97,4 \text{ kN/m}$$

ergibt:　$q_r = 72,2/2,50 = 28,9 \text{ kN/m}$
　　　　$m_r = 97,4/2,50 = 39,0 \text{ kNm/m}$

4.2.2.4 Aus oberem Kragbereich der Flügelwand

1. Aus ständigen Lasten nach 4.2.1.1

$$q_r = \frac{0,7+9,0}{2} \cdot 1,08 \qquad = 5,2 \text{ kN/m}$$

$$m_r = 0,7 \cdot 1,08^2/_2 + 8,3 \cdot 1,08^2/_6 = 1,9 \text{ kNm/m}$$

Aus überschießendem Kragflügelteil nach 4.2.2.2
$q_r^* = 15,8 \cdot 1,08/4,90 = 3,5 \text{ kN/m}$

Querkraft insgesamt:
$q_r = 5,2 + 3,5 = 8,7 \text{ kN/m}$

2. Aus Verkehrslast nach 4.2.1.2 (einseitig)

$$q_r = \frac{15,4+13,6}{2} \cdot 1,08 \qquad = 15,7 \text{ kN/m}$$

$$m_r = 13,6 \cdot 1,08^2/_2 + 1,8 \cdot 1,08^2/_3 = 8,6 \text{ kNm/m}$$

Aus überschießendem Kragflügelteil nach 4.2.2.2
$q_r^* = 28,9 \cdot 1,08/4,90 = 6,4 \text{ kNm/m}$

Querkraft insgesamt:
$q_r = 15,7 + 6,4 = 22,1 \text{ kN/m}$

4.3 Ermittlung der Schnittgrößen

4.3.1 Vorbemerkungen

In der nachfolgenden Berechnung werden die Schnittgrößen nachgewiesen, wie sie in Bild 30 aufgeführt sind.

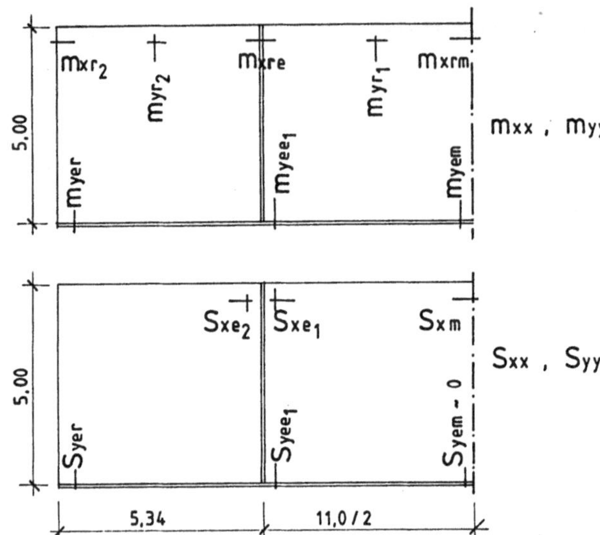

Bild 30
Schnittgrößenübersicht

Vorwerte:

$l_x = 11,0\,\text{m};\quad l_z = 5,34\,\text{m};\quad l_y = 5,0\,\text{m}$

Konstruktionswinkel $\alpha = 90°$

$\epsilon_x = 11,0/5,0 = 2,2,$
$\epsilon_z = 5,34/5,0 = 1,06,$ gewählt 1,0

4.3.2 Biegemomente m_{xx} und m_{yy}

4.3.2.1 Lastfall: Erddruck aus Hinterfüllung

1. Linearanteil nach Tafel 1.1

$$m_{xre} = -0,070 \cdot 41,7 \cdot 5,0^2 = -\ 73,0\,\text{kNm/m}$$
$$m_{xrm} = +0,024 \cdot 41,7 \cdot 5,0^2 = +\ 25,0\ \text{''}$$
$$m_{yer} = -0,10\ \cdot 41,7 \cdot 5,0^2 = -104,3\ \text{''}$$
$$m_{yee1} = -0,030 \cdot 41,7 \cdot 5,0^2 = -\ 31,3\ \text{''}$$
$$m_{yem} = -0,100 \cdot 41,7 \cdot 5,0^2 = -104,3\ \text{''}$$

2. Konstanter Anteil nach Tafel 2.1

$$m_{xre} = -0,27\ \cdot 9,0\ \cdot 5,0^2 = -\ 60,8\,\text{kNm/m}$$
$$m_{xrm} = +0,08\ \cdot 9,0\ \cdot 5,0^2 = +\ 18,0\ \text{''}$$
$$m_{yer} = -0,26\ \cdot 9,0\ \cdot 5,0^2 = -\ 58,5\ \text{''}$$
$$m_{yee1} = -0,07\ \cdot 9,0\ \cdot 5,0^2 = -\ 15,8\ \text{''}$$
$$m_{yem} = -0,27\ \cdot 9,0\ \cdot 5,0^2 = -\ 60,8\ \text{''}$$

3. Insgesamt:

$$m_{xre} = - \; 73{,}0 - 60{,}8 \qquad = - \, 133{,}8 \; \text{kNm/m}$$
$$m_{xrm} = + \; 25{,}0 + 18{,}0 \qquad = + \quad 43{,}0 \quad \text{''}$$
$$m_{yer} = - \, 104{,}3 - 58{,}8 \qquad = - \, 163{,}1 \quad \text{''}$$
$$m_{yee1} = - \quad 31{,}3 - 15{,}8 \qquad = - \quad 47{,}1 \quad \text{''}$$
$$m_{yem} = - \, 104{,}3 - 60{,}8 \qquad = - \, 165{,}1 \quad \text{''}$$

4.3.2.2 *Lastfall: Erddruck aus zentrischer Verkehrslast*

1. Konstanter Anteil nach Tafel 4.1

$$m_{xre} = -0{,}09 \; \cdot \; 4{,}3 \; \cdot 5{,}0^2 = - \quad 9{,}7 \; \text{kNm/m}$$
$$m_{xrm} = +0{,}09 \; \cdot \; 4{,}3 \; \cdot 5{,}0^2 = + \quad 9{,}7 \quad \text{''}$$
$$m_{yer} = -0{,}044 \cdot \; 4{,}3 \; \cdot 5{,}0^2 = - \quad 4{,}7 \quad \text{''}$$
$$m_{yee1} = -0{,}06 \; \cdot \; 4{,}3 \; \cdot 5{,}0^2 = - \quad 6{,}5 \quad \text{''}$$
$$m_{yem} = -0{,}29 \; \cdot \; 4{,}3 \; \cdot 5{,}0^2 = - \quad 31{,}2 \quad \text{''}$$

2. Linearanteil nach Tafel 5.1

$$m_{xre} = -0{,}06 \; \cdot \; 9{,}1 \; \cdot 5{,}0^2 = - \quad 13{,}7 \; \text{kNm/m}$$
$$m_{xrm} = +0{,}057 \cdot \; 9{,}1 \; \cdot 5{,}0^2 = + \quad 13{,}0 \quad \text{''}$$
$$m_{yer} = -0{,}030 \cdot \; 9{,}1 \; \cdot 5{,}0^2 = - \quad 6{,}8 \quad \text{''}$$
$$m_{yee1} = -0{,}035 \cdot \; 9{,}1 \; \cdot 5{,}0^2 = - \quad 8{,}0 \quad \text{''}$$
$$m_{yem} = -0{,}19 \; \cdot \; 9{,}1 \; \cdot 5{,}0^2 = - \quad 43{,}2 \quad \text{''}$$

3. Insgesamt:

$$m_{xre} = - \quad 9{,}7 - 13{,}7 \qquad = - \quad 23{,}4 \; \text{kNm/m}$$
$$m_{xrm} = + \quad 9{,}7 + 13{,}0 \qquad = + \quad 22{,}7 \quad \text{''}$$
$$m_{yer} = - \quad 4{,}7 - \; 6{,}8 \qquad = - \quad 11{,}5 \quad \text{''}$$
$$m_{yee1} = - \quad 6{,}5 - \; 8{,}0 \qquad = - \quad 14{,}5 \quad \text{''}$$
$$m_{yem} = - \, 31{,}2 - 43{,}2 \qquad = - \quad 74{,}4 \quad \text{''}$$

4.3.2.3 *Lastfall: Erddruck aus exzentrischer Verkehrslast*

1. Konstanter Anteil nach Tafel 6.1

$$m_{xre} = -0{,}25 \; \cdot \; 5{,}3 \; \cdot 5{,}0^2 = -33{,}1 \; \text{kNm/m}$$
$$m_{xrm} = +0{,}035 \cdot \; 5{,}3 \; \cdot 5{,}0^2 = + \quad 4{,}6 \quad \text{''}$$
$$m_{yer} = -0{,}27 \; \cdot \; 5{,}3 \; \cdot 5{,}0^2 = -35{,}8 \quad \text{''}$$
$$m_{yen} = -0{,}07 \; \cdot \; 5{,}3 \; \cdot 5{,}0^2 = - \quad 9{,}3 \quad \text{''}$$
$$m_{yem} = -0{,}15 \; \cdot \; 5{,}3 \; \cdot 5{,}0^2 = -19{,}9 \quad \text{''}$$

2. Linearanteil nach Tafel 7.1

$$m_{xre} = -0{,}195 \cdot \; 8{,}3 \; \cdot 5{,}0^2 = -40{,}5 \; \text{kNm/m}$$
$$m_{xrm} = +0{,}028 \cdot \; 8{,}3 \; \cdot 5{,}0^2 = + \quad 5{,}8 \quad \text{''}$$
$$m_{yer} = -0{,}17 \; \cdot \; 8{,}3 \; \cdot 5{,}0^2 = -35{,}3 \quad \text{''}$$
$$m_{yee1} = -0{,}043 \cdot \; 8{,}3 \; \cdot 5{,}0^2 = - \quad 8{,}9 \quad \text{''}$$
$$m_{yem} = -0{,}08 \; \cdot \; 8{,}3 \; \cdot 5{,}0^2 = -16{,}6 \quad \text{''}$$

3. Insgesamt:

$$m_{xre} \quad = -33,1 - 40,5 \qquad = -73,6 \, kNm/m$$
$$m_{xrm} = + \ \ 4,6 + \ \ 5,8 \qquad = +10,4 \quad ''$$
$$m_{yer} \quad = -35,8 - 35,3 \qquad = -71,1 \quad ''$$
$$m_{yee1} = - \ \ 9,3 - \ \ 8,9 \qquad = -17,2 \quad ''$$
$$m_{yem} = -19,9 - 16,6 \qquad = -36,5 \quad ''$$

4.3.2.4 Beanspruchung aus der Kammerwand

1. Ständige Lasteinflüsse nach 4.2.2.1

1.1 Randquerkraft nach Tafel 12.1

$$m_{xre} \quad = - \ 0,27 \ \cdot \ 4,9 \ \cdot \ 5,0 \ = - \ \ 6,6 \, kNm/m$$
$$m_{xrm} = + \ 0,20 \ \cdot \ 4,9 \ \cdot \ 5,0 \ = + \ \ 4,9 \quad ''$$
$$m_{yer} \quad = + \ 0,08 \ \cdot \ 4,9 \ \cdot \ 5,0 \ = + \ \ 2,0 \quad ''$$
$$m_{yee1} = - \ 0,11 \ \cdot \ 4,9 \ \cdot \ 5,0 \ = - \ \ 2,7 \quad ''$$
$$m_{yem} = - \ 0,51 \ \cdot \ 4,9 \ \cdot \ 5,0 \ = -12,5 \quad ''$$

1.2 Randmoment nach Tafel 13.1

$$m_{xre} \quad = - \ 0,50 \ \cdot \ 1,75 \qquad = - \ \ 0,9 \, kNm/m$$
$$m_{xrm} = + \ 0,26 \ \cdot \ 1,75 \qquad = + \ \ 0,5 \quad ''$$
$$m_{yer} \quad = + \ 0,10 \ \cdot \ 1,75 \qquad = + \ \ 0,2 \quad ''$$
$$m_{yem} = - \ 0,30 \ \cdot \ 1,75 \qquad = - \ \ 0,5 \quad ''$$
$$m_{yr1} \quad = - \ 1,0 \ \ \cdot \ 1,75 \qquad = - \ \ 1,8 \quad ''$$

1.3 Ständige Lasten insgesamt:

$$m_{xre} \quad = - \ \ 6,6 - 0,9 \qquad = - \ \ 7,5 \, kNm/m$$
$$m_{xrm} = + \ \ 4,9 + 0,5 \qquad = + \ \ 5,4 \quad ''$$
$$m_{yer} \quad = + \ \ 2,0 + 0,2 \qquad = + \ \ 2,2 \quad ''$$
$$m_{yee1} = - \ \ 2,7 + 0 \qquad = - \ \ 2,7 \quad ''$$
$$m_{yem} = -12,5 - 0,5 \qquad = -13,0 \quad ''$$
$$m_{yr1} \quad = \qquad\qquad\qquad = - \ \ 1,8 \quad ''$$

2. Verkehrslasteinflüsse nach 4.2.2.1

2.1 Zentrische Stellung der Regelfahrzeuge Umrechnungsfaktor gegenüber 1.

Randquerkraft: $15,6/ \ 4,9 = 3,18$

Randmoment: $8,6/1,75 = 4,91$, folglich:

$$m_{xre} \quad = - \ \ 6,6 \cdot 3,18 - 0,9 \cdot 4,91 \quad = -25,4 \, kNm/m$$
$$m_{xrm} = + \ \ 4,9 \cdot 3,18 + 0,5 \cdot 4,91 \quad = +18,0 \quad ''$$
$$m_{yer} \quad = + \ \ 2,0 \cdot 3,18 + 0,2 \cdot 4,91 \quad = + \ \ 7,3 \quad ''$$
$$m_{yee1} = - \ \ 2,7 \cdot 3,18 \qquad\qquad\quad = - \ \ 8,6 \quad ''$$
$$m_{yem} = -12,5 \cdot 3,18 - 0,5 \cdot 4,91 \quad = -42,2 \quad ''$$
$$m_{yr1} \quad = \qquad\qquad\qquad\qquad\quad = - \ \ 8,6 \quad ''$$

2.2 Exzentrische Stellung der Regelfahrzeuge nach Tafel 14.1 und 15.1

$$m_{xre} \quad = -0,22 \cdot 15,6 \cdot 5,0 - 0,50 \cdot 8,6 = -21,5 \, kNm/m$$
$$m_{xrm} = +0,10 \cdot 15,6 \cdot 5,0 + 0,13 \cdot 8,6 = + \ \ 8,9 \quad ''$$
$$m_{yer} \quad = +0,07 \cdot 15,6 \cdot 5,0 + 0,07 \cdot 8,6 = + \ \ 6,1 \quad ''$$
$$m_{yee1} = -0,11 \cdot 15,6 \cdot 5,0 \qquad\qquad = - \ \ 8,6 \quad ''$$
$$m_{yem} = -0,26 \cdot 15,6 \cdot 5,0 - 0,15 \cdot 8,6 = -21,6 \quad ''$$
$$m_{yr1} \quad = \text{halbseitig} \qquad\qquad\qquad = - \ \ 8,6 \quad ''$$

4.3.2.5 *Beanspruchungen aus dem Kragarm der Flügelwand*

1. Ständige Lasteinflüsse nach 4.2.2.2 Randmoment beidseitig, nach Tafel 16.1

$$m_{xre} = -\ 0,95 \cdot 13,5 \qquad = -\ 12,8\ \text{kNm/m}$$
$$m_{xrm} = -\ 0,01 \cdot 13,5 \qquad = -\ 0,1\ \text{''}$$
$$m_{yer} = -\ 0,25 \cdot 13,5 \qquad = -\ 3,4\ \text{''}$$
$$m_{yem} = +\ 0,15 \cdot 13,5 \qquad = +\ 2,0\ \text{''}$$
$$m_{yr2} = -\ 1,0 \cdot 13,5 \qquad = -\ 13,5\ \text{''}$$

2. Verkehrslast beidseitig, Tafel 16.1

$$m_{xre} = -\ 0,95 \cdot 0,24 \qquad = -\ 0,23\ \text{kNm/m}$$
$$m_{xrm}, m_{yer}, m_{yem} \approx 0$$
$$m_{yr2} \qquad = -\ 0,24\ \text{''}$$

3. Verkehrslast einseitig, nach Tafel 17.1

$$m_{xre} = -\ 0,95 \cdot 0,24 \qquad = -\ 0,23\ \text{kNm/m}$$
$$m_{xrm}, m_{yer}, m_{yem} \approx 0$$

4.3.2.6 *Beanspruchungen aus dem Kragflügel und dem oberen Kragbereich der Flügelwand*

4.3.2.6.1 Aus Kragflügel allein

1. Ständige Lasteinflüsse nach 4.2.2.3., beidseitig

1.1 Randmoment Tafel 8.1

mit $\beta = 1,50/5,00 = 0,3$, gewählt 0,25

$$m_{xre} = -\ 0,05 \cdot 17,2 \qquad = -\ 0,9\ \text{kNm/m}$$
$$m_{xrm} = 0$$
$$m_{yer} = -\ 0,30 \cdot 17,2 \qquad = -\ 5,2\ \text{''}$$
$$m_{yem} = +\ 0,02 \cdot 17,2 \qquad = +\ 0,3\ \text{''}$$
$$m_{xr2} = -\ 1,0 \cdot 17,2 \qquad = -\ 17,2\ \text{''}$$

1.2 Randquerkraft nach Tafel 10.1, $\beta = 0,25$

$$m_{xre} = -\ 0,14 \cdot 15,8 \cdot 5,0 \qquad = -\ 11,1\ \text{kNm/m}$$
$$m_{xrm} = 0$$
$$m_{yer} = -\ 0,40 \cdot 15,8 \cdot 5,0 \qquad = -\ 31,6\ \text{''}$$
$$m_{yem} = +\ 0,07 \cdot 15,8 \cdot 5,0 \qquad = +\ 5,5\ \text{''}$$

1.3 Insgesamt:

$$m_{xre} = -\ 0,9 - 11,1 \qquad = -\ 12,0\ \text{kNm/m}$$
$$m_{xrm} = 0$$
$$m_{yer} = -\ 5,2 - 31,6 \qquad = -\ 36,8\ \text{''}$$
$$m_{yem} = +\ 0,3 + 5,5 \qquad = +\ 5,8\ \text{''}$$
$$m_{xr2} = \qquad = -\ 17,2\ \text{''}$$

2. Verkehrslasteinflüsse nach 4.2.2.3 einseitig

2.1 Randmoment nach Tafel 9.1, $\beta = 0,25$

$$m_{xre} = -\ 0,05 \cdot 39,0 \qquad = -\ 2,0\ \text{kNm/m}$$
$$m_{yer} = -\ 0,30 \cdot 39,0 \qquad = -\ 11,7\ \text{''}$$
$$m_{yem} = +\ 0,01 \cdot 39,0 \qquad = +\ 0,4\ \text{''}$$
$$m_{xr2} = -\ 1,0 \cdot 39,0 \qquad = -\ 39,0\ \text{''}$$

2.2 Randquerkraft nach Tafel 11.1, $\beta = 0,25$

$m_{xre} = - 0,14 \cdot 28,9 \cdot 5,0 \qquad = -20,2 \text{ kNm/m}$
$m_{xrm} = - 0,05 \cdot 28,9 \cdot 5,0 \qquad = - 7,2 \quad ''$
$m_{yer} = - 0,40 \cdot 28,9 \cdot 5,0 \qquad = -57,8 \quad ''$
$m_{yem} = + 0,03 \cdot 28,9 \cdot 5,0 \qquad = + 4,3 \quad ''$

2.3 Insgesamt:

$m_{xre} = - \quad 2,0 - 20,2 \qquad = -22,2 \text{ kNm/m}$
$m_{xrm} = \quad 0 \; - \; 7,2 \qquad = - 7,2 \quad ''$
$m_{yer} = - 11,7 - 57,8 \qquad = -69,5 \quad ''$
$m_{yem} = + \quad 0,4 + \quad 4,3 \qquad = + 4,7 \quad ''$
$m_{xr2} = \qquad\qquad\qquad\qquad = -39,0 \quad ''$

4.3.2.6.2 Aus oberem Kragbereich allein

1. Ständige Lasteinflüsse nach 4.2.2.4, beidseitig

1.1 Randmoment nach Tafel 16.1

$m_{xre} = - 0,95 \cdot 1,9 \qquad = - 1,8 \text{ kNm/m}$
$m_{yer} = - 0,25 \cdot 1,9 \qquad = - 0,5 \quad ''$
$m_{yem} = + 0,15 \cdot 1,9 \qquad = + 0,3 \quad ''$
$m_{yr2} = \quad 1,0 \; \cdot 1,9 \qquad = - 1,9 \quad ''$

1.2 Randquerkraft nach Tafel 18.1

$m_{xre} = - 0,55 \cdot 8,7 \cdot 5,0 \qquad = -23,9 \text{ kNm/m}$
$m_{xrm} = \quad 0$
$m_{yer} = - 0,48 \cdot 8,7 \cdot 5,0 \qquad = -20,9 \quad ''$
$m_{yem} = + 0,14 \cdot 8,7 \cdot 5,0 \qquad = + 6,1 \quad ''$

1.3 Insgesamt:

$m_{xre} = - 1,8 - 23,9 \qquad = -25,7 \text{ kNm/m}$
$m_{xrm} = \quad 0$
$m_{yer} = - 0,5 - 20,9 \qquad = -21,4 \quad ''$
$m_{yem} = + 0,3 + \quad 6,1 \qquad = + 6,4 \quad ''$
$m_{yr2} = \qquad\qquad\qquad\qquad = - 1,9 \quad ''$

2. Verkehrslasteneinflüsse nach 4.2.2.4 einseitig

2.1 Randmoment nach Tafel 17.1

$m_{xre} = - 0,95 \cdot 8,6 \qquad = - 8,2 \text{ kNm/m}$
$m_{xrm} = \quad 0$
$m_{yer} = - 0,25 \cdot 8,6 \qquad = - 2,2 \quad ''$
$m_{yem} = + 0,08 \cdot 8,6 \qquad = + 0,7 \quad ''$
$m_{yr2} = - 1,0 \; \cdot 8,6 \qquad = - 8,6 \quad ''$

2.2 Randquerkraft nach Tafel 19.1

$m_{xre} = - 0,55 \cdot 22,1 \cdot 5,0 \qquad = -60,8 \text{ kNm/m}$
$m_{xrm} = \quad 0$
$m_{yer} = - 0,46 \cdot 22,1 \cdot 5,0 \qquad = -50,8 \quad ''$
$m_{yem} = + 0,07 \cdot 22,1 \cdot 5,0 \qquad = + 7,7 \quad ''$

2.3 Insgesamt:

m_{xre} = − 8,2 − 60,8 $\qquad$ = − 69,0 kNm/m
m_{xrm} =   0
m_{yer} = − 2,2 − 50,8 $\qquad$ = − 53,0 $\quad$ ”
m_{yem} = + 0,7 +   7,7 $\qquad$ = +   8,4 $\quad$ ”
m_{yr2} = $\qquad$ = −   8,6 $\quad$ ”

4.3.2.6.3 Beanspruchungen insgesamt

1. Ständige Last:

m_{xre} = − 12,0 − 25,7 $\qquad$ = − 37,7 kNm/m
m_{xrm} =   0
m_{yer} = − 36,8 − 21,4 $\qquad$ = − 58,2 $\quad$ ”
m_{yem} = +   5,8 +   6,4 $\qquad$ = + 12,2 $\quad$ ”
m_{xr2} = − 17,2 $\qquad$ = − 17,2 $\quad$ ”
m_{yr2} = $\qquad$ −   1,9 $\qquad$ = −   1,9 $\quad$ ”

2. Verkehrslast einseitig

m_{xre} = − 22,2 − 69,0 $\qquad$ = −   91,2 kNm/m
m_{xrm} = −   7,2 −   0 $\qquad$ = −   7,2 $\quad$ ”
m_{yer} = − 69,5 − 53,0 $\qquad$ = − 122,5 $\quad$ ”
m_{yem} = +   4,7 +   8,4 $\qquad$ = +   13,1 $\quad$ ”
m_{xr2} = − 39,0 $\qquad$ = −   39,0 $\quad$ ”
m_{yr2} = $\qquad$ −   8,6 $\qquad$ = −   8,6 $\quad$ ”

4.3.3 Scheibenkräfte S_{xx} und S_{yy}

4.3.3.1 Lastfall: Erddruck aus Hinterfüllung

1. Linearanteil nach Tafel 1.2

S_{xm} = + 0,29 · 41,7 · 5,0 $\qquad$ = +   60,5 kNm/m
S_{xe1} = + 0,29 · 41,7 · 5,0 $\qquad$ = +   60,5 $\quad$ ”
S_{xe2} = + 0,32 · 41,7 · 5,0 $\qquad$ = +   66,7 $\quad$ ”
S_{yer} = + 0,70 · 41,7 · 5,0 $\qquad$ = + 146,0 $\quad$ ”
S_{yee1} = − 0,70 · 41,7 · 5,0 $\qquad$ = − 146,0 $\quad$ ”

2. Konstanter Anteil nach Tafel 2.2

S_{xm} = + 1,0 $\;$ · 9,0 · 5,0 $\qquad$ = +   45,0 kNm/m
S_{xe1} = + 1,65 · 9,0 · 5,0 $\qquad$ = +   74,3 $\quad$ ”
S_{xe2} = + 1,70 · 9,0 · 5,0 $\qquad$ = +   76,5 $\quad$ ”
S_{yer} = + 2,3 $\;$ · 9,0 · 5,0 $\qquad$ = + 103,5 $\quad$ ”
S_{yee1} = − 1,9 $\;$ · 9,0 · 5,0 $\qquad$ = −   85,5 $\quad$ ”

3. Insgesamt:

S_{xm} = +   60,5 +   45,0 $\qquad$ = + 105,5 kN/m
S_{xe1} = +   60,5 +   74,3 $\qquad$ = + 134,8 $\quad$ ”
S_{xe2} = +   66,7 +   76,5 $\qquad$ = + 143,2 $\quad$ ”
S_{yer} = + 146,0 + 103,5 $\qquad$ = + 249,5 $\quad$ ”
S_{yee1} = − 146,0 +   85,5 $\qquad$ = − 231,5 $\quad$ ”

4.3.3.2 Lastfall Erddruck aus zentrischer Verkehrslast

1. Konstanter Anteil nach Tafel 4.2

S_{xm} = + 0,35 · 4,3 · 5,0   = + 7,5 kN/m
S_{xe1} = + 0,15 · 4,3 · 5,0   = + 3,2 ″
S_{xe2} = + 1,65 · 4,3 · 5,0   = + 35,5 ″
S_{yer} = + 1,25 · 4,3 · 5,0   = + 26,9 ″
S_{yee1} = − 0,75 · 4,3 · 5,0   = − 16,1 ″

2. Linearanteil nach Tafel 5.2

S_{xm} = + 0,25 · 9,1 · 5,0   = + 11,4 kN/m
S_{xe1} = + 0,11 · 9,1 · 5,0   = + 5,0 ″
S_{xe2} = + 1,30 · 9,1 · 5,0   = + 59,2 ″
S_{yer} = + 0,95 · 9,1 · 5,0   = + 43,2 ″
S_{yee1} = − 0,55 · 9,1 · 5,0   = − 25,0 ″

3. Insgesamt:

S_{xm} = + 7,5 + 11,4   = + 18,9 kN/m
S_{xe1} = + 3,2 + 5,0   = + 8,2 ″
S_{xe2} = + 35,5 + 59,2   = + 94,7 ″
S_{yer} = + 26,9 + 43,2   = + 70,1 ″
S_{yee1} = − 16,1 − 25,0   = − 41,1 ″

4.3.3.3 Lastfall Erddruck aus exzentrischer Verkehrslast

1. Konstanter Anteil nach Tafel 6.2

S_{xm} = + 0,50 · 5,3 · 5,0   = + 13,3 kN/m
S_{xe1} = + 1,70 · 5,3 · 5,0   = + 45,0 ″
S_{xe2} = + 1,25 · 5,3 · 5,0   = + 33,1 ″
S_{yer} = + 2,20 · 5,3 · 5,0   = + 58,3 ″
S_{yee1} = − 2,15 · 5,3 · 5,0   = − 56,0 ″

2. Linearanteil nach Tafel 7.2

S_{xm} = + 0,35 · 8,3 · 5,0   = + 14,5 kN/m
S_{xe1} = + 1,40 · 8,3 · 5,0   = + 58,1 ″
S_{xe2} = + 1,05 · 8,3 · 5,0   = + 43,6 ″
S_{yer} = + 1,50 · 8,3 · 5,0   = + 62,3 ″
S_{yee1} = + 1,42 · 8,3 · 5,0   = + 58,9 ″

3. Insgesamt

S_{xm} = + 13,3 + 14,5   = + 27,8 kN/m
S_{xe1} = + 45,0 + 58,1   = + 103,1 ″
S_{xe2} = + 33,1 + 43,6   = + 76,7 ″
S_{yer} = + 58,3 + 62,3   = + 120,6 ″
S_{yee1} = − 56,0 − 58,9   = − 114,9 ″

4.3.3.4 Beanspruchung aus der Kammerwand

1. Ständige Lasteinflüsse nach 4.2.2.1

1.1 Randquerkraft nach Tafel 12.2

$$S_{xm} = + 0,18 \cdot 4,9 \cdot 5,0 \qquad = + \quad 4,4\,kN/m$$
$$S_{xe2} = + 1,6 \cdot 4,9 \cdot 5,0 \qquad = + \quad 39,2 \; "$$
$$S_{yer} = + 0,8 \cdot 4,9 \cdot 5,0 \qquad = + \quad 19,6 \; "$$
$$S_{yee1} = - 0,45 \cdot 4,9 \cdot 5,0 \qquad = - \quad 11,0 \; "$$

1.2 Randmoment nach Tafel 13.2

$$S_{xm} = + 0,32 \cdot 1,75 \qquad = + \quad 0,6\,kN/m$$
$$S_{xe2} = + 4,10 \cdot 1,75 \qquad = + \quad 7,2 \; "$$
$$S_{yer} = + 1,05 \cdot 1,75 \qquad = + \quad 1,8 \; "$$
$$S_{yee1} = \quad 0$$

1.3 Ständige Lasten insgesamt:

$$S_{xm} = + \quad 4,4 + 0,6 \qquad = + \quad 5,0\,kN/m$$
$$S_{xe2} = + 39,2 + 7,2 \qquad = + \quad 46,4 \; "$$
$$S_{yer} = + 19,6 + 1,8 \qquad = + \quad 21,4 \; "$$
$$S_{yee1} = - 11,0 \qquad = - \quad 11,0 \; "$$

2. Verkehrslasteinflüsse nach 4.2.2.1

2.1 Zentrische Stellung der Regelfahrzeuge Umrechnungsfaktor gegenüber 1.

Randquerkraft $\quad 15,6/\ 4,9 = 3,18$
Randmoment $\quad 8,6/1,75 = 4,91$, folglich:

$$S_{xm} = + \quad 4,4 \cdot 3,18 + 0,6 \cdot 4,91 \quad = + \quad 16,9\,kN/m$$
$$S_{xe2} = + 39,2 \cdot 3,18 + 7,2 \cdot 4,91 \quad = + 160,0 \; "$$
$$S_{yer} = + 19,6 \cdot 3,18 + 1,8 \cdot 4,91 \quad = + \quad 71,2 \; "$$
$$S_{yee1} = - 11,0 \cdot 3,18 \qquad = - \quad 35,0 \; "$$

2.2 Exzentrische Stellung der Regelfahrzeuge nach Tafel 14.2 und 15.2

$$S_{xm} = + 0,09 \cdot 15,6 \cdot 5,0 + 0,16 \cdot 8,6 \quad = + \quad 8,5\,kN/m$$
$$S_{xe2} = + 1,30 \cdot 15,6 \cdot 5,0 + 4,1 \cdot 8,6 \quad = + 136,7 \; "$$
$$S_{yer} = + 0,75 \cdot 15,6 \cdot 5,0 + 1,8 \cdot 8,6 \quad = + \quad 74,0 \; "$$
$$S_{yee1} = - 0,45 \cdot 15,6 \cdot 5,0 \qquad = - \quad 35,1 \; "$$

4.3.3.5 Beanspruchungen aus dem Kragarm der Flügelwand

1. Ständige Lasteinflüsse nach 4.2.2.2 Randmoment beidseitig nach Tafel 16.2

$$S_{xm} = + 0,4 \cdot 13,5 \qquad = + \quad 5,4\,kN/m$$
$$S_{xe1} = + 4,7 \cdot 13,5 \qquad = + \quad 63,5 \; "$$
$$S_{yer} = + 0,26 \cdot 13,5 \qquad = + \quad 3,5 \; "$$
$$S_{yee1} = - 0,20 \cdot 13,5 \qquad = - \quad 2,7 \; "$$

2. Verkehrslast beiseitig, nach Tafel 16.2

$$S_{xm} = + 0,4 \cdot 0,24 \qquad = + \quad 0,1\,kN/m$$
$$S_{xe1} = + 4,7 \cdot 0,24 \qquad = + \quad 1,1 \; "$$
$$S_{yer},\ S_{yee1} \qquad 0$$

3. Verkehrslast einseitig, nach Tafel 17.2

S_{xm} $= + 0,20 \cdot 0,24$ $\qquad = + \quad 0,1\,\text{kN/m}$
S_{xe1} $= + 4,7 \cdot 0,24$ $\qquad = + \quad 1,1$ ''
S_{yer} $= + 0,31 \cdot 0,24$ $\qquad = + \quad 0,1$ ''
S_{yee1} $= - 0,30 \cdot 0,24$ $\qquad = - \quad 0,1$ ''

4.3.3.6 Beanspruchung aus dem Kragflügel und dem oberen Kragbereich der Flügelwand

4.3.3.6.1 Aus Kragflügel allein

1. Ständige Lasteinflüsse nach 4.2.2.3, beiseitig

1.1 Randmoment nach Tafel 8.2, $\beta = 0,25$

S_{xe1} $= + 0,05 \cdot 17,2$ $\qquad = + \quad 0,9\,\text{kN/m}$

1.2 Randquerkraft nach Tafel 10.2, $\beta = 0,25$

S_{xm} $= + 0,08 \cdot 15,8 \cdot 5,0$ $\qquad = + \quad 6,3\,\text{kN/m}$
S_{xe1} $= + 0,27 \cdot 15,8 \cdot 5,0$ $\qquad = + \quad 21,3$ ''
S_{xe2} $= + 0,04 \cdot 15,8 \cdot 5,0$ $\qquad = + \quad 3,2$ ''
S_{yer} $= + 0,07 \cdot 15,8 \cdot 5,0$ $\qquad = + \quad 5,5$ ''
S_{yee1} $= - 0,07 \cdot 15,8 \cdot 5,0$ $\qquad = - \quad 5,5$ ''

1.3 Insgesamt:

S_{xm} $= + 6,3$ $\qquad = + \quad 6,3\,\text{kN/m}$
S_{xe1} $= + 0,9 + 21,3$ $\qquad = + \quad 22,3$ ''
S_{xe2} $= + 3,2$ $\qquad = + \quad 3,2$ ''
S_{yer} $= + 5,5$ $\qquad = + \quad 5,5$ ''
S_{yee1} $= - 5,5$ $\qquad = - \quad 5,5$ ''

2. Verkehrslasteinflüsse nach 4.2.2.3, einseitig.

2.1 Randmoment nach Tafel 9.2, $\beta = 0,25$

S_{xe1} $= + 0,04 \cdot 39,0$ $\qquad = + \quad 1,6\,\text{kN/m}$

2.2 Randquerkraft nach Tafel 11.2, $\beta = 0,25$

S_{xm} $= + 0,05 \cdot 28,9 \cdot 5,0$ $\qquad = + \quad 7,2\,\text{kN/m}$
S_{xe1} $= + 0,28 \cdot 28,9 \cdot 5,0$ $\qquad = + \quad 40,5$ ''
S_{xe2} $= + 0,04 \cdot 28,9 \cdot 5,0$ $\qquad = + \quad 5,8$ ''
S_{yer} $= + 0,08 \cdot 28,9 \cdot 5,0$ $\qquad = + \quad 11,6$ ''
S_{yee1} $= - 0,12 \cdot 28,9 \cdot 5,0$ $\qquad = - \quad 17,3$ ''

2.3 Insgesamt:

S_{xm} $= + 7,2$ $\qquad = + \quad 7,2\,\text{kN/m}$
S_{xe1} $= + 1,6 + 40,5$ $\qquad = + \quad 42,1$ ''
S_{xe2} $= + 5,8$ $\qquad = + \quad 5,8$ ''
S_{yer} $= + 11,6$ $\qquad = + \quad 11,6$ ''
S_{yee1} $= - 17,9$ $\qquad = - \quad 17,9$ ''

4.3.3.6.2 Aus oberem Kragarmbereich allein

1. Ständige Lasteinflüsse nach 4.2.2.4, beidseitig

1.1 Randmoment nach Tafel 16.2

S_{xm} = + 0,4 · 1,9   = +   0,8 kN/m
S_{xe1} = + 4,7 · 1,9   = +   8,9 ''
S_{yer} = + 0,26 · 1,9   = +   0,5 ''
S_{yee1} = − 0,19 · 1,9   = −   0,4 ''

1.2 Randquerkraft nach Tafel 18.2

S_{xm} = + 0,35 · 8,7 · 5,0   = +   15,2 kN/m
S_{xe1} = + 1,7 · 8,7 · 5,0   = +   74,0 ''
S_{yer} = + 0,23 · 8,7 · 5,0   = +   10,0 ''
S_{yee1} = − 0,26 · 8,7 · 5,0   = −   11,3 ''

1.3 Insgesamt:

S_{xm} = + 0,8 + 15,2   = +   16,0 kN/m
S_{xe1} = + 8,9 + 74,0   = +   82,9 ''
S_{yer} = + 0,5 + 10,0   = +   10,5 ''
S_{yee1} = − 0,4 − 11,3   = −   11,7 ''

2. Verkehrslasteinflüsse nach 4.2.2.4, einseitig

2.1 Randmoment nach Tafel 17.2

S_{xm} = + 0,25 · 8,6   = +   2,2 kN/m
S_{xe1} = + 4,70 · 8,6   = +   40,4 ''
S_{yer} = + 0,31 · 8,6   = +   2,7 ''
S_{yee1} = − 0,30 · 8,6   = −   2,6 ''

2.2 Randquerkraft nach Tafel 19.2

S_{xm} = + 0,15 · 22,1 · 5,0   = +   16,6 kN/m
S_{xe1} = + 1,7 · 22,1 · 5,0   = +   187,8 ''
S_{yer} = + 0,28 · 22,1 · 5,0   = +   30,9 ''
S_{yee1} = − 0,38 · 22,1 · 5,0   = −   42,0 ''

2.3 Insgesamt:

S_{xm} = + 2,2 + 16,8   = +   19,0 kN/m
S_{xe1} = + 40,4 + 187,8   = +   228,2 ''
S_{yer} = + 2,7 + 30,9   = +   33,6 ''
S_{yee} = − 2,6 − 42,0   = −   44,6 ''

4.3.3.6.3 Beanspruchungen insgesamt

1. Ständige Last:

S_{xm} = + 6,3 + 16,0   = +   22,3 kN/m
S_{xe1} = + 22,3 + 82,9   = +   105,2 ''
S_{xe2} = + 3,2 + 0   = +   3,2 ''
S_{yer} = + 5,5 + 10,5   = +   16,0 ''
S_{yee1} = − 5,5 − 11,7   = −   17,2 ''

2. Verkehrslast einseitig

$$S_{xm} = + \ 7,2 + \ 19,0 \qquad = + \ 26,2 \ \text{kN/m}$$
$$S_{xe1} = + \ 42,1 + 228,1 \qquad = + 270,2 \ "$$
$$S_{xe2} = + \ 5,8 + \ 0 \qquad = + \ 5,8 \ "$$
$$S_{yer} = + \ 11,6 + \ 33,6 \qquad = + \ 45,2 \ "$$
$$S_{yee1} = - \ 17,2 - \ 44,6 \qquad = - \ 61,9 \ "$$

4.3.4 Zusammenstellung

Die Größtwerte der Biegemomente und Scheibenkräfte sind getrennt für die Lastfall-kombinationen Eigengewicht und zentrische Verkehrslast $(g + p_m)$ und Eigengewicht und exzentrische Verkehrslast $(g + p_{ex})$ in den Tabellen 2 und 3 zusammengestellt. Einen Überblick über den Verlauf und die Verteilung der Schnittkräfte erhält man durch Bild 31.

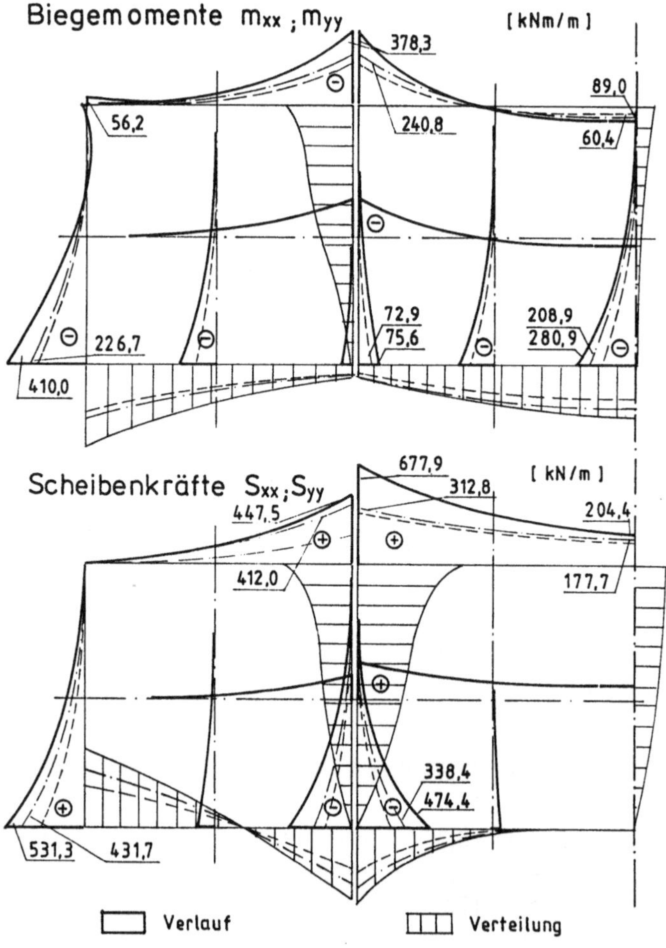

Bild 31 Größe, Verlauf und Verteilung der Schnittgrößen

Tabelle 2 Lastkombination ständige Last und zentrische Verkehrslast (kNm/m; kN/m)

| m, S | Erddruck | | Randlasten | | | | | | max. ständige Lasten | max. ständige Lasten + Verkehr |
| | Hinterfüllung | Verkehr | Kammerwand | | Kragarm Flügelwand | | Kragflügel, Kragfeld | | | |
	g	p_m	g	p_m	g	p_m	g	p_m	g	$g + p_m$
m_{xre}	− 133,8	− 23,4	− 7,5	− 25,4	− 12,8	− 0,2	− 37,7	−	− 191,8	− 240,8
m_{xrm}	+ 43,0	+ 22,7	+ 5,4	+ 18,0	− 0,1	0	0	−	+ 48,3	+ 89,0
m_{yer}	− 163,1	− 11,5	+ 2,2	+ 7,3	− 3,4	0	− 58,2	−	− 222,5	− 226,7
m_{yeel}	− 47,1	− 14,5	− 2,7	− 8,6	−	−	−	−	− 49,8	− 72,9
m_{yem}	− 165,1	− 74,4	− 13,0	− 42,2	+ 2,0	0	+ 12,2	−	− 163,9	− 280,9
m_{yrl}			− 1,8	− 8,6	−	−	−	−	− 1,8	− 10,4
m_{yr2}					− 13,5	− 0,2	− 1,9	−	− 15,4	− 15,6
m_{xr2}							− 17,2	−	− 17,2	− 17,2
S_{xm}	+ 105,5	+ 18,9	+ 5,0	+ 16,9	+ 5,4	+ 0,1	+ 22,3	−	+ 141,8	+ 177,7
S_{xel}	+ 134,8	+ 8,2	−	−	+ 63,5	+ 1,1	+ 105,2	−	+ 303,5	+ 312,8
S_{xe2}	+ 143,2	+ 94,7	+ 46,4	+ 160,0	−	−	+ 3,2	−	+ 192,8	+ 447,5
S_{yer}	+ 249,5	+ 70,1	+ 21,4	+ 71,2	+ 3,5	0	+ 16,0	−	+ 290,4	+ 431,7
S_{yeel}	− 231,5	− 41,0	− 11,0	− 35,0	− 2,7	0	− 17,2	−	− 262,4	− 338,4

Tabelle 3 Lastkombination ständige Last und exzentrische Verkehrslast (kNm/m; kN/m)

m, S	Erddruck		Randlasten						max. ständige Lasten	max. ständige Lasten + Verkehr
	Hinterfüllung	Verkehr	Kammerwand		Kragarm Flügelwand		Kragflügel, Kragfeld			
	g	P_{ex}	g	P_{ex}	g	P_{ex}	g	P_{ex}	g	$g + P_{ex}$
m_{xre}	− 133,8	− 73,6	− 7,5	− 21,5	− 12,8	− 0,2	− 37,7	− 91,2	− 191,8	− 378,3
m_{xrm}	+ 43,0	+ 10,4	+ 5,4	+ 8,9	− 0,1	0	0	− 7,2	+ 48,3	+ 60,4
m_{yer}	− 163,1	− 71,1	+ 2,2	+ 6,1	− 3,4	0	− 58,2	− 122,5	− 222,5	− 410,0
m_{yeel}	− 47,1	− 17,2	− 2,7	− 8,6	−	−	−	−	− 49,8	− 75,6
m_{yem}	− 165,1	− 36,5	− 13,0	− 21,6	+ 2,0	0	+ 12,2	+ 13,1	− 163,9	− 208,9
m_{yrl}			− 1,8	− 8,6	−	0			− 1,8	− 10,4
m_{yr2}					− 13,5	− 0,2	− 1,9	− 8,6	− 15,4	− 24,2
m_{xr2}							− 17,2	− 39,0	− 17,2	− 56,2
S_{xm}	+ 105,5	+ 27,8	+ 5,0	+ 8,5	+ 5,4	+ 0,1	+ 22,3	+ 26,2	+ 141,8	+ 204,4
S_{xel}	+ 134,8	+ 103,1	−	−	+ 63,5	+ 1,1	+ 105,2	+ 270,2	+ 303,5	+ 677,9
S_{xe2}	+ 143,2	+ 76,7	+ 46,4	+ 136,7	−	−	+ 3,2	+ 5,8	+ 192,8	+ 412,0
S_{yer}	+ 249,5	+ 120,6	+ 21,4	+ 74,0	+ 3,5	+ 0,1	+ 16,0	+ 45,2	+ 290,4	+ 531,3
S_{yeel}	− 231,5	− 114,9	− 11,0	− 35,1	− 2,7	− 0,1	− 17,2	− 61,9	− 262,4	− 474,4

Literaturverzeichnis

[1] Holst, K. H., Brücken aus Stahlbeton und Spannbeton, Ernst & Sohn, Berlin 1985

[2] Zienkiewiez, O. C., Methode der Finiten Elemente, 2. Aufl., C. Hanser Verlag, München 1984

[3] Reissner, E., J. Math. Phys. 23.184 (1944) − J. Appl. Mech. 12.A68 (1945)

[4] Reissner, E., On Bending of Elastic Plates, Quart. Appl. Math. 5.55 (1947)

[5] Holst, K. H., Paßvogel, M., Berücksichtigung der Schubverformungen in den Wänden kastenförmiger Brückenwiderlager, Bautechnik 66 (1989), H. 5, S. 169−175

[6] Girkmann, K., Flächentragwerke, 6. Aufl., Springer Verlag, Wien 1963

[7] Gallagher, R. H., Finite-Element-Analysis/Grundlagen, Springer Verlag, Berlin, Heidelberg, New York 1976

[8] Czerny, F., Tafeln für gleichmäßig vollbelastete Rechteckplatten, Bautechnik-Archiv, Heft 11, Ernst & Sohn, Berlin 1955

[9] Czerny, F., Die dreiseitig gelagerte Rechteckplatte, Stahlbau und Baustatik, Springer Verlag, Wien, New York 1965, S. 20−241

[10] Hahn, J., Durchlaufträger, Rahmen und Platten, 5. Aufl., Werner Verlag, Düsseldorf 1961

[11] Stiglat, K., Wippel, H., Die an zwei benachbarten Rändern eingespannte Platte unter Gleichlast, Beton- und Stahlbetonbau 54 (1959), H. 7, S. 173−177, Beton- und Stahlbetonbau 55 (1960), H. 4, S. 88−93

[12] Stein, D., Brückenflügel als an zwei benachbarten Rändern eingespannte Platte, Beton- und Stahlbetonbau 61 (1966), H. 3, S. 62−68

[13] Eibl, J., Iványi, G., Schambeck, H., Berechnung kastenförmiger Brückenwiderlager, 2. Aufl., Werner Verlag, Düsseldorf 1979

Tafeln der Beiwerte k

Tabellenübersicht

1. Einfache Widerlagerwand

Nr.	Belastungsfall		Seite
E1		Randquerkraft, symmetrisch	58
E2		Randquerkraft, antisymmetrisch	60
E3		Randmoment, horizontal, symmetrisch	62
E4		Randmoment, horizontal, antisymmetrisch	64
E5		Moment aus dem Eigengewicht des Kragflügels (Scheibenmoment), symmetrisch	66
E6		Moment aus dem Eigengewicht des Kragflügels (Scheibenmoment), antisymmetrisch	68
E7		konstante Gleichlast, symmetrisch	70
E8		konstante Gleichlast, antisymmetrisch	71
E9		linear abfallende Gleichlast, symmetrisch	72
E10		linear abfallende Gleichlast, antisymmetrisch	73
E11		linear ansteigende Gleichlast, symmetrisch	74

2. Kastenförmiges Widerlager ⌐ 90°

1	Erddruck aus der Hinterfüllung des Widerlagers, alle Wandflächen belastet	90°
	Biegemomente	76
	Scheibenkräfte	78
	Drillmomente	80

Nr.	Belastungsfall	Seite
		90°
2	Erddruck aus der Auflast der Verkehrslast, alle Wandflächen belastet, Gleichlastanteil Biegemomente Scheibenkräfte Drillmomente	 82 84 86
3	Erddruck aus der Auflast der Verkehrslast, alle Wandflächen belastet, Linearanteil Biegemomente Scheibenkräfte Drillmomente	 88 90 92
4	Erddruck aus der Auflast der Verkehrslast, zentrische Laststellung, mittige Teilfläche der Wand belastet, Gleichlastanteil Biegemomente Scheibenkräfte Drillmomente	 94 96 98
5	Erddruck aus der Auflast der Verkehrslast, zentrische Laststellung, mittige Teilfäche der Wand belastet, Linearanteil Biegemomente Scheibenkräfte Drillmomente	 100 102 104
6	Erddruck aus der Auflast der Verkehrslast, exzentrische Laststellung, halbseitige Teilflächen der Wände belastet, Gleichlastanteil Biegemomente Scheibenkräfte Drillmomente	 106 108 110
7	Erddruck aus der Auflast der Verkehrslast, exzentrische Laststellung, halbseitige Teilflächen der Wände belastet, Linearanteil Biegemomente Scheibenkräfte Drillmomente	 112 114 116

Nr.	Belastungsfall	Seite
		90°
8	Randmoment an der Flügelwand durch den Kragflügel, beide Flügelwände belastet Biegemomente Scheibenkräfte Drillmomente	 118 120 122
9	Randmoment an der Flügelwand durch den Kragflügel, eine Flügelwand belastet Biegemomente Scheibenkräfte Drillmomente	 124 126 128
10	Randquerkraft an der Flügelwand durch den Kragflügel, beide Flügelwände belastet Biegemomente Scheibenkräfte Drillmomente	 130 132 134
11	Randquerkraft an der Flügelwand durch den Kragflügel, eine Flügelwand belastet Biegemomente Scheibenkräfte Drillmomente	 136 138 140
12	Horizontalkraft an der Widerlagerwand, Wand symmetrisch belastet Biegemomente Scheibenkräfte Drillmomente	 142 144 146
13	Randmoment an der Widerlagerwand, Wand symmetrisch belastet Biegemomente Scheibenkräfte Drillmomente	 148 150 152

Nr.	Belastungsfall	Seite
		90°
14	Horizontalkraft an der Widerlagerwand, Wand halbseitig belastet Biegemomente Scheibenkräfte Drillmomente	 154 156 158
15	Randmoment an der Widerlagerwand, Wand halbseitig belastet Biegemomente Scheibenkräfte Drillmomente	 160 162 164
16	Randmoment am oberen Rand der Flügelwand, beide Flügelwände belastet Biegemomente Scheibenkräfte Drillmomente	 166 168 170
17	Randmoment am oberen Rand der Flügelwand, eine Flügelwand belastet Biegemomente Scheibenkräfte Drillmomente	 172 174 176
18	Horizontalkraft am oberen Rand der Flügelwand, beide Flügelwände belastet Biegemomente Scheibenkräfte Drillmomente	 178 180 182
19	Horizontalkraft am oberen Rand der Flügelwand, eine Flügelwand belastet Biegemomente Scheibenkräfte Drillmomente	 184 186 188

Tafeln der Momentenbeiwerte
einfache Widerlagerwand

$\mu = 0$

Lastfall 1: Randquerkraft, symmetrisch

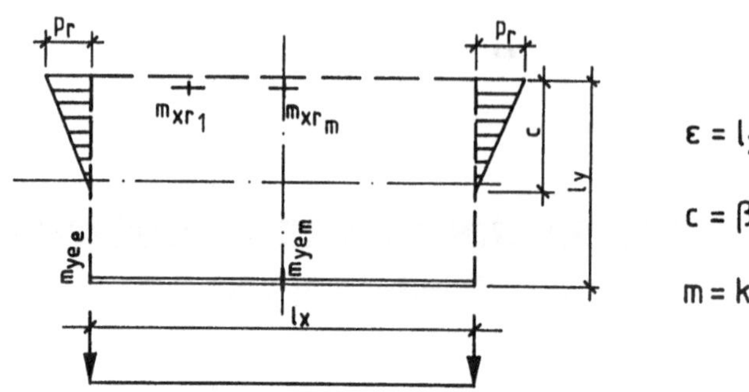

Verlauf der Biegemomente

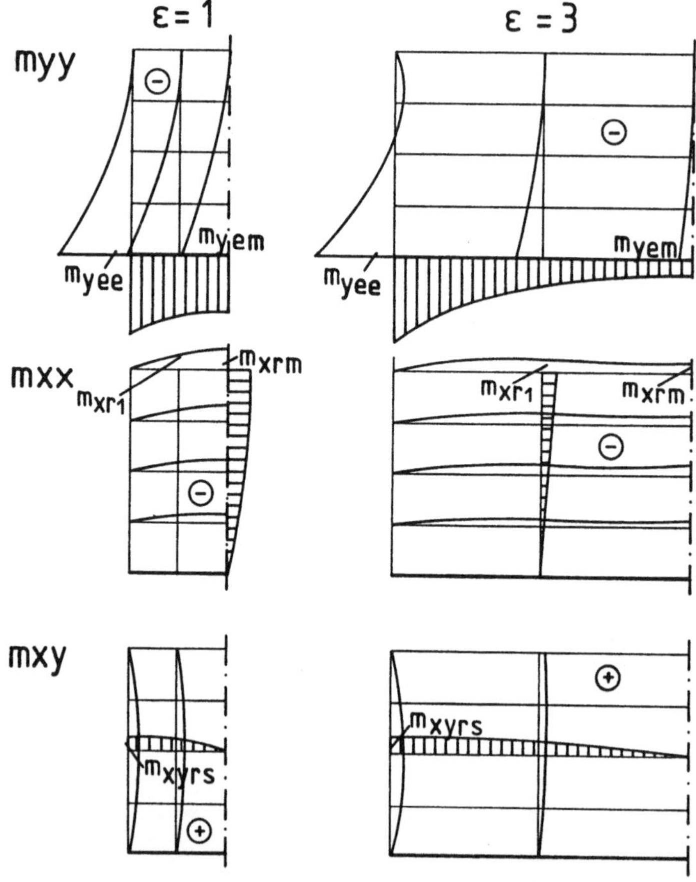

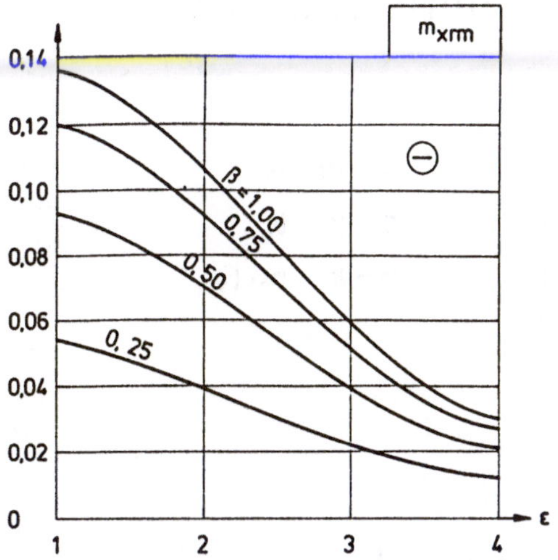

Beiwerte k Tafel E 1

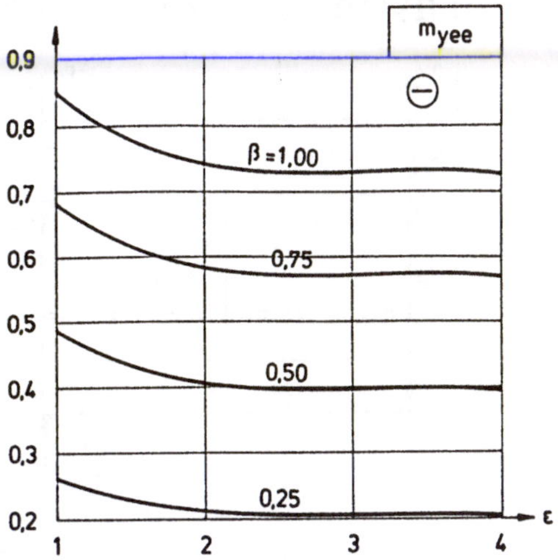

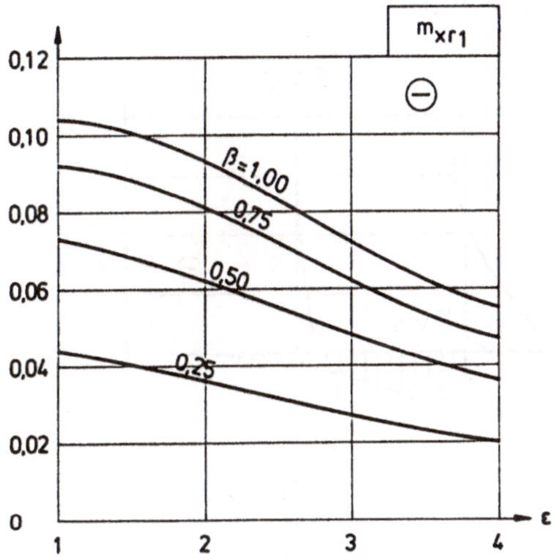

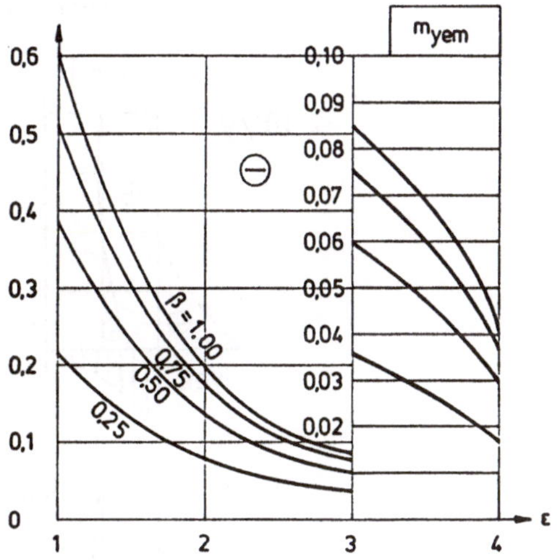

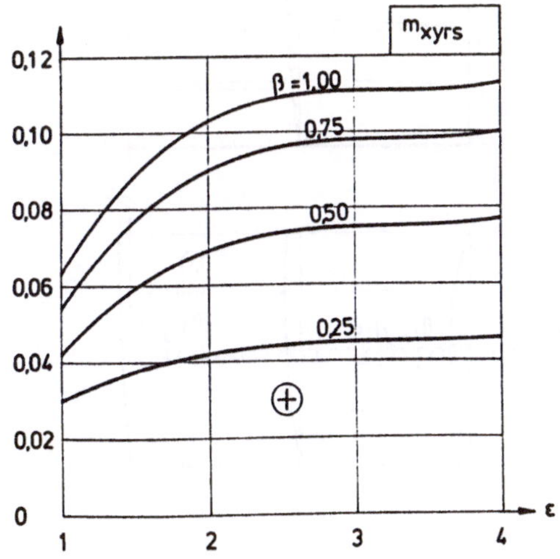

Lastfall 2 : Randquerkraft, antisymmetrisch

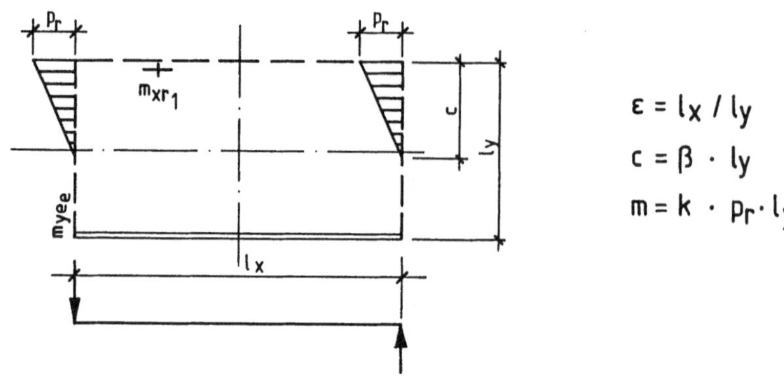

Verlauf der Biegemomente

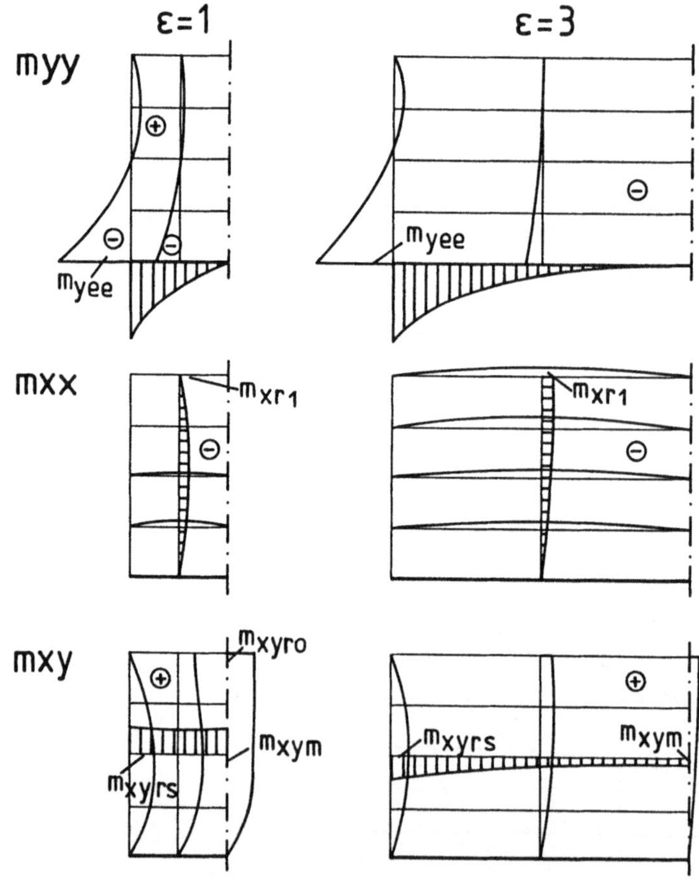

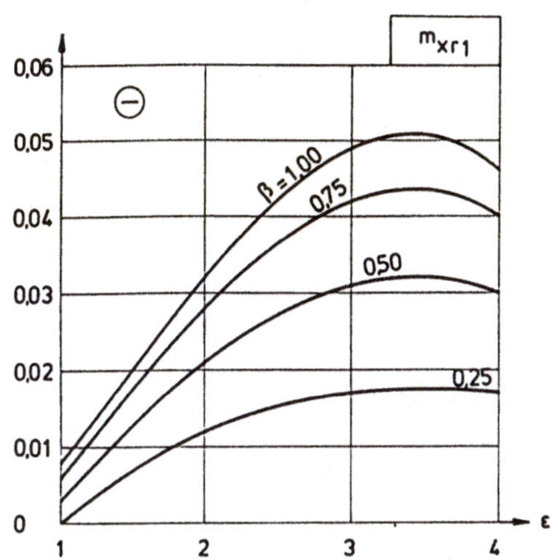

m_{xr1}
⊖
β = 1,00
0,75
0,50
0,25
0,06
0,05
0,04
0,03
0,02
0,01
0
1
2
3
4
ε

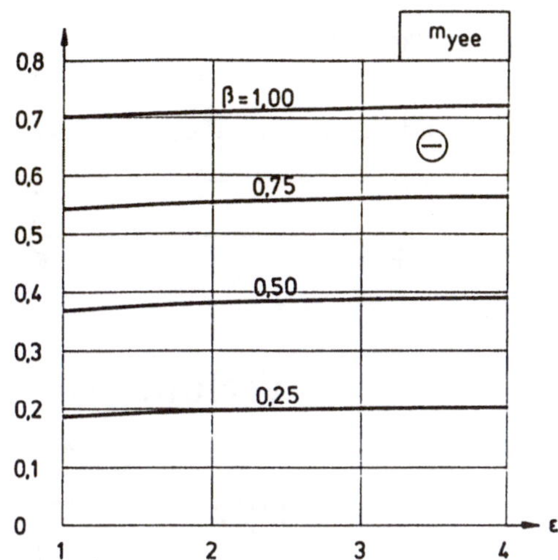

m_{yee}
⊖
β = 1,00
0,75
0,50
0,25
0,8
0,7
0,6
0,5
0,4
0,3
0,2
0,1
0
1
2
3
4
ε

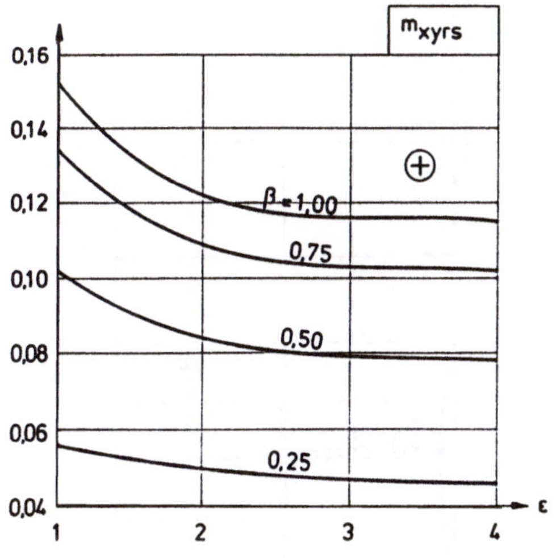

m_{xyrs}
⊕
β = 1,00
0,75
0,50
0,25
0,16
0,14
0,12
0,10
0,08
0,06
0,04
1
2
3
4
ε

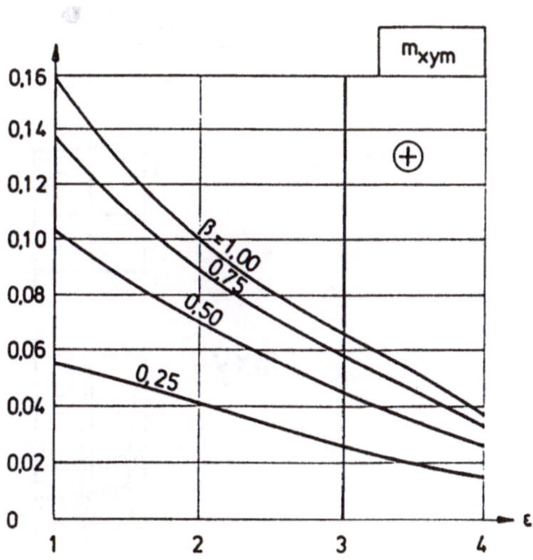

m_{xym}
⊕
β = 1,00
0,75
0,50
0,25
0,16
0,14
0,12
0,10
0,08
0,06
0,04
0,02
0
1
2
3
4
ε

Lastfall 3: Randmoment, horizontal, symmetrisch

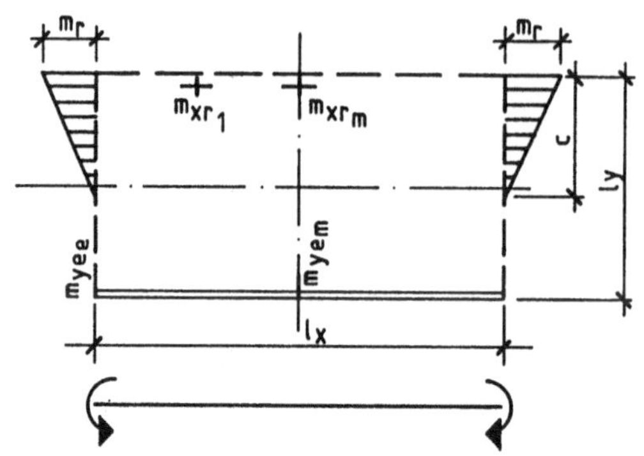

$$\varepsilon = l_x / l_y$$
$$c = \beta \cdot l_y$$
$$m = k \cdot m_r$$

Verlauf der Biegemomente

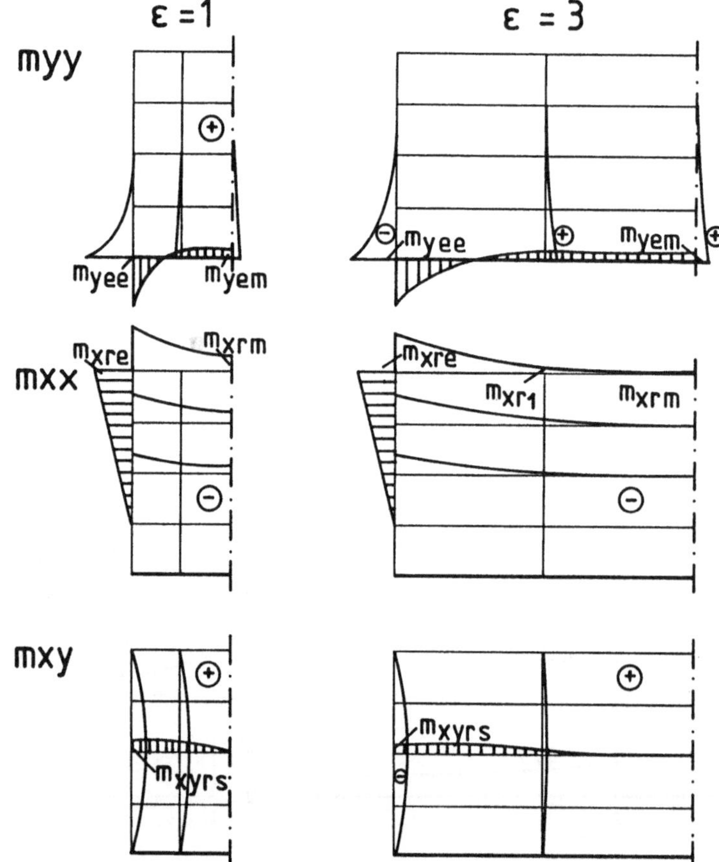

Beiwerte k

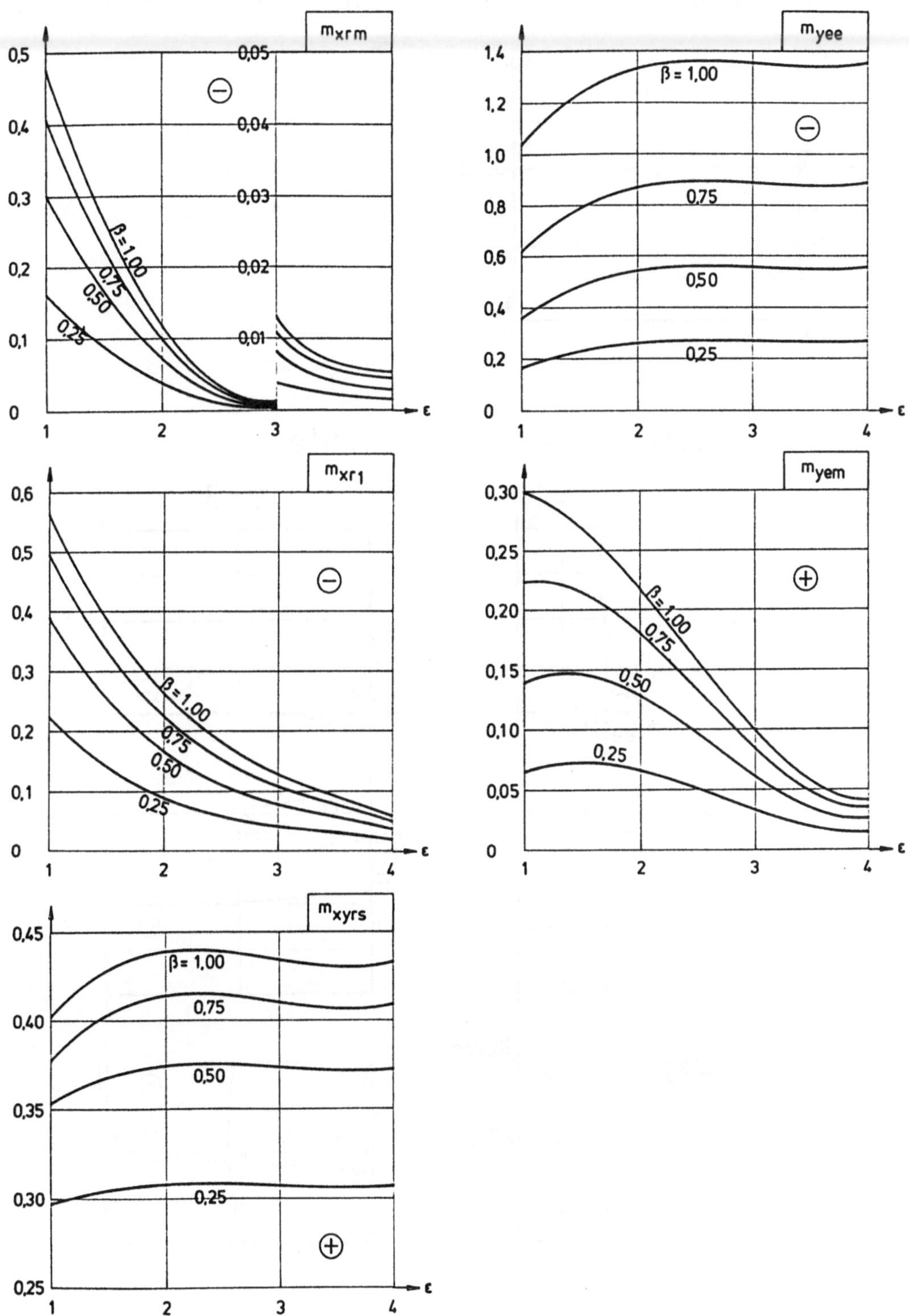

Lastfall 4 : Randmoment, horizontal, antisymmetrisch

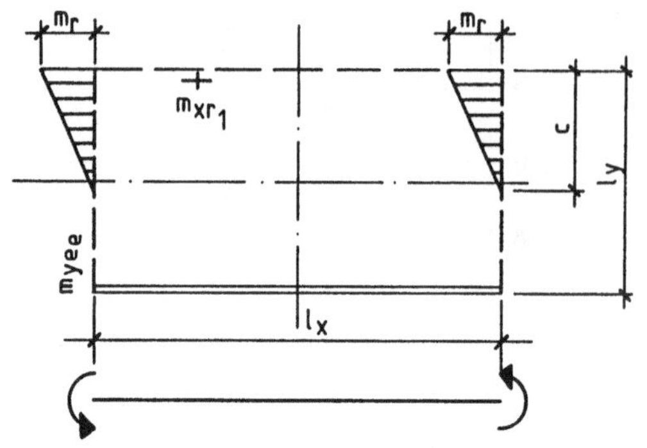

$$\varepsilon = l_x / l_y$$
$$c = \beta \cdot l_y$$
$$m = k \cdot m_r$$

Verlauf der Biegemomente

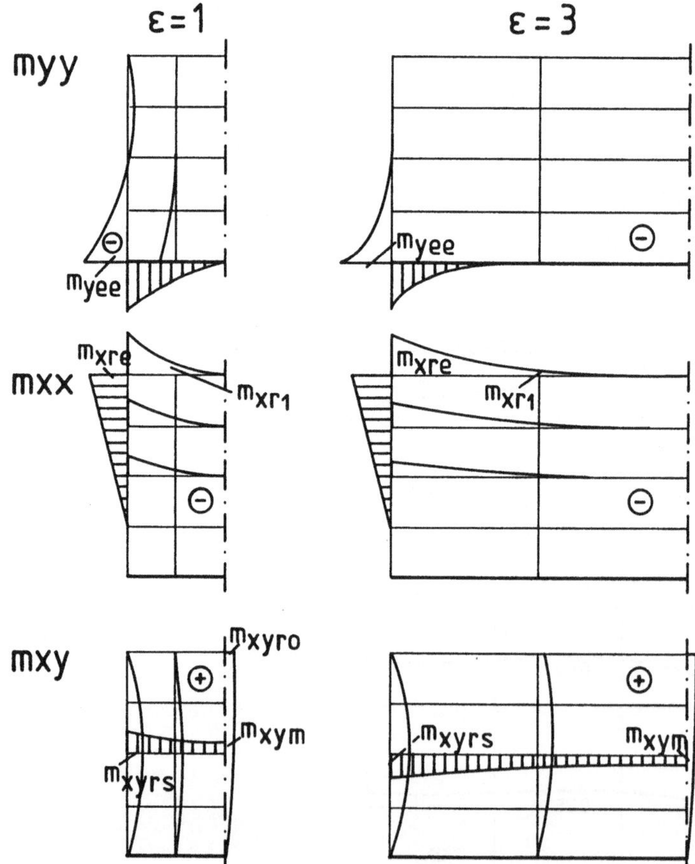

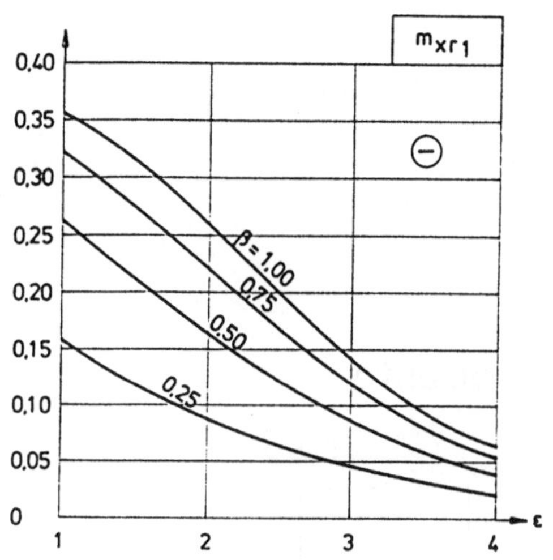

m_xr1
⊖
0,40
0,35
0,30
0,25
0,20
0,15
0,10
0,05
0
β=1,00
0,75
0,50
0,25
1
2
3
4
ε

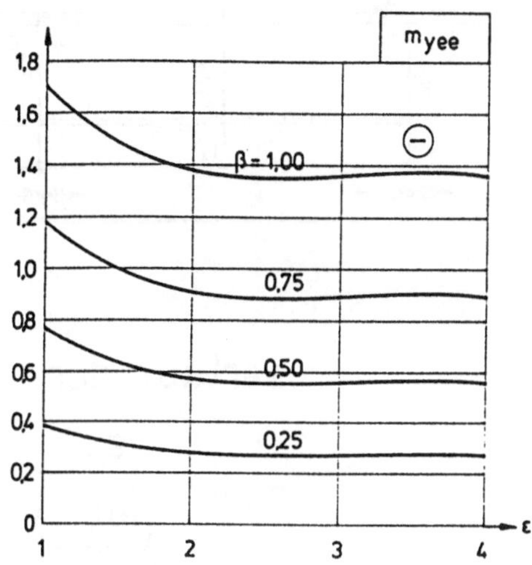

m_yee
⊖
1,8
1,6
1,4
1,2
1,0
0,8
0,6
0,4
0,2
0
β=1,00
0,75
0,50
0,25
1
2
3
4
ε

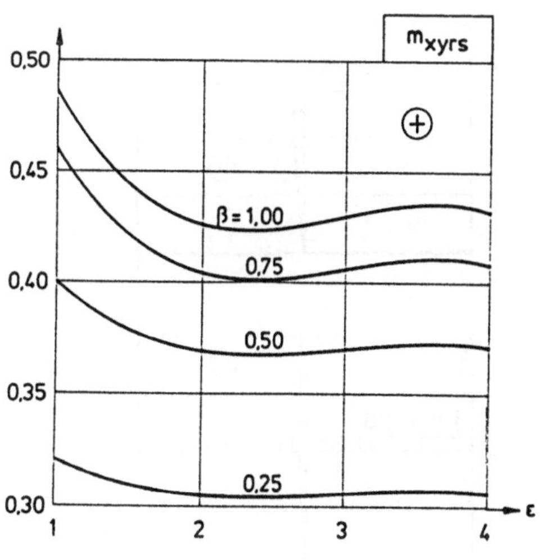

m_xyrs
⊕
0,50
0,45
0,40
0,35
0,30
β=1,00
0,75
0,50
0,25
1
2
3
4
ε

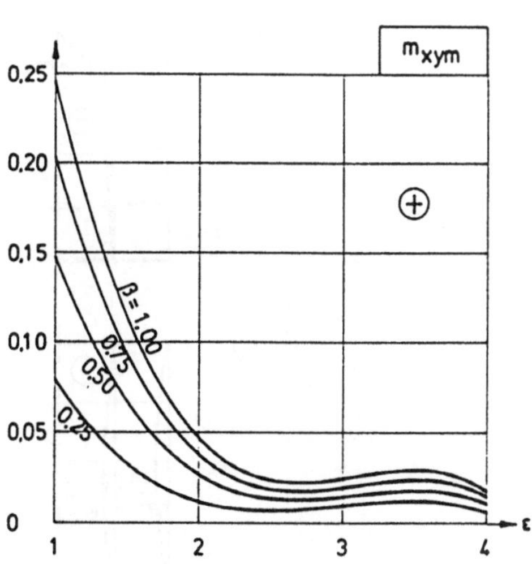

m_xym
⊕
0,25
0,20
0,15
0,10
0,05
0
β=1,00
0,75
0,50
0,25
1
2
3
4
ε

Lastfall 5: Scheibenmoment, symmetrisch

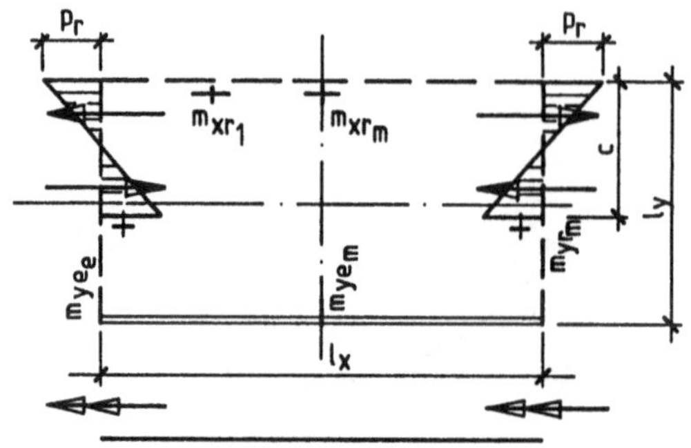

$$\varepsilon = l_x / l_y$$

$$c = \beta \cdot l_y$$

$$m = k \cdot p_r \cdot l_y$$

Verlauf der Biegemomente

$\varepsilon = 1$ $\varepsilon = 3$

myy

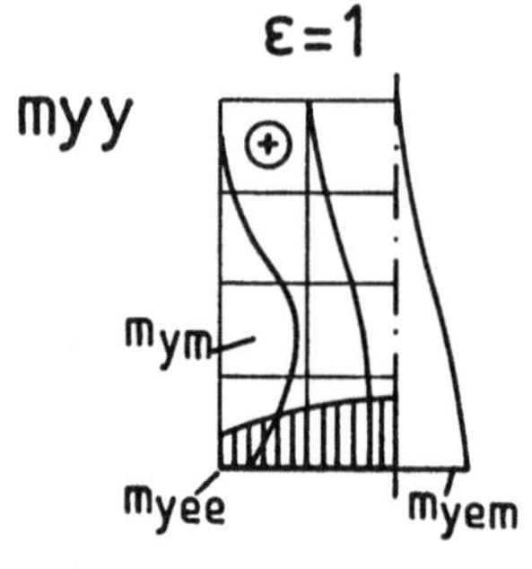

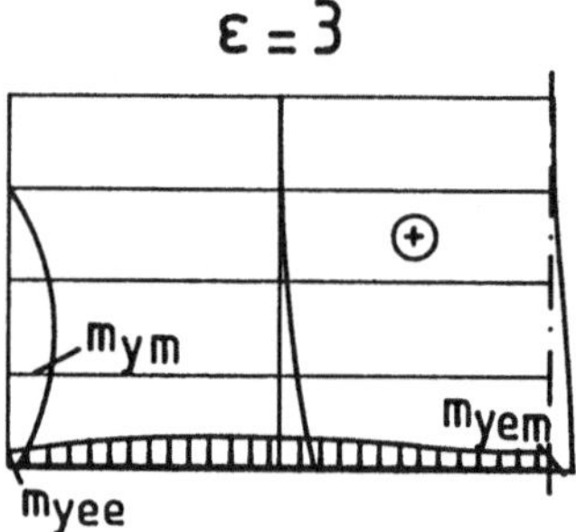

mxx

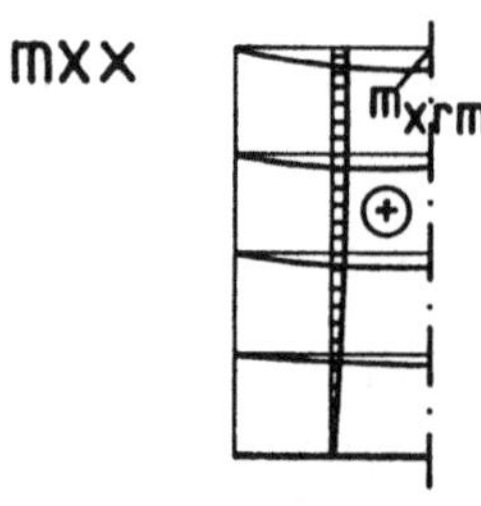

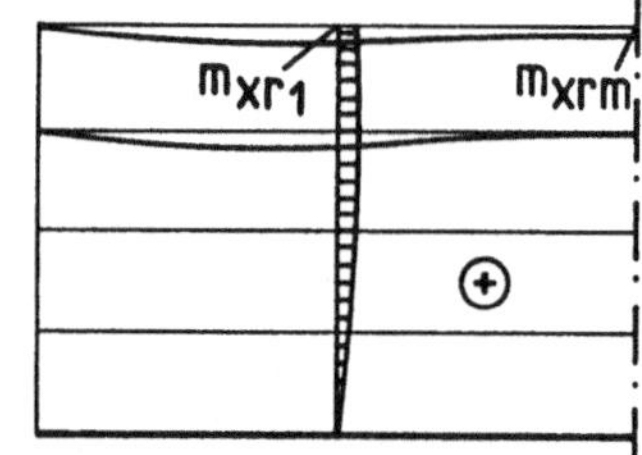

mxy

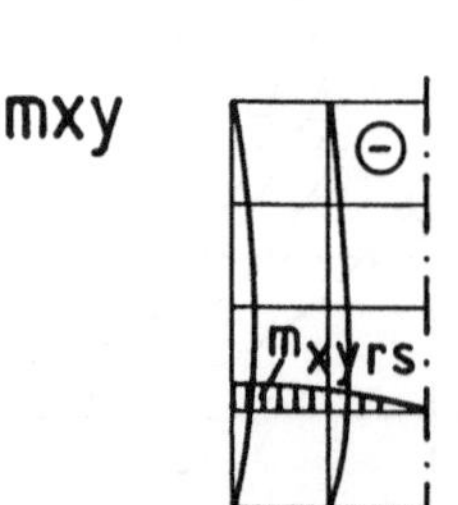

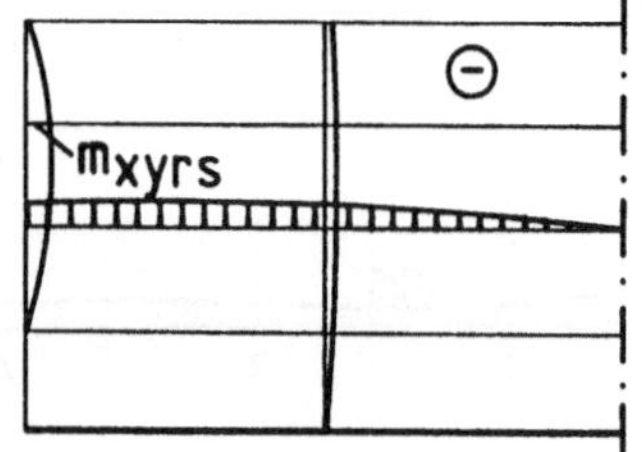

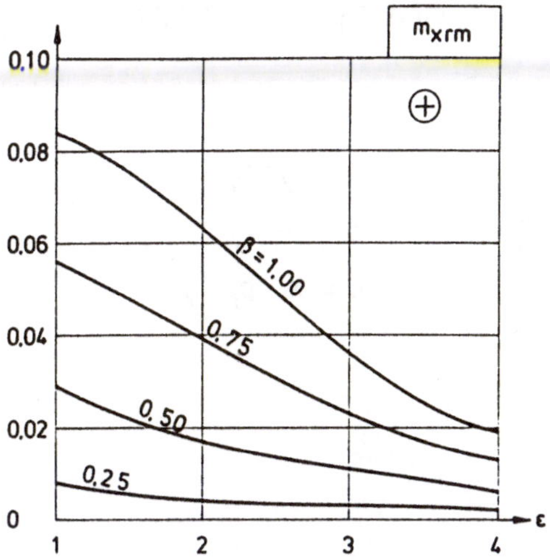

Beiwerte k

m_{xrm}

$\oplus$

$\beta = 1,00$

$0,75$

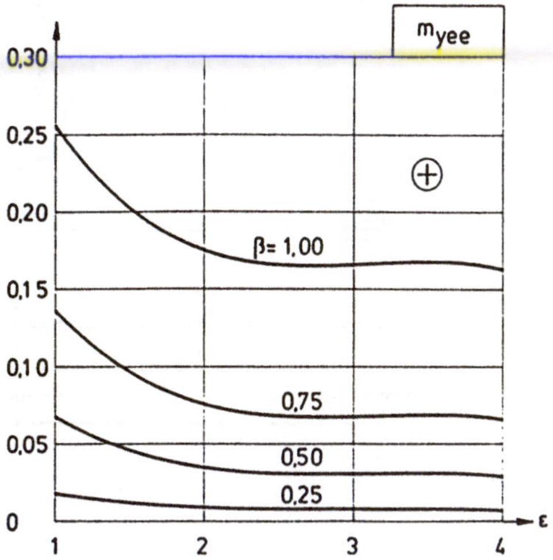

$0,50$

$0,25$

m_{xr1}

$\ominus$

$\beta = 1,00$

$0,75$

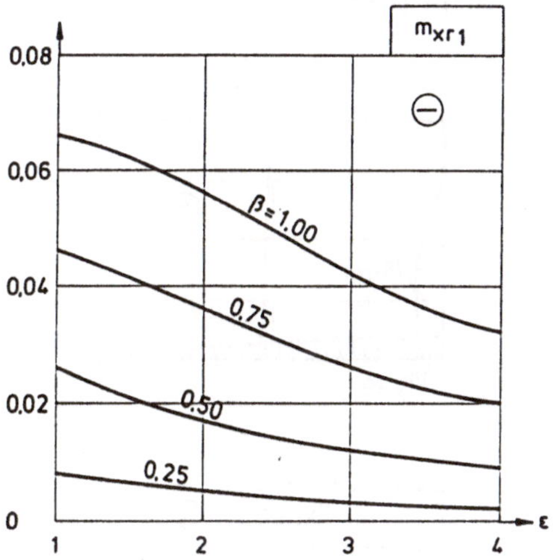

$0,50$

$0,25$

m_{xyrs}

$\ominus$

$\beta = 1,00$

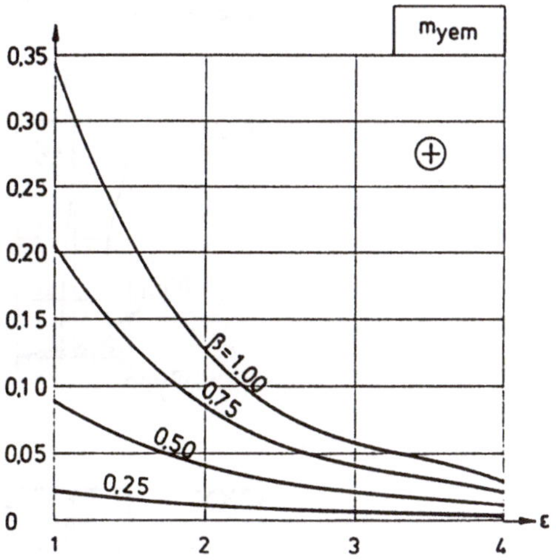

$0,75$

$0,50$

$0,25$

m_{yee}

$\oplus$

$\beta = 1,00$

$0,75$

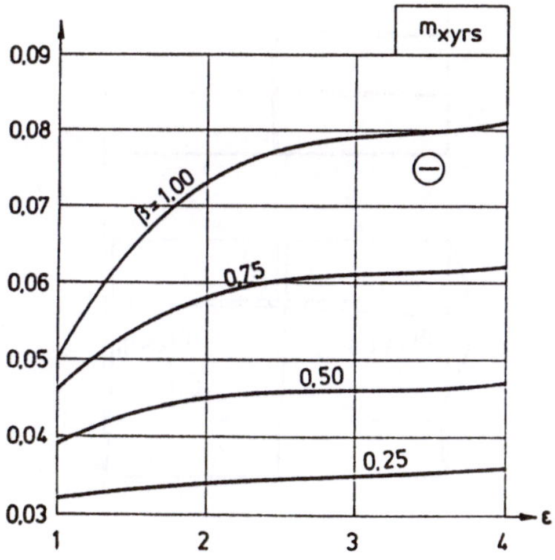

$0,50$

$0,25$

m_{yem}

$\oplus$

$\beta = 1,00$

$0,75$

$0,50$

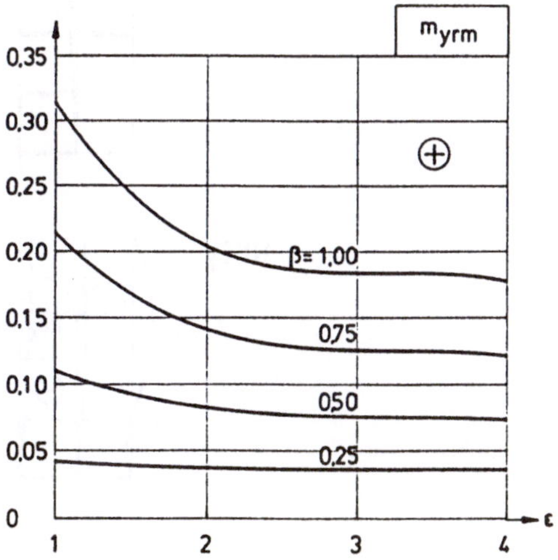

$0,25$

m_{yrm}

$\oplus$

$\beta = 1,00$

$0,75$

$0,50$

$0,25$

Lastfall 6: Scheibenmoment, antisymmetrisch

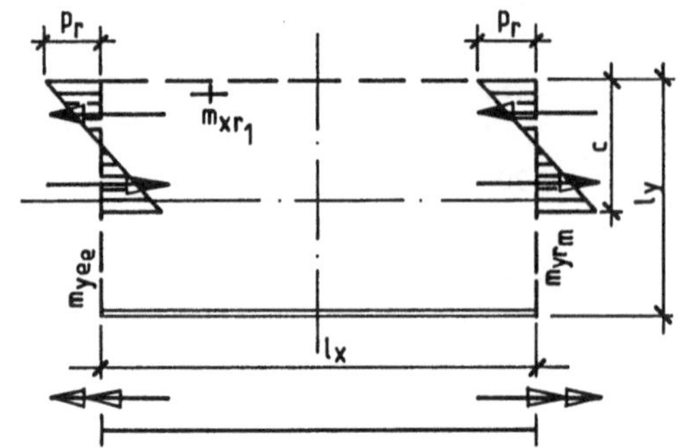

$$\varepsilon = l_x / l_y$$
$$c = \beta \cdot l_y$$
$$m = k \cdot p_r \cdot l_y$$

Verlauf der Biegemomente

	$\varepsilon = 1$	$\varepsilon = 3$
myy	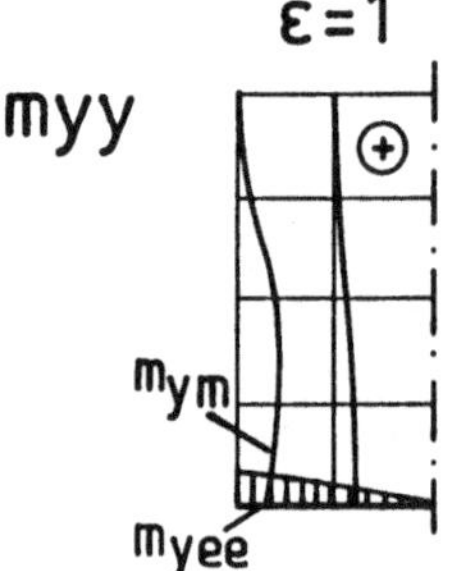	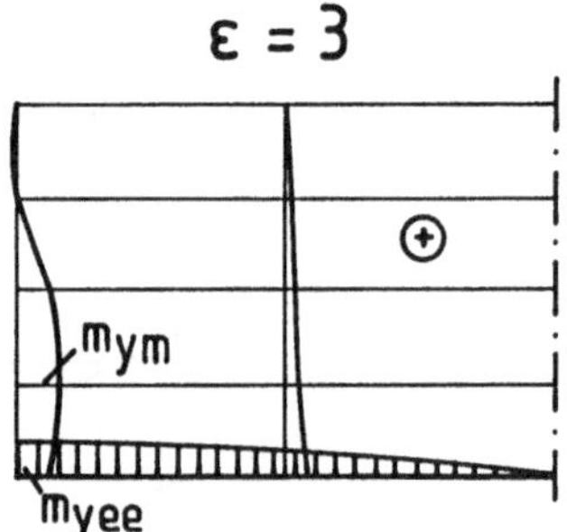
mxx	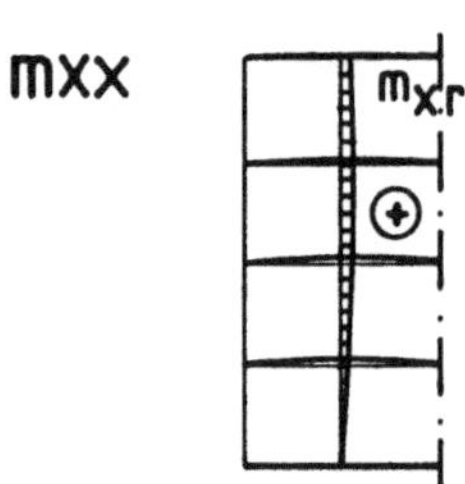	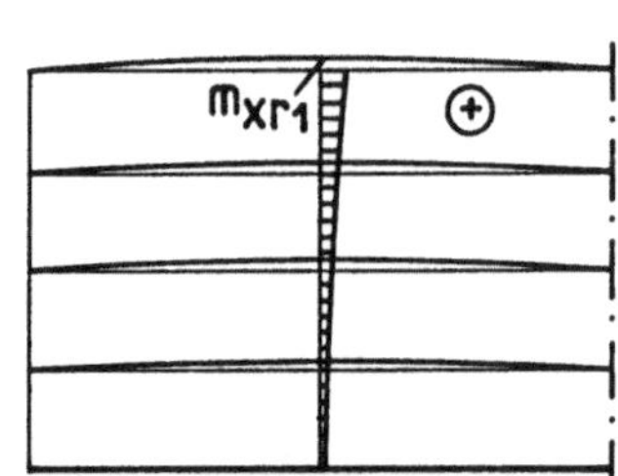
mxy	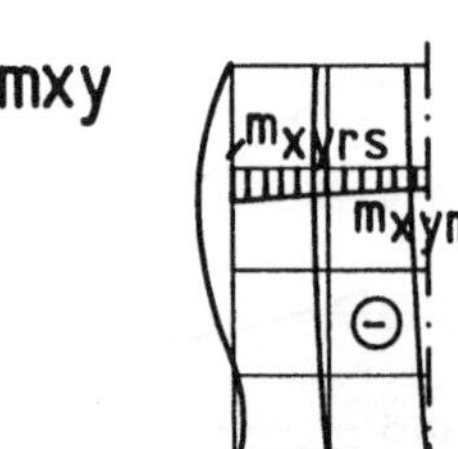	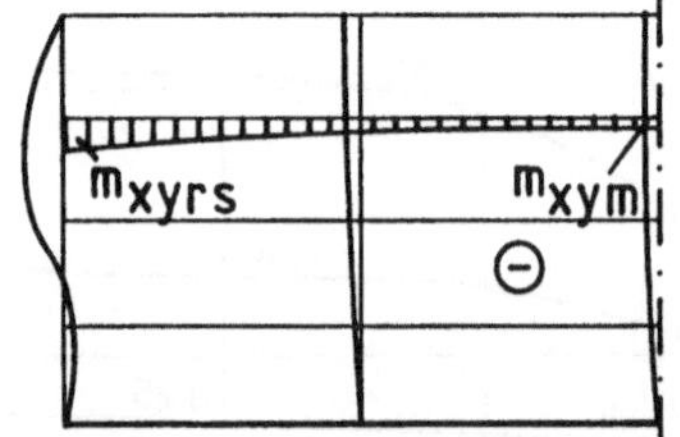

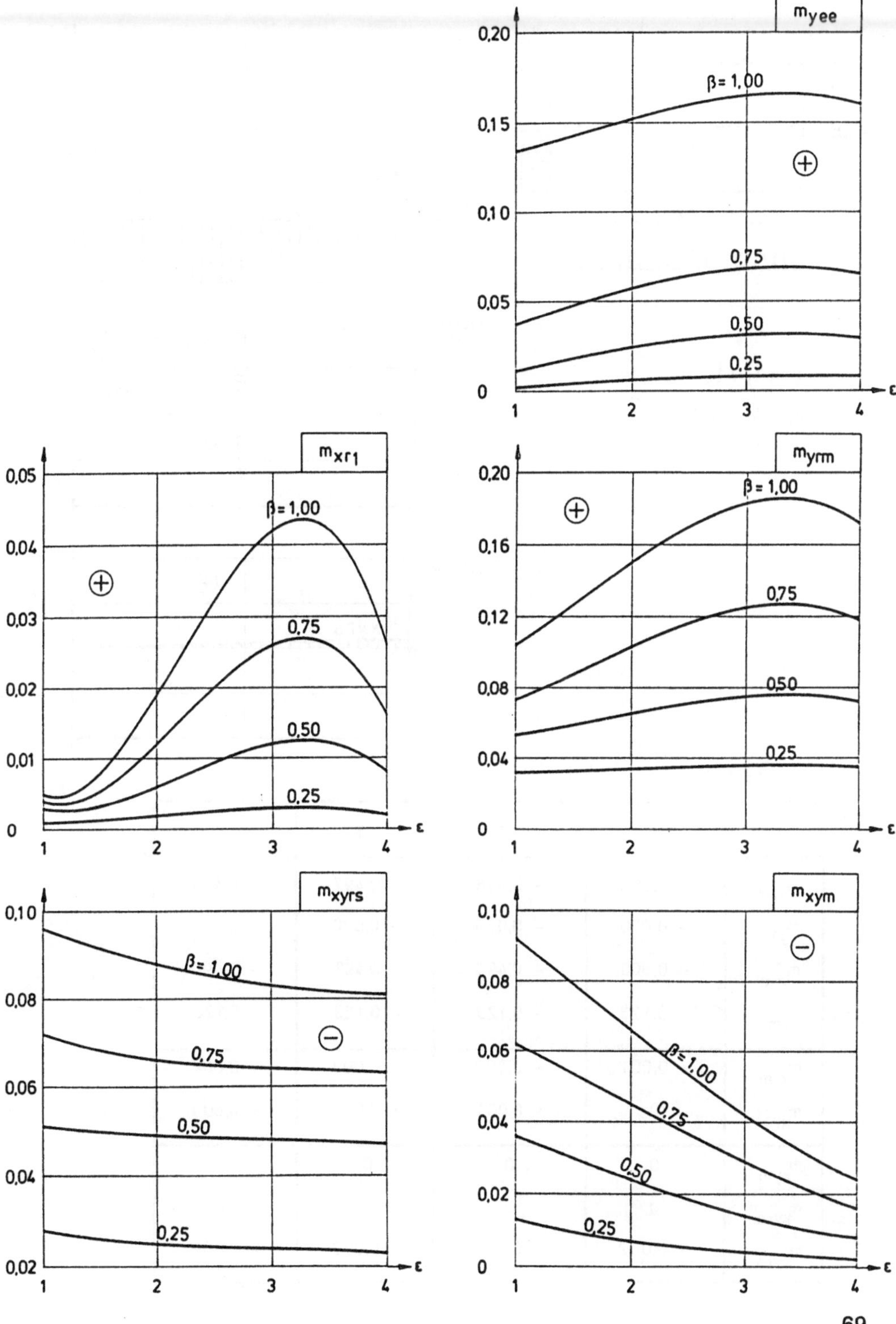

m_{yee}
$\beta = 1,00$
0,75
0,50
0,25
$\oplus$
m_{xr1}
$\beta = 1,00$
0,75
0,50
0,25
$\oplus$
m_{yrm}
$\beta = 1,00$
0,75
0,50
0,25
$\oplus$
m_{xyrs}
$\beta = 1,00$
0,75
0,50
0,25
$\ominus$
m_{xym}
$\beta = 1,00$
0,75
0,50
0,25
$\ominus$

Lastfall 7 : konstante Gleichlast, symmetrisch

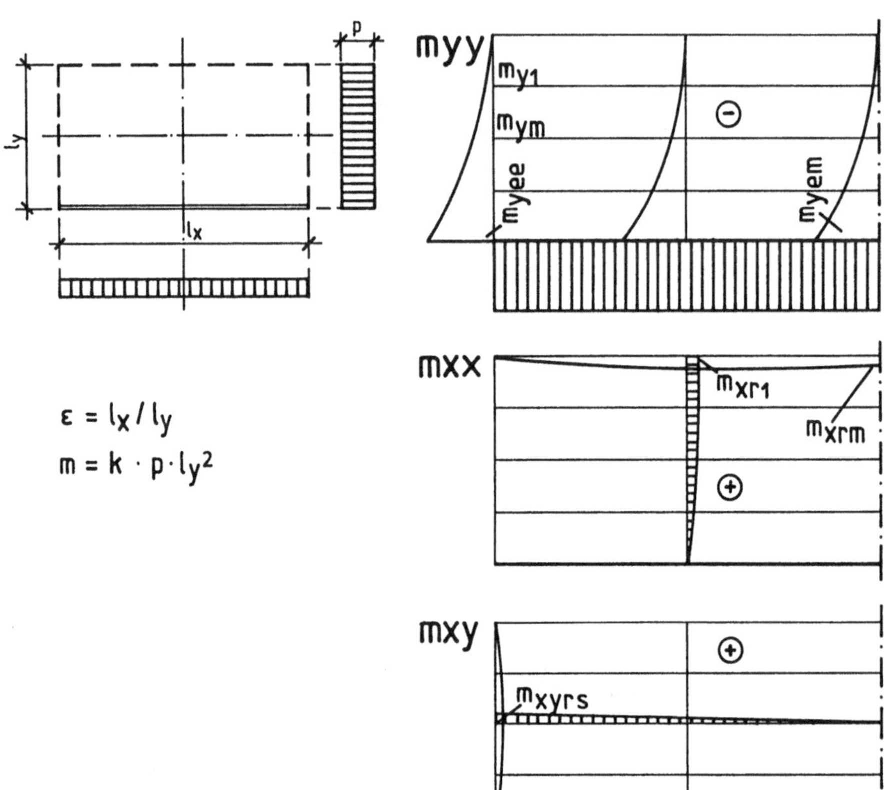

$$\varepsilon = l_x / l_y$$
$$m = k \cdot p \cdot l_y^2$$

Faktoren k   Tafel E 7

ε	1	2	3	4
m_{yem}	− 0,500	− 0,498	− 0,497	− 0,496
m_{y1}	− 0,030	− 0,030	− 0,030	− 0,030
m_{yee}	− 0,500	− 0,498	− 0,497	− 0,496
m_{ym}	− 0,123	− 0,123	− 0,123	− 0,123
m_{xrm}	+ 0,001	+ 0,002	+ 0,003	+ 0,004
m_{xr1}	~ 0	+ 0,001	+ 0,002	+ 0,003
m_{xym}	0	0	0	0
m_{xyro}	0	0	0	0
m_{xyrs}	+ 0,002	+ 0,002	+ 0,002	+ 0,002

Lastfall 8: konstante Gleichlast, antisymmetrisch

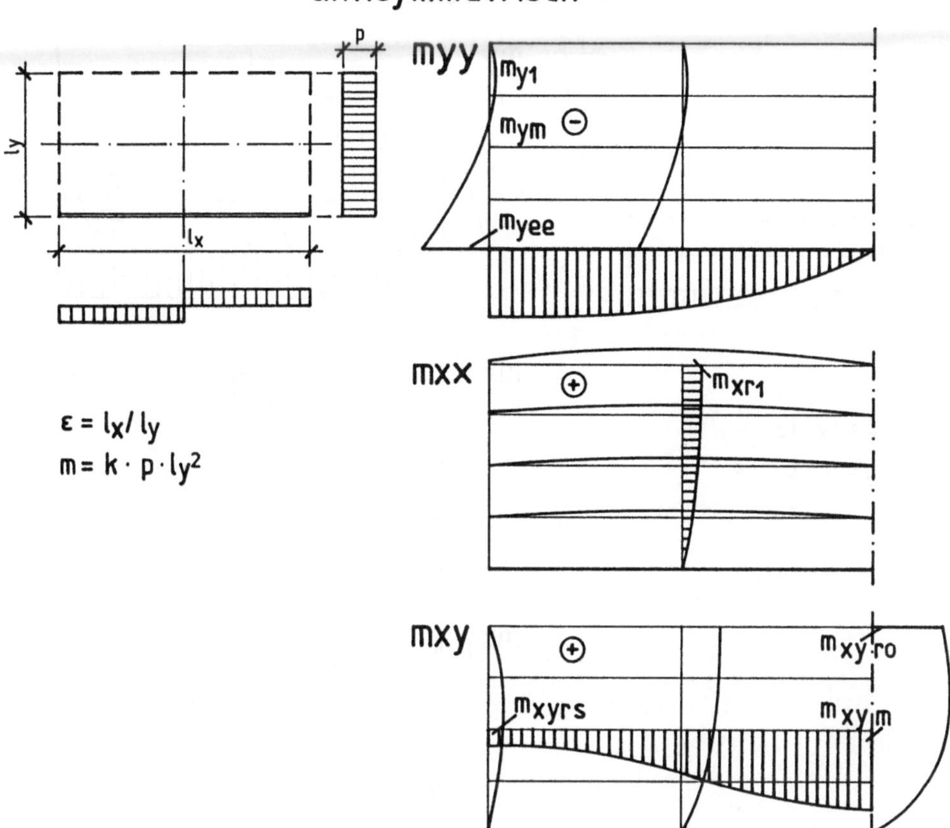

$$\varepsilon = l_x / l_y$$
$$m = k \cdot p \cdot l_y^2$$

Faktoren k   Tafel E 8

ε	1	2	3	4
m_{yem}	0	0	0	0
m_{y1}	+ 0,038	+ 0,044	+ 0,021	+ 0,003
m_{yee}	− 0,271	− 0,405	− 0,454	− 0,473
m_{ym}	+ 0,029	+ 0,004	− 0,042	− 0,076
m_{xrm}	0	0	0	0
m_{xr1}	+ 0,034	+ 0,068	+ 0,070	+ 0,059
m_{xym}	+ 0,060	+ 0,097	+ 0,116	+ 0,123
m_{xyro}	+ 0,031	+ 0,081	+ 0,106	+ 0,115
m	+ 0,046	+ 0,042	+ 0,026	+ 0,014

Lastfall 9 :   linear abfallende Gleichlast, symmetrisch

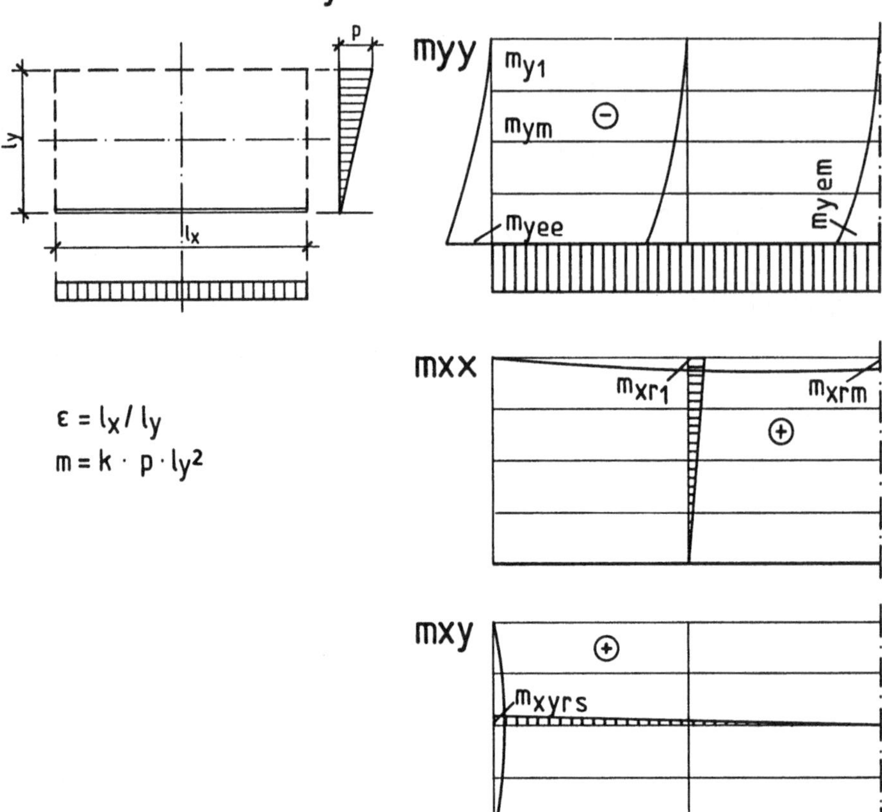

$$\varepsilon = l_x / l_y$$
$$m = k \cdot p \cdot l_y^2$$

Faktoren k   Tafel E 9

ε	1	2	3	4
m_{yem}	− 0,334	− 0,333	− 0,332	− 0,331
m_{y1}	− 0,028	− 0,028	− 0,028	− 0,028
m_{yee}	− 0,334	− 0,333	− 0,332	− 0,331
m_{ym}	− 0,103	− 0,103	− 0,103	− 0,103
m_{xym}	+ 0,001	+ 0,001	+ 0,002	+ 0,003
m_{xr1}	~ 0	~0	~0	~0
m_{xym}	0	0	0	0
m_{xyro}	0	0	0	0
m_{xyrs}	+ 0,002	+ 0,002	+ 0,001	+ 0,001

Lastfall 10: linear abfallende Gleichlast, antisymmetrisch

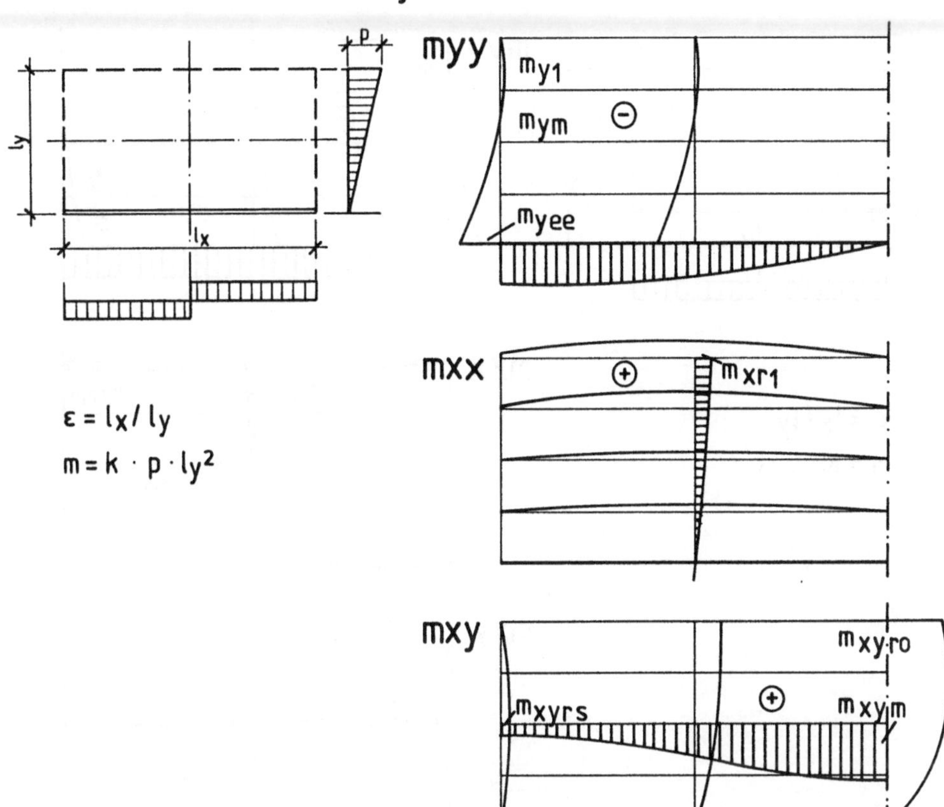

$$\varepsilon = l_x / l_y$$

$$m = k \cdot p \cdot l_y^2$$

Faktoren k   Tafel E 10

ε	1	2	3	4
m_{yem}	0	0	0	0
m_{y1}	+ 0,026	+ 0,027	+ 0,010	− 0,005
m_{yee}	− 0,164	− 0,261	− 0,298	− 0,313
m_{ym}	+ 0,013	− 0,009	− 0,043	− 0,069
m_{xrm}	0	0	0	0
m_{xr1}	+ 0,027	+ 0,050	+ 0,051	+ 0,043
m_{xym}	+ 0,044	+ 0,072	+ 0,087	+ 0,094
m_{xyro}	+ 0,026	+ 0,064	+ 0,082	+ 0,089
m_{xyrs}	+ 0,033	+ 0,030	+ 0,019	+ 0,010

Lastfall 11:   linear ansteigende Gleichlast, symmetrisch

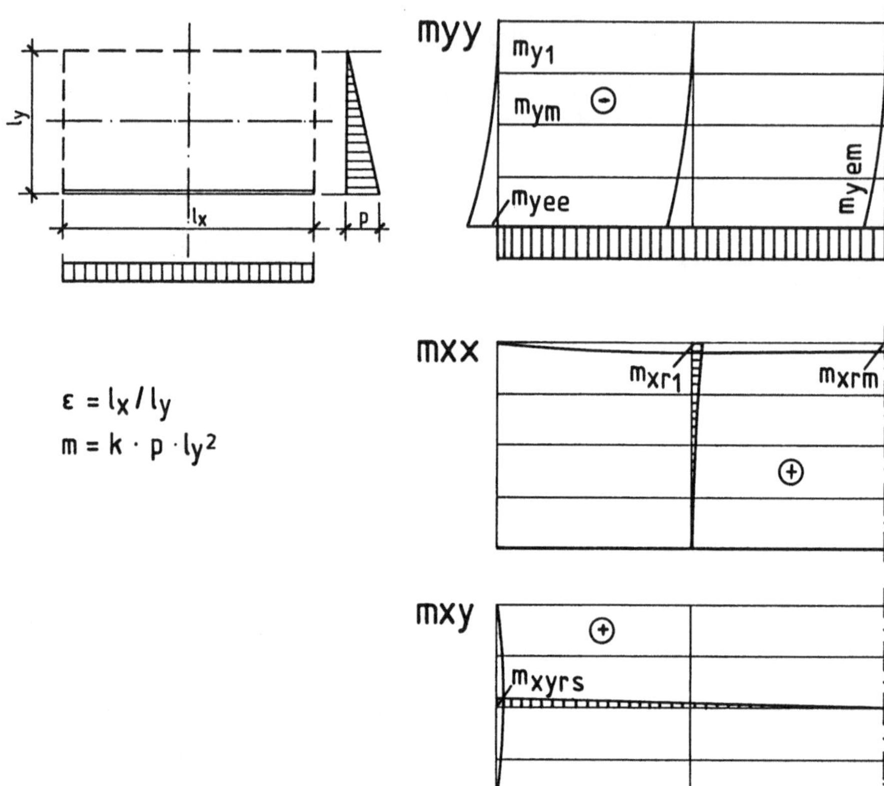

$\varepsilon = l_x / l_y$

$m = k \cdot p \cdot l_y^2$

Faktoren k   Tafel E 11

ε	1	2	3	4
m_{yem}	$-$ 0,167	$-$ 0,166	$-$ 0,166	$-$ 0,166
m_{y1}	$-$ 0 002	$-$ 0,002	$-$ 0,002	$-$ 0,002
m_{yee}	$-$ 0,167	$-$ 0,166	$-$ 0,166	$-$ 0,166
m_{ym}	$-$ 0,020	$-$ 0,020	$-$ 0,020	$-$ 0,020
m_{xrm}	$-$ 0	$+$ 0,001	$+$ 0,001	$+$ 0,001
m_{xr1}	$-$ 0	$-$ 0	$-$ 0	$-$ 0
m_{xym}	0	0	0	0
m_{xyro}	0	0	0	0
m_{xyrs}	$-$ 0	$-$ 0	$+$ 0,001	$+$ 0,001

Tafeln der Schnittkraftbeiwerte
kastenförmiges Widerlager

$$\mu = 0$$

Lastfall 1

Erddruck infolge
Hinterfüllung des
Widerlagers

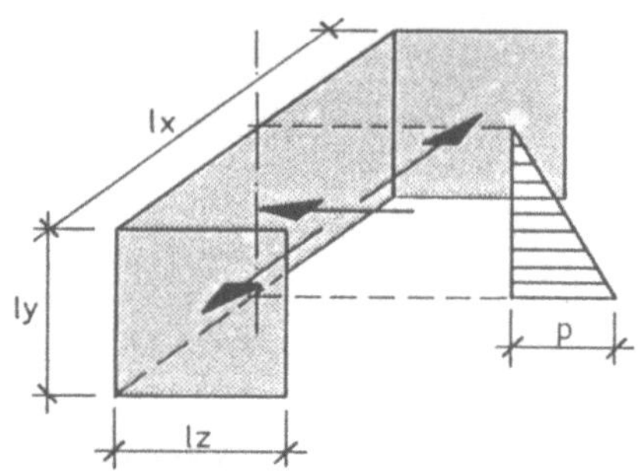

1) Biegemomente

$$m = k \cdot p \cdot ly^2$$

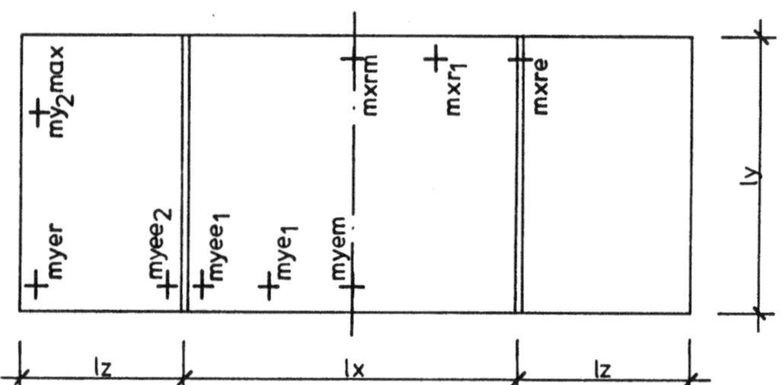

$$lx/ly = \varepsilon_x$$
$$lz/ly = \varepsilon_z$$

Verlauf der Biegemomente

$\varepsilon_z = 0{,}75 \,/\, \varepsilon_x = 1{,}0$ $\varepsilon_z = 1{,}0 \,/\, \varepsilon_x = 3{,}0$

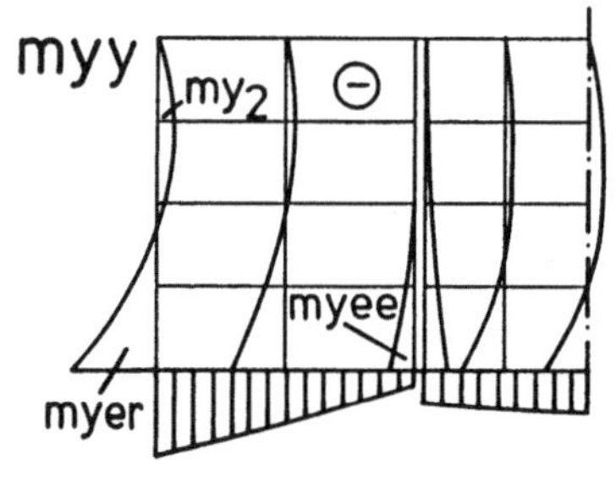

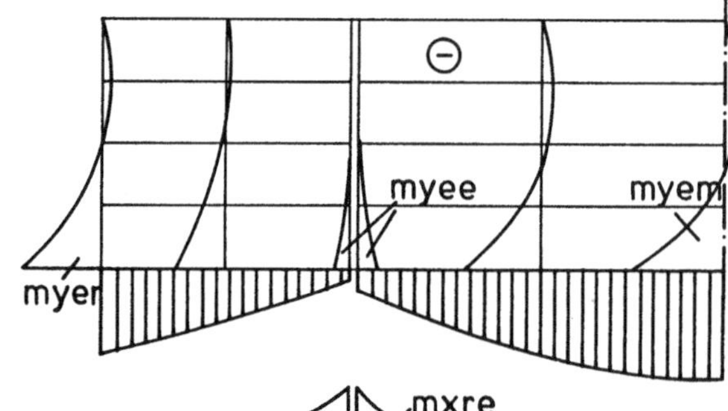

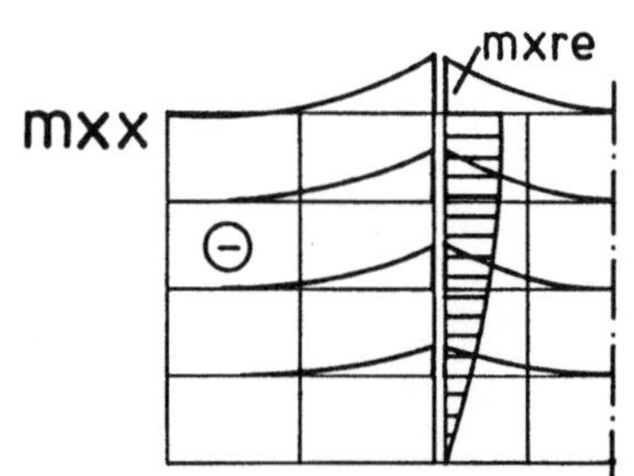

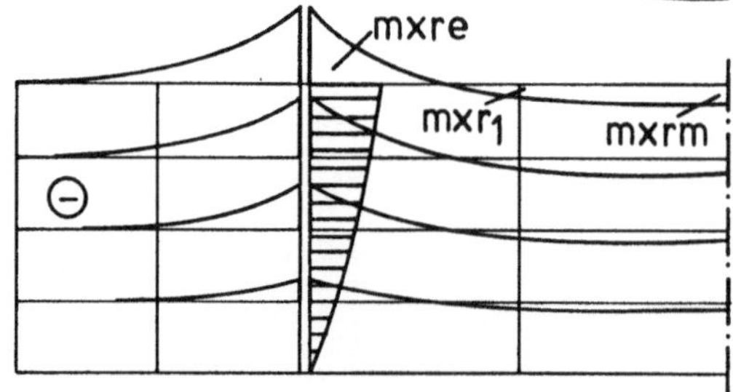

Beiwerte k

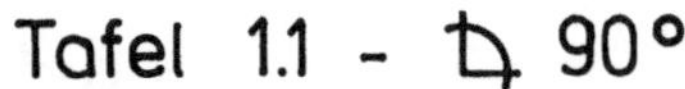

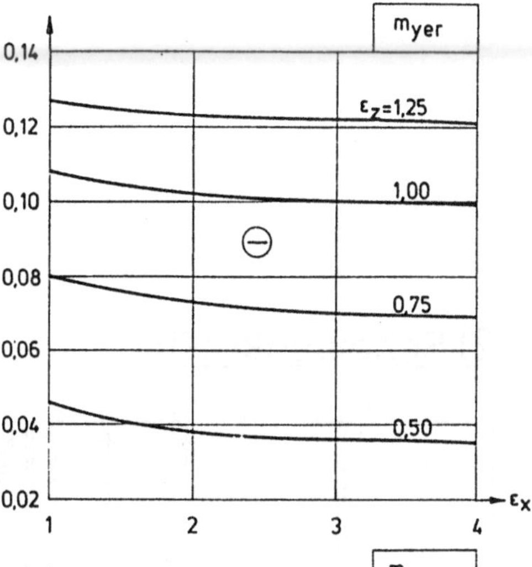

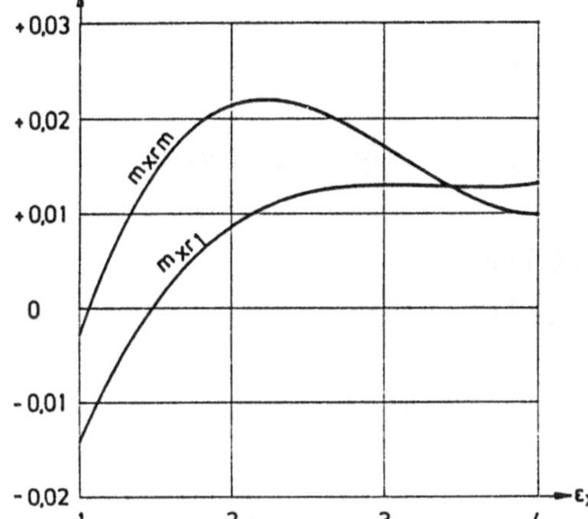

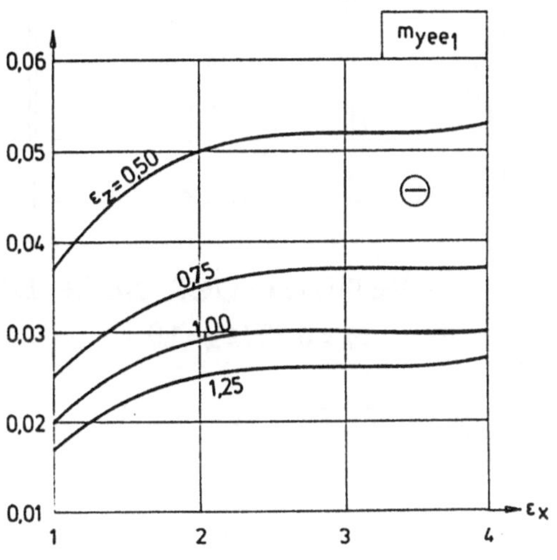

Festwerte :

$my_2 \max \,|\; : \quad k = 0,013$

$myee_2 \quad | \; : \quad k = 0,013$

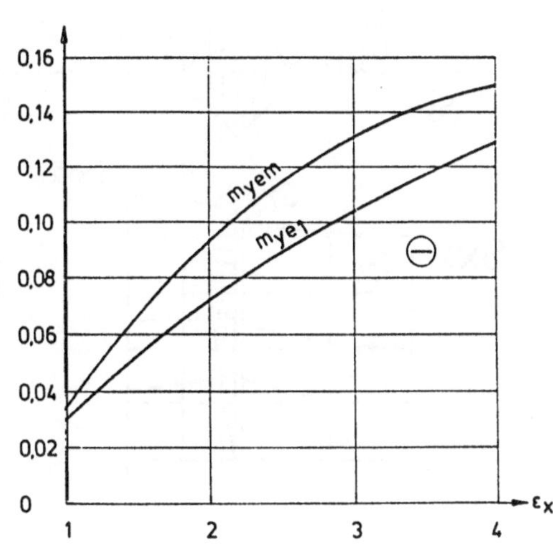

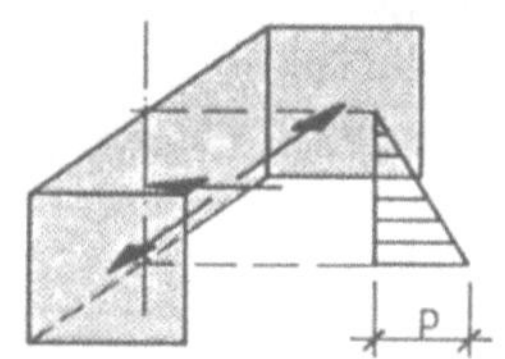

2) Scheibenkräfte

$$S = k \cdot p \cdot ly$$

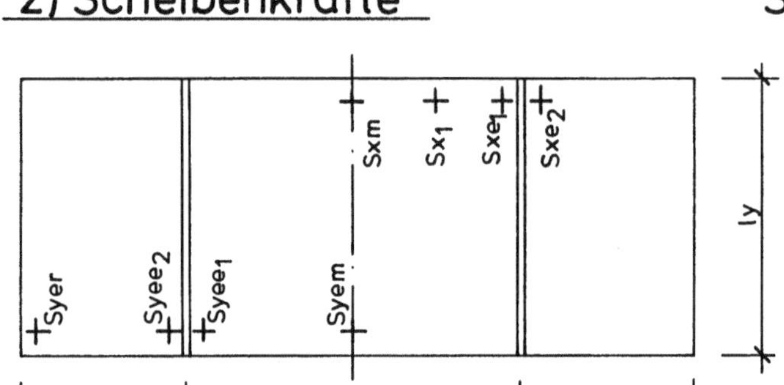

$$lx/ly = \varepsilon_x$$

$$lz/ly = \varepsilon_z$$

$$Syee_2 \leqq Syee_1$$

Verlauf der Scheibenkräfte

$$\varepsilon_z = 0{,}75 / \varepsilon_x = 1{,}0 \qquad\qquad \varepsilon_z = 1{,}0 / \varepsilon_x = 3{,}0$$

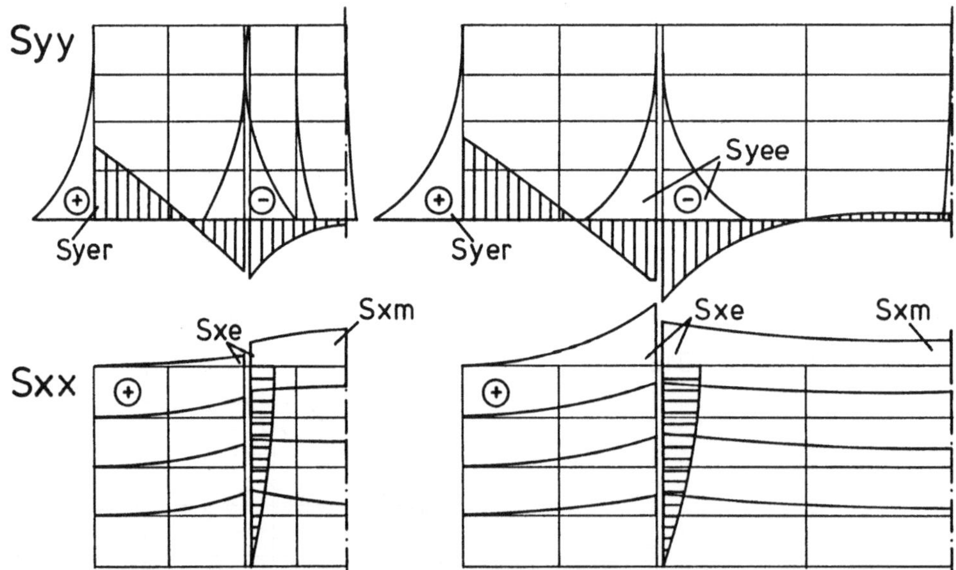

Beiwerte k

S_xe2
⊕
S_xe1
ε_z=1,25
⊕
1,00
0,75
0,50
S_x1
S_xm
⊕
S_yer
ε_z=0,50
⊕
0,75
1,00
1,25
S_yee1
ε_z=0,50
0,75
1,00
1,25
⊖
S_yem

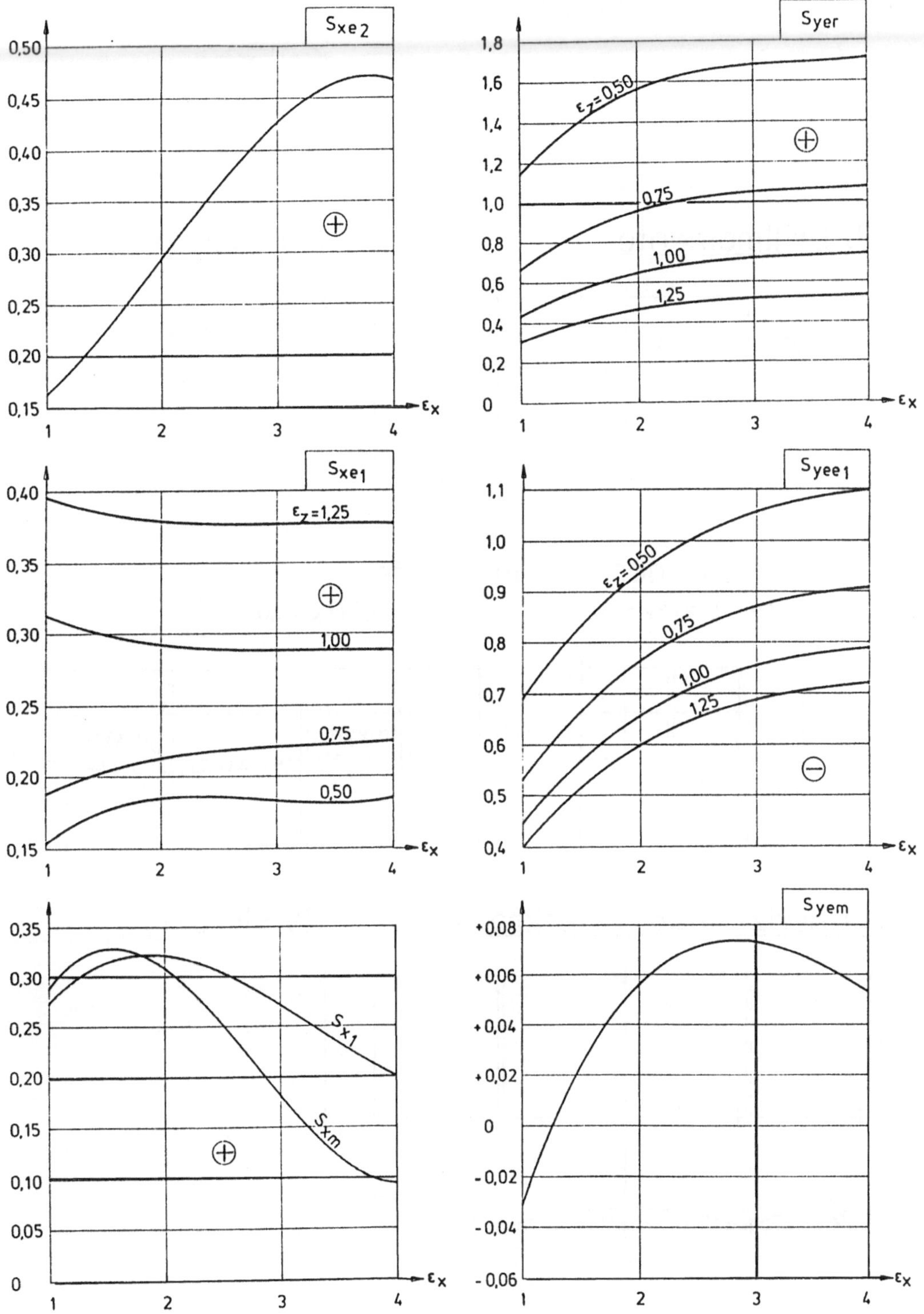

Lastfall 1

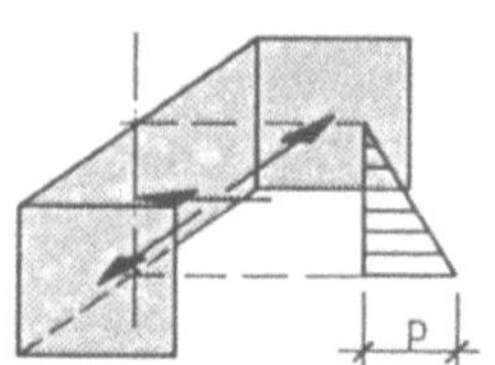

3) Drillmomente

$$mxy = k \cdot p \cdot ly^2$$

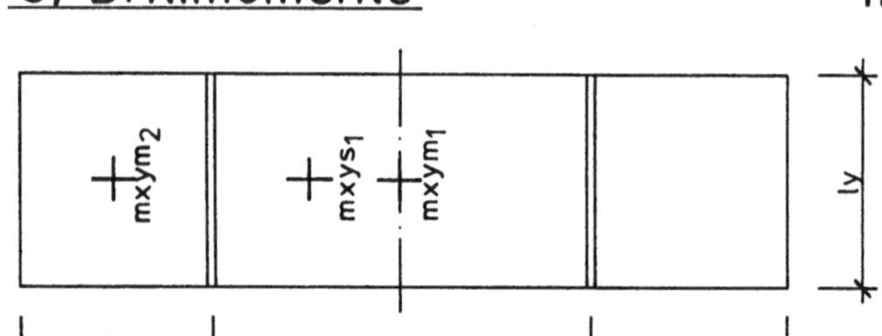

$$lx/ly = \varepsilon_x$$
$$lz/ly = \varepsilon_z$$

Verlauf der Drillmomente

$\varepsilon_z = 0{,}75 / \varepsilon_x = 1{,}0$ $\varepsilon_z = 1{,}0 / \varepsilon_x = 3{,}0$

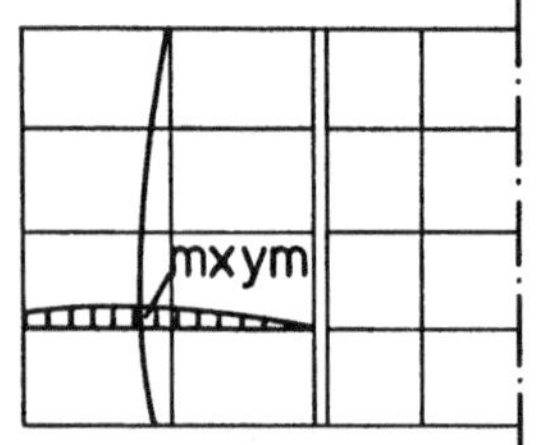

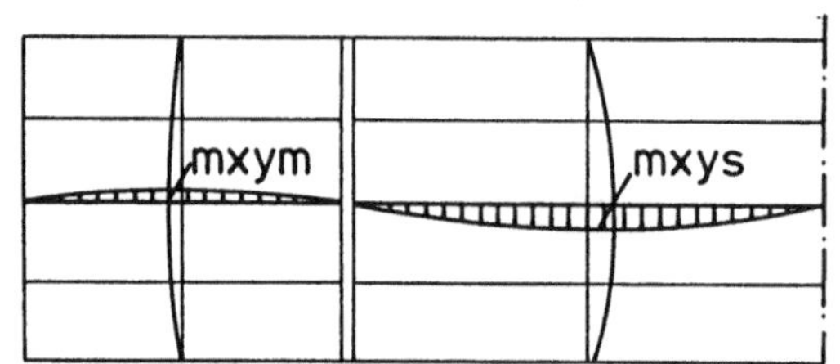

4) horizontale Querkräfte

$$Qy = k \cdot p \cdot ly$$

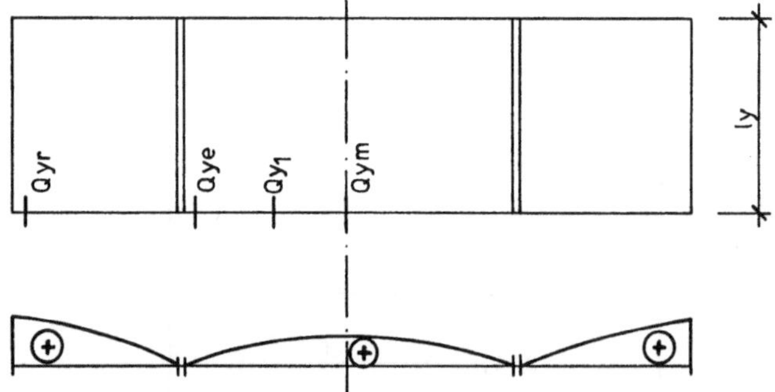

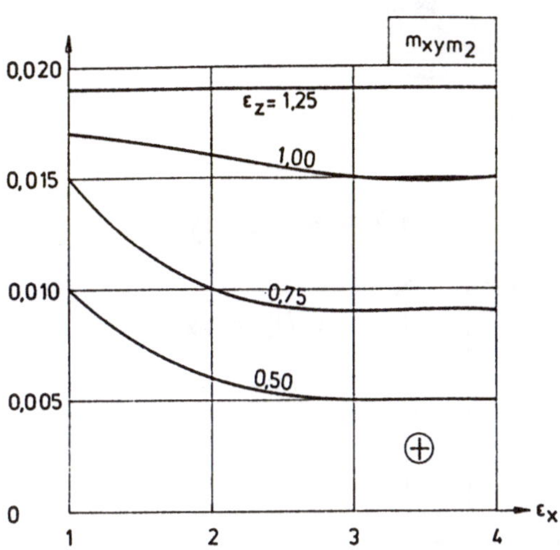

m_{xym_2}
0,020
$\varepsilon_z = 1,25$
1,00
0,015
0,010
0,75
0,005
0,50
$\oplus$
0
ε_x
1   2   3   4

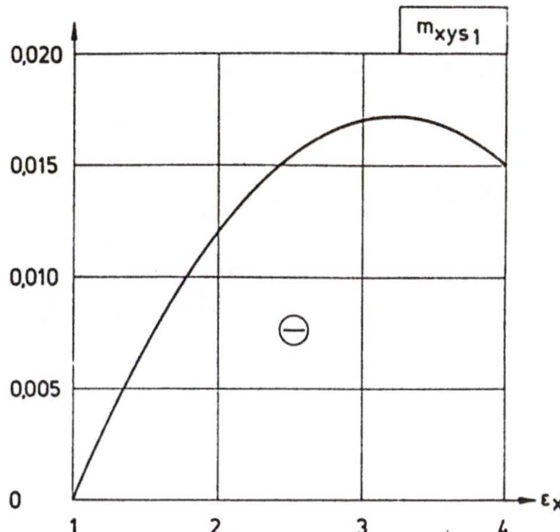

m_{xys_1}
0,020
0,015
0,010
$\ominus$
0,005
0
ε_x
1   2   3   4

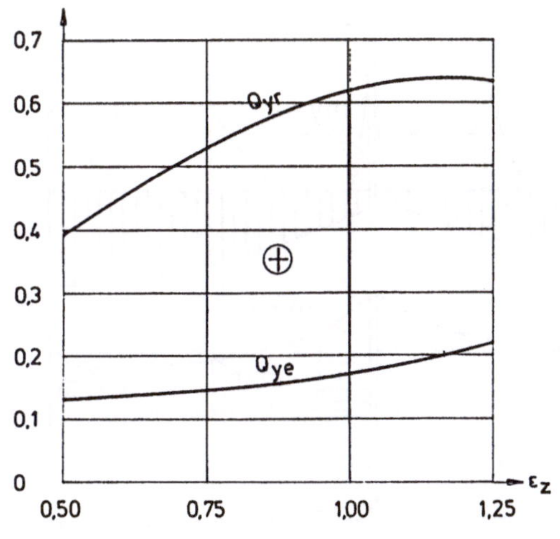

0,7
0,6
Q_{yr}
0,5
0,4
$\oplus$
0,3
0,2
Q_{ye}
0,1
0
ε_z
0,50   0,75   1,00   1,25

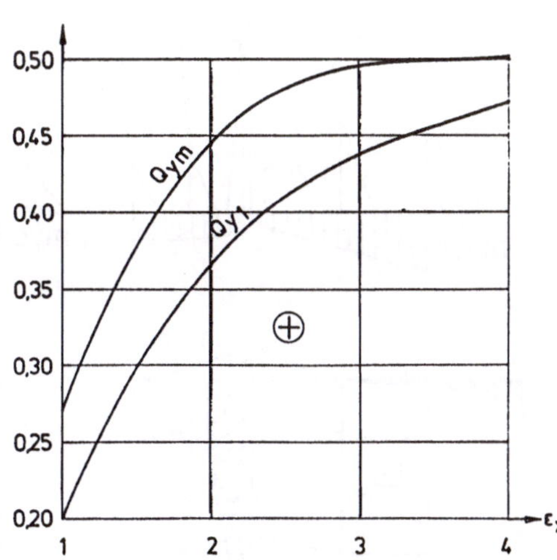

0,50
0,45
Q_{ym}
0,40
Q_{y1}
0,35
$\oplus$
0,30
0,25
0,20
ε_x
1   2   3   4

Lastfall 2

Erddruck infolge
zentrischer Verkehrslast
auf der Hinterfüllung
(Gleichlastanteil)

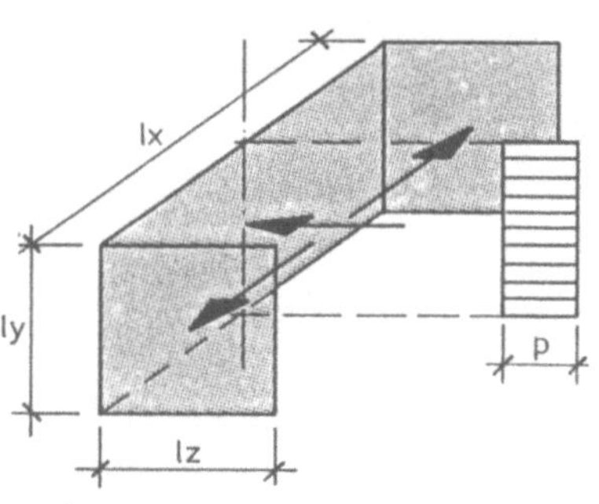

1) Biegemomente

$$m = k \cdot p \cdot ly^2$$

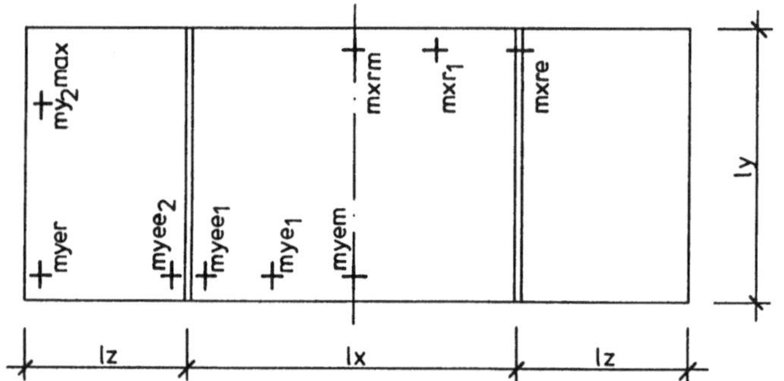

$$lx/ly = \varepsilon_x$$
$$lz/ly = \varepsilon_z$$

Verlauf der Biegemomente

$\varepsilon_z = 0{,}75 / \varepsilon_x = 1{,}0$ $\qquad\qquad$ $\varepsilon_z = 1{,}0 / \varepsilon_x = 3{,}0$

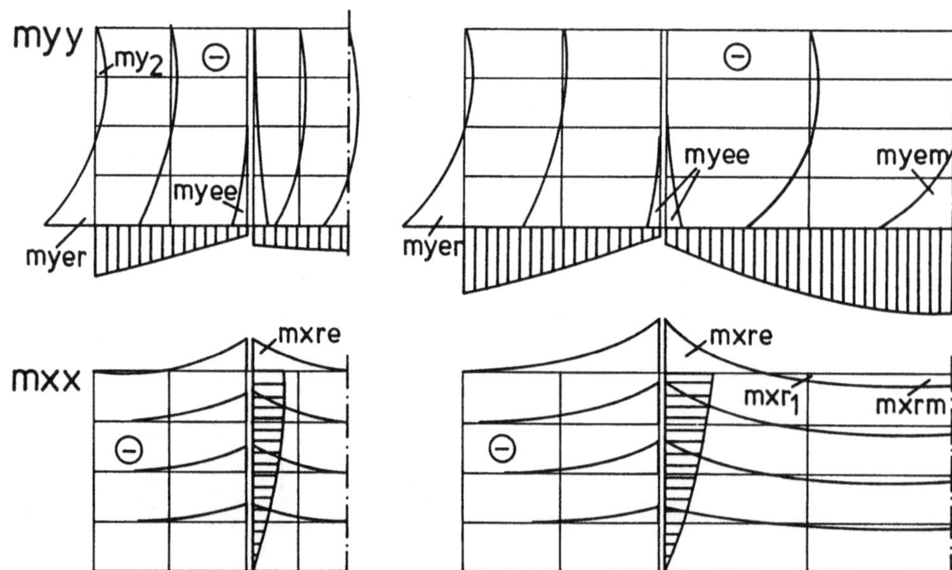

Beiwerte k

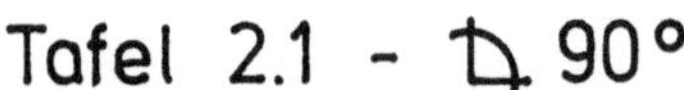

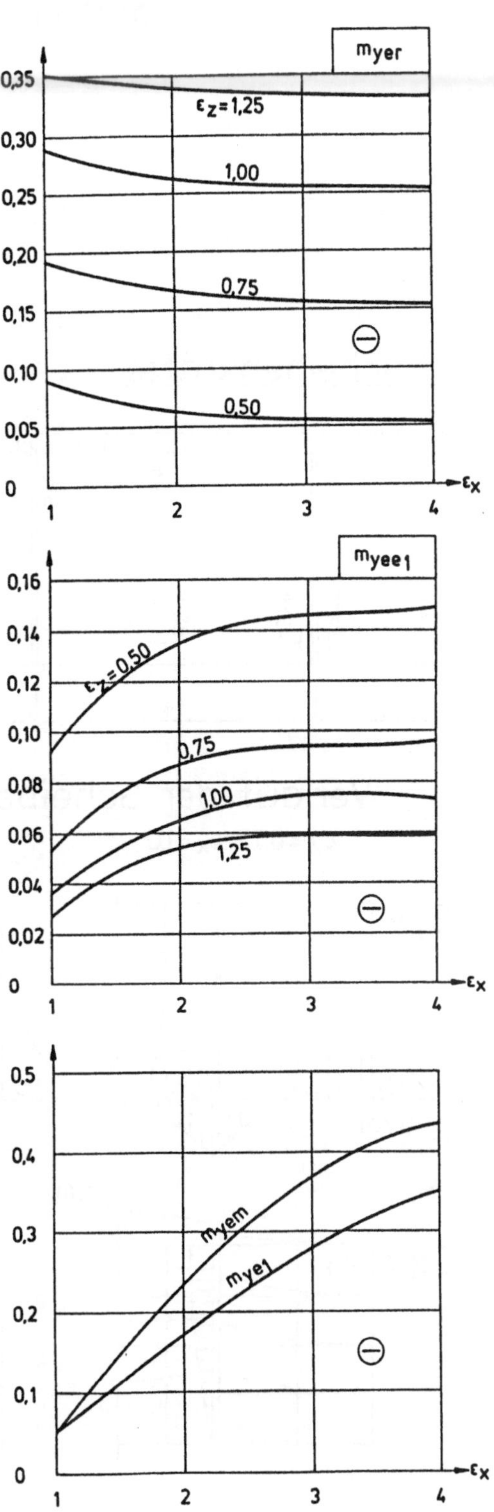

Festwerte:

$m_{y2}\,\text{max}\ |: k = 0{,}016$

$m_{yee2}\quad |: k = 0{,}020$

Lastfall 2

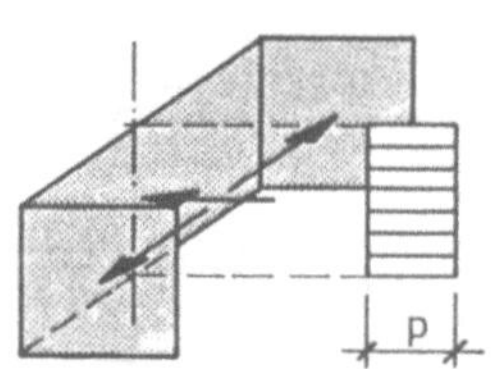

2) Scheibenkräfte

$$S = k \cdot p \cdot ly$$

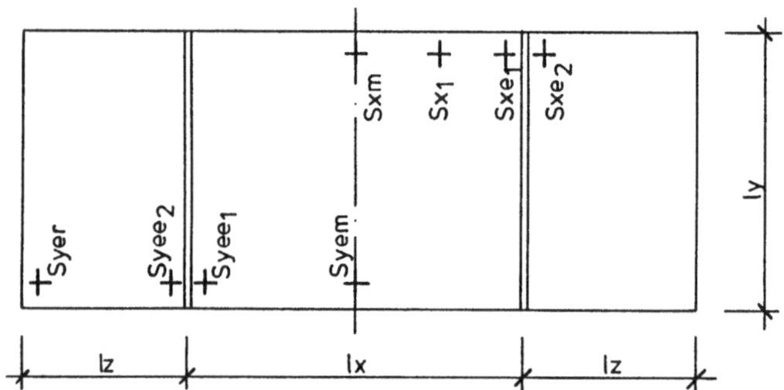

$$lx/ly = \varepsilon_x$$
$$lz/ly = \varepsilon_z$$

$$Syee_2 \lessgtr Syee_1$$

Verlauf der Scheibenkräfte

$\varepsilon_z = 0{,}75 / \varepsilon_x = 1{,}0$ $\qquad\qquad$ $\varepsilon_z = 1{,}0 / \varepsilon_x = 3{,}0$

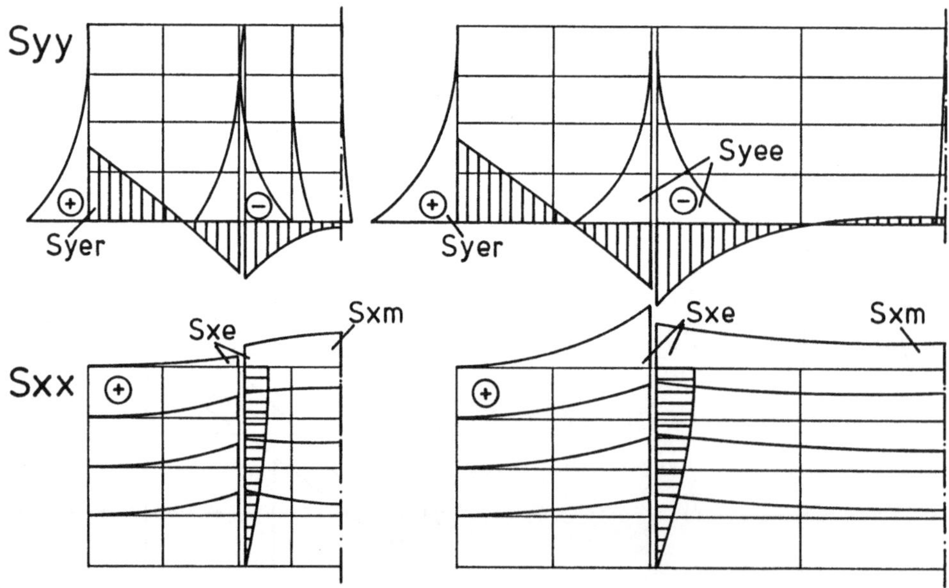

Tafel 2.2 - $\sphericalangle\,90°$

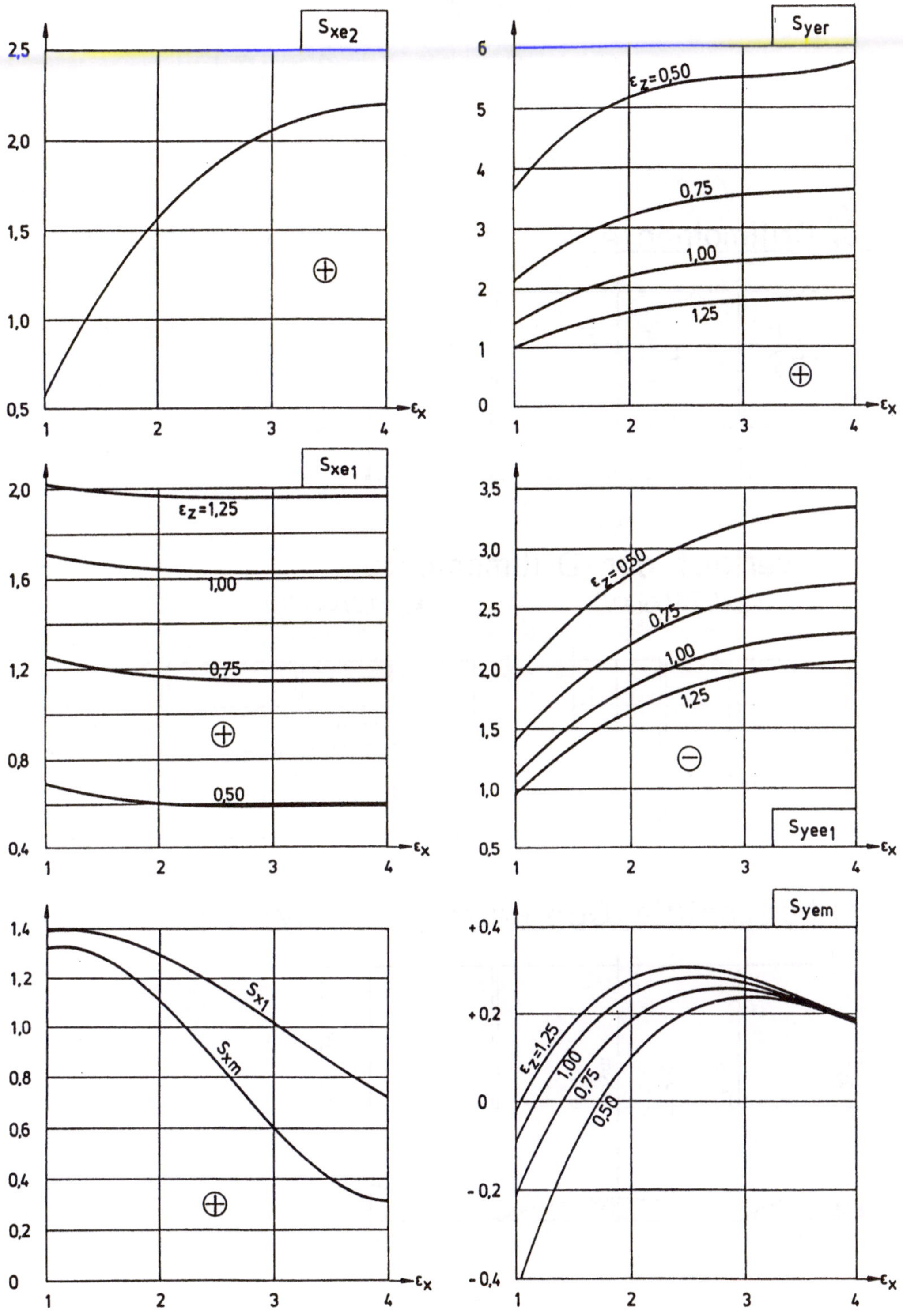

Lastfall 2

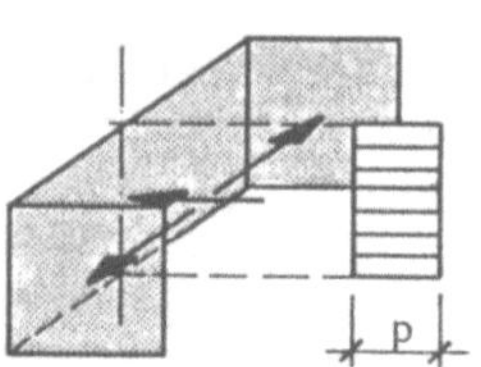

3) Drillmomente

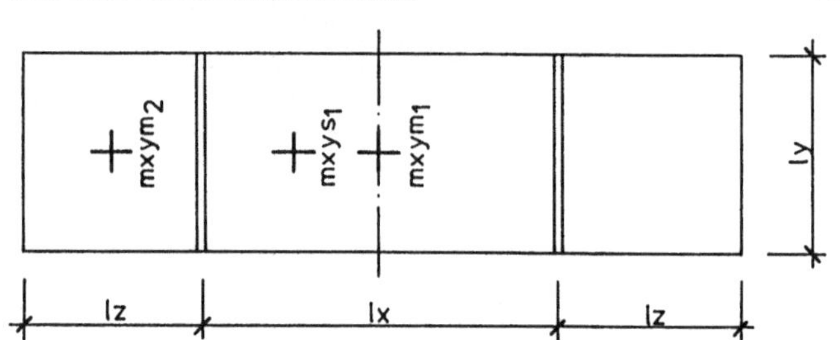

$$mxy = k \cdot p \cdot ly^2$$

$$lx/ly = \varepsilon_x$$
$$lz/ly = \varepsilon_z$$

Verlauf der Drillmomente

$\varepsilon_z = 0{,}75 / \varepsilon_x = 1{,}0$ $\varepsilon_z = 1{,}0 / \varepsilon_x = 3{,}0$

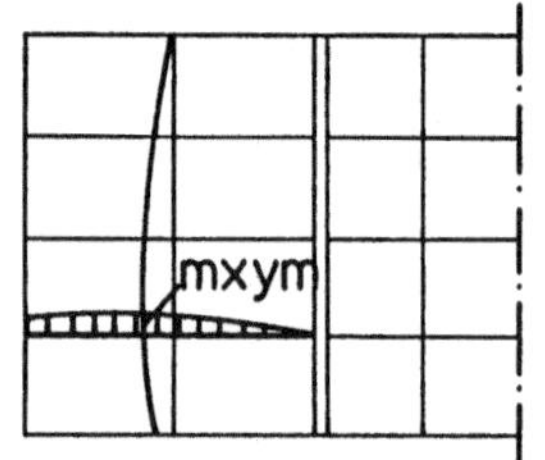

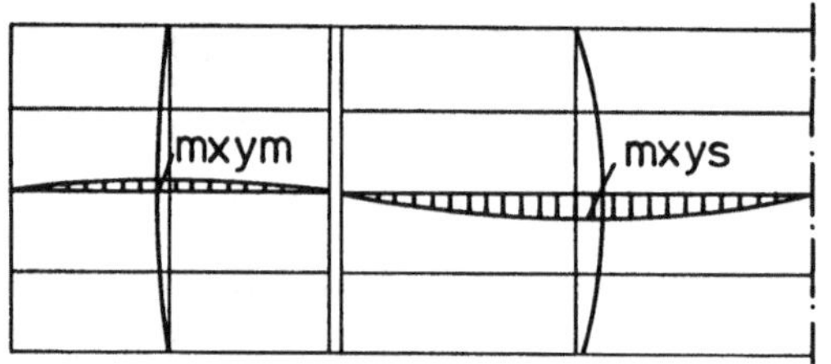

4) horizontale Querkräfte

$$Qy = k \cdot p \cdot ly$$

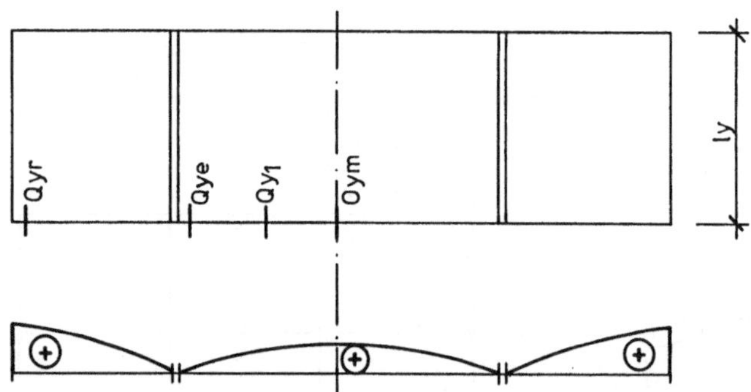

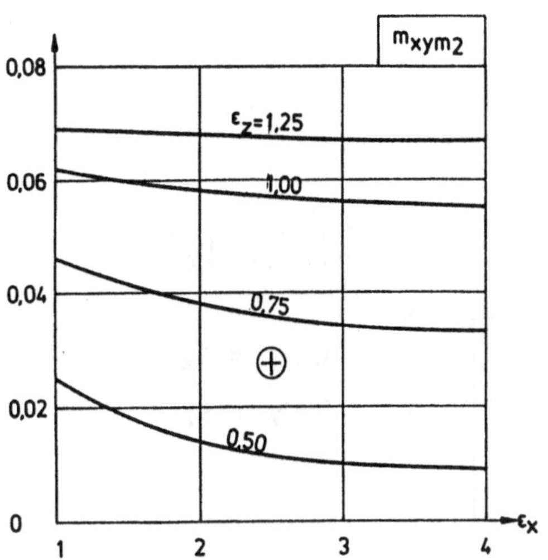
m_xym2
0,08
0,06
0,04
0,02
0
ε_z=1,25
1,00
0,75
0,50
⊕
1   2   3   4
ε_x

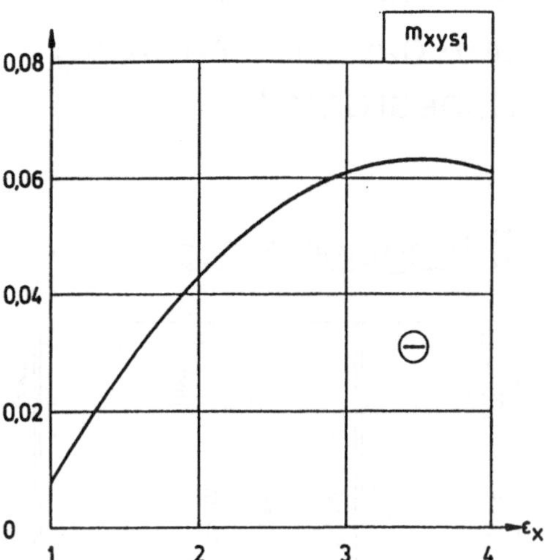
m_xys1
0,08
0,06
0,04
0,02
0
⊖
1   2   3   4
ε_x

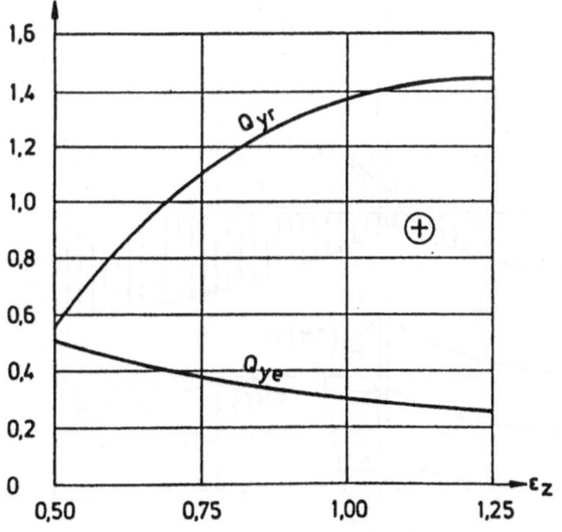
1,6
1,4
1,2
1,0
0,8
0,6
0,4
0,2
0
q_yr
q_ye
⊕
0,50   0,75   1,00   1,25
ε_z

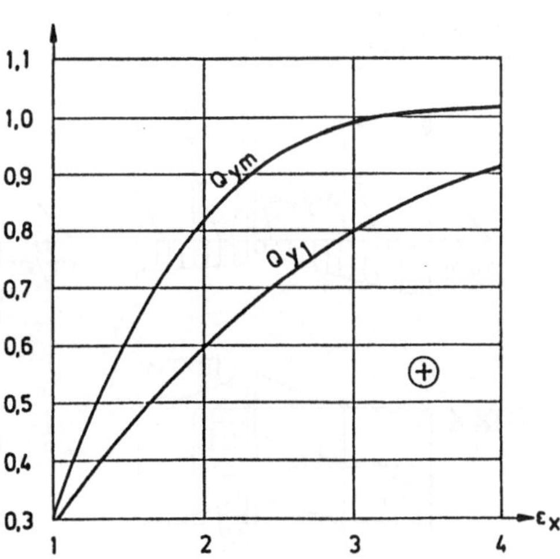
1,1
1,0
0,9
0,8
0,7
0,6
0,5
0,4
0,3
q_ym
q_yl
⊕
1   2   3   4
ε_x

Lastfall 3

Erddruck infolge
zentrischer Verkehrslast
auf der Hinterfüllung
(Linearanteil)

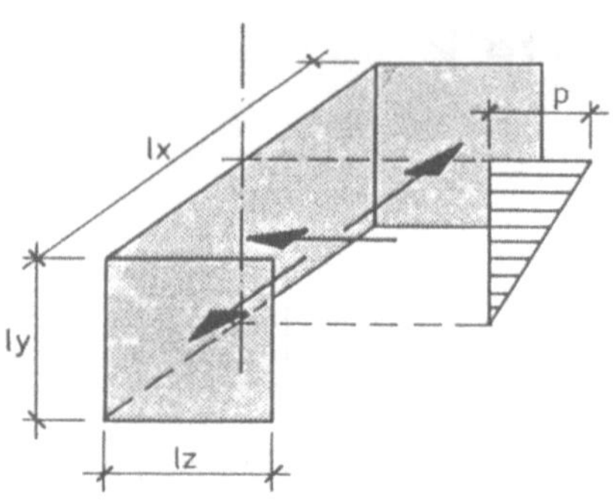

1) Biegemomente

$$m = k \cdot p \cdot ly^2$$

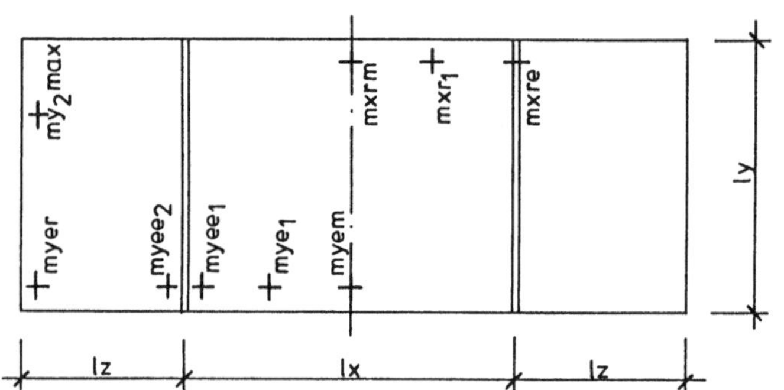

$$lx/ly = \varepsilon_x$$
$$lz/ly = \varepsilon_z$$

Verlauf der Biegemomente

$\varepsilon_z = 0{,}75 / \varepsilon_x = 1{,}0$ $\qquad$ $\varepsilon_z = 1{,}0 / \varepsilon_x = 3{,}0$

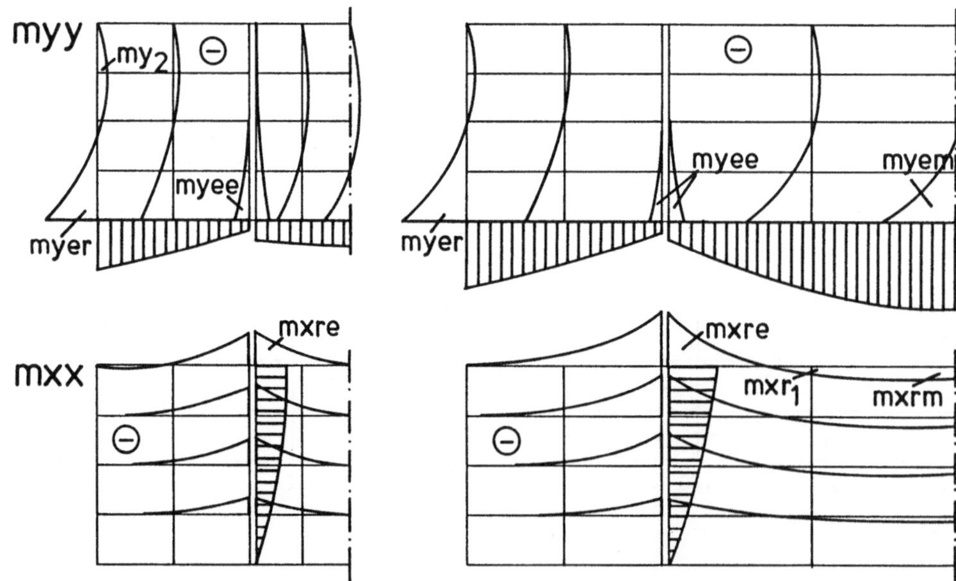

Beiwerte k

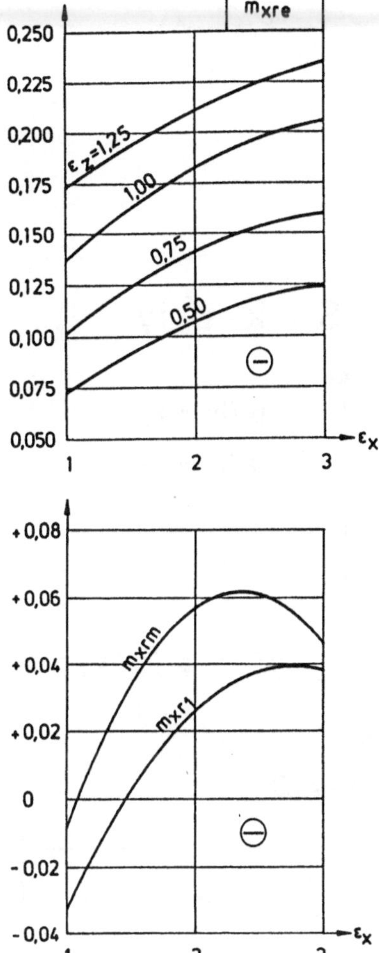

Festwerte:

$m_{y2}\,max$ | : k = 0,007

m_{yee2} | : k = 0,007

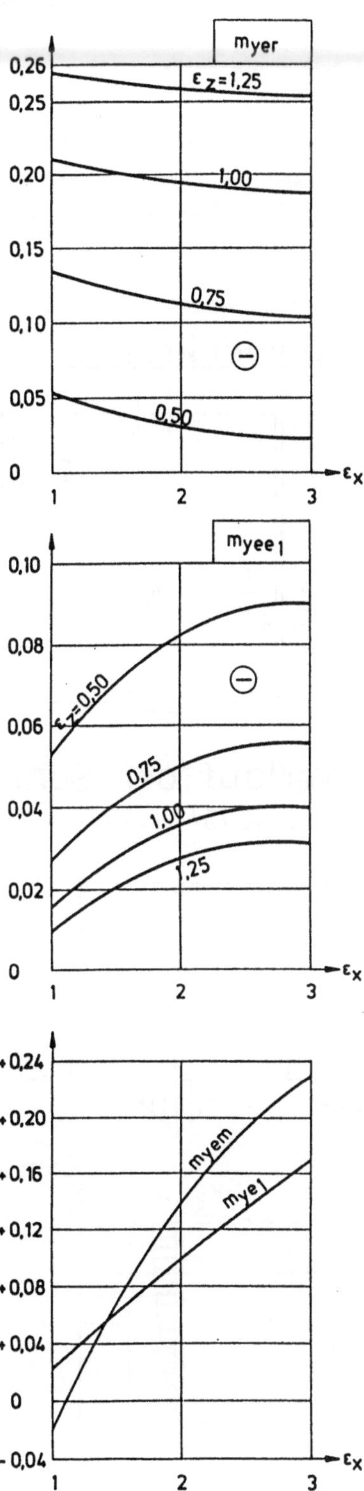

Lastfall 3

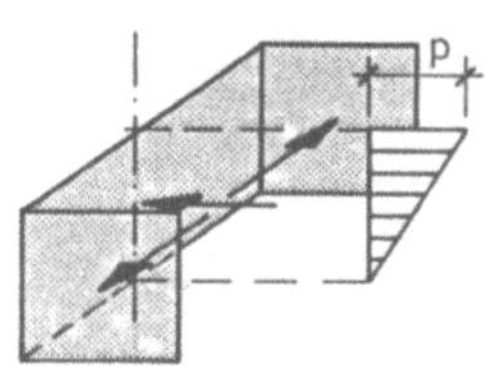

2) Scheibenkräfte

$$S = k \cdot p \cdot ly$$

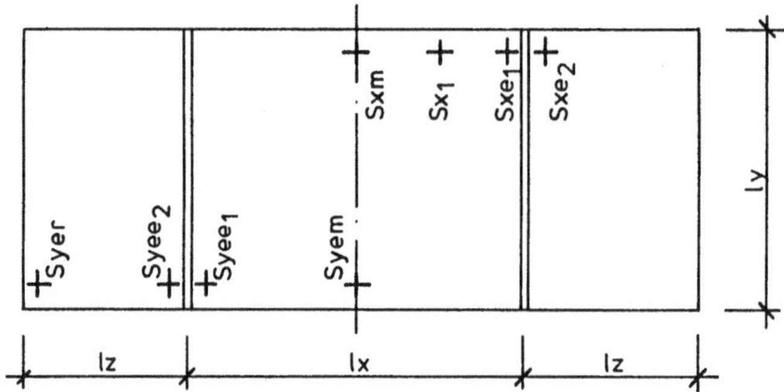

$lx/ly = \varepsilon_x$

$lz/ly = \varepsilon_z$

$Syee_2 \cong Syee_1$

Verlauf der Scheibenkräfte

$\varepsilon_z = 0{,}75 / \varepsilon_x = 1{,}0$ $\varepsilon_z = 1{,}0 / \varepsilon_x = 3{,}0$

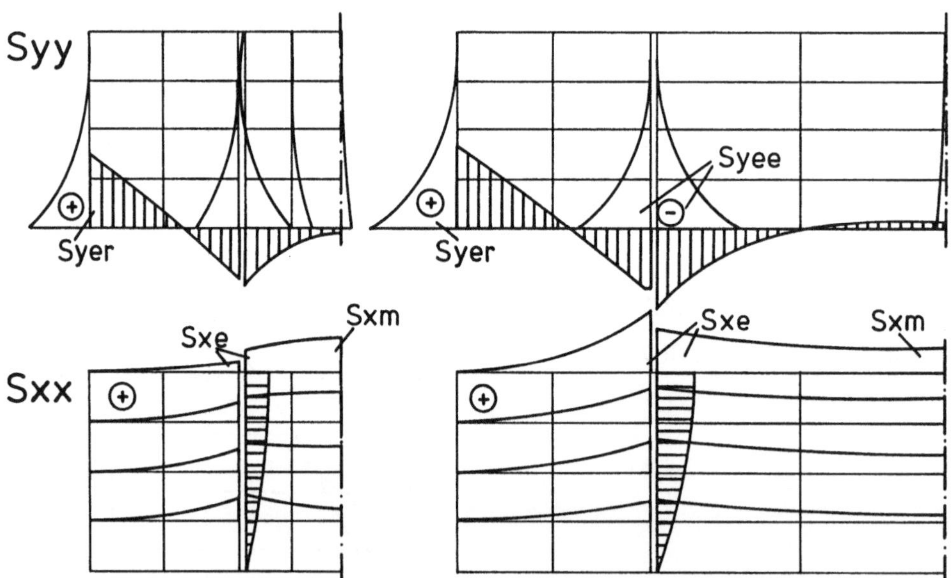

Beiwerte k

1,7
1,5
1,3
1,1
0,9
0,7
0,5
⊕
S_xe2
ε_x
1   2   3

S_xe1
1,7
ε_z=1,25
1,5
1,00
1,3
1,1
0,75
0,9
⊕
0,7
0,50
0,5
ε_x
1   2   3

1,2
1,1
1,0
0,9   S_xl
0,8   S_xm
0,7
0,6
⊕
0,5
0,4
ε_x
1   2   3

S_yer
4,0
3,5
ε_z=0,50
3,0
⊕
2,5
0,75
2,0
1,00
1,5
1,25
1,0
0,5
ε_x
1   2   3

S_yee1
2,3
2,1
1,9
ε_z=0,50
1,7
0,75
1,5
1,00
1,3
1,25
1,1
0,9
⊖
0,7
0,5
ε_x
1   2   3

S_yem
+0,3
+0,2
+0,1
ε_z=1,25
1,00
0
0,75
0,50
-0,1
-0,2
-0,3
-0,4
ε_x
1   2   3

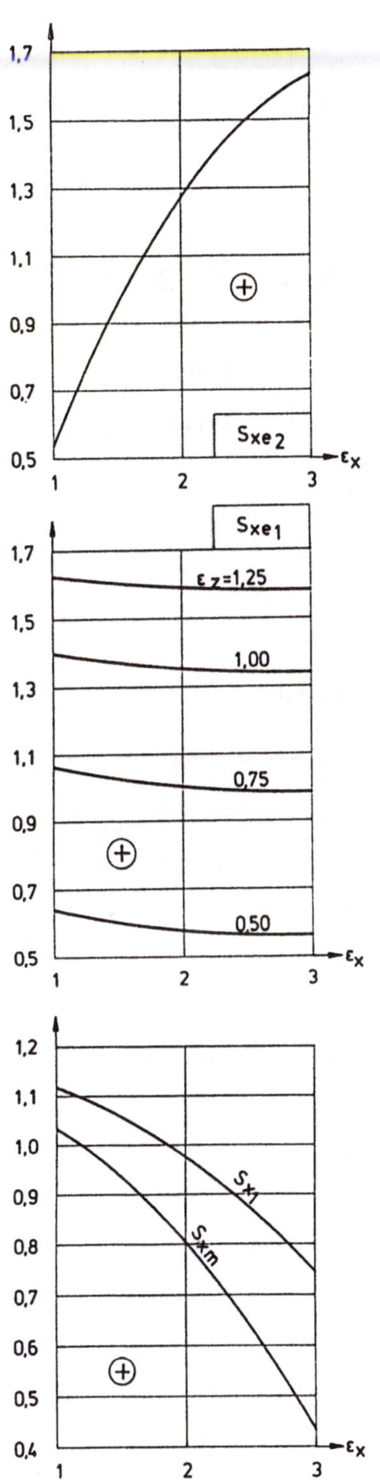

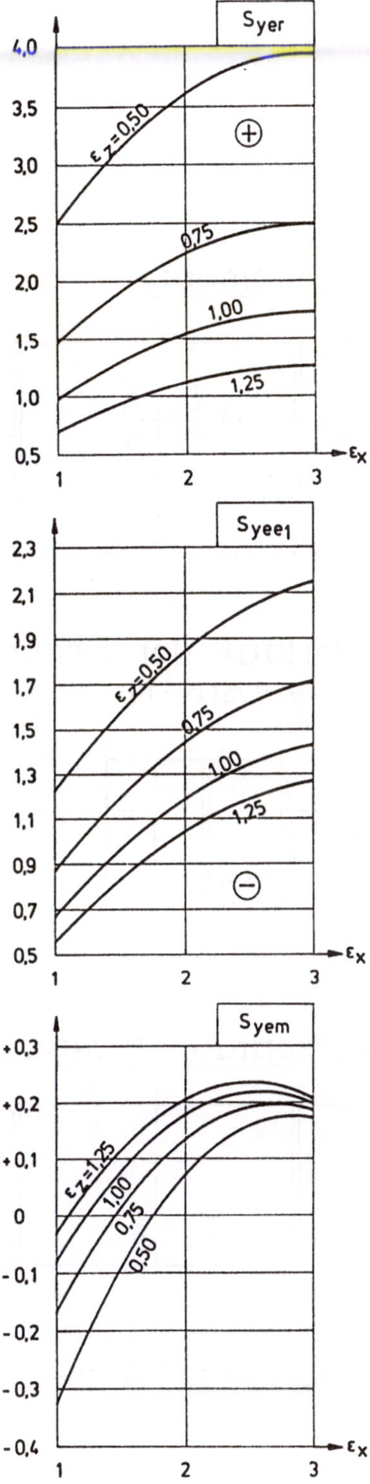

<h1 style="text-align:center">Lastfall 3</h1>

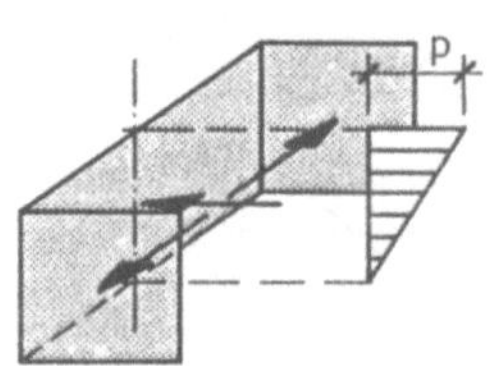

3) Drillmomente

$$mxy = k \cdot p \cdot ly^2$$

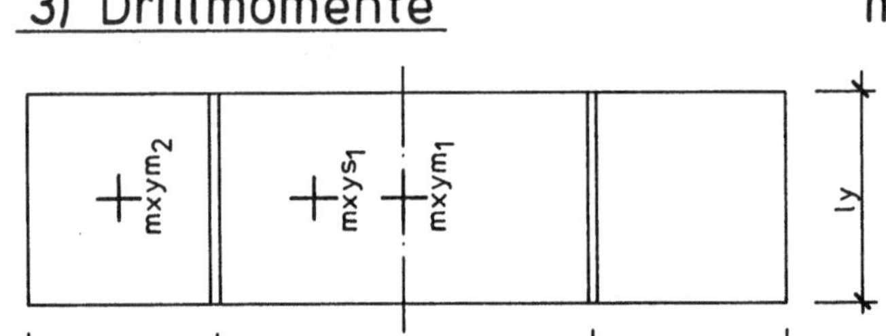

$$lx/ly = \varepsilon_x$$
$$lz/ly = \varepsilon_z$$

Verlauf der Drillmomente

$\varepsilon_z = 0.75 / \varepsilon_x = 1.0$ $\qquad\qquad \varepsilon_z = 1.0 / \varepsilon_x = 3.0$

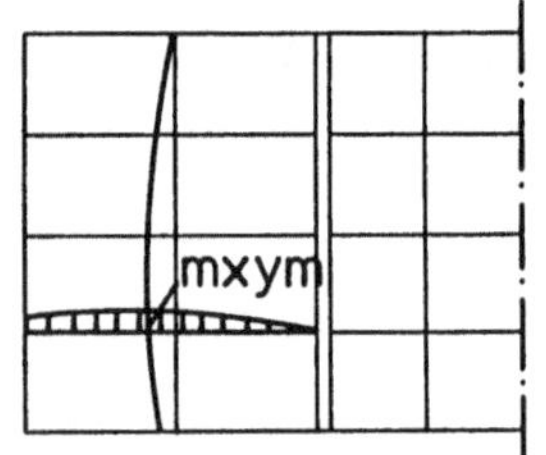

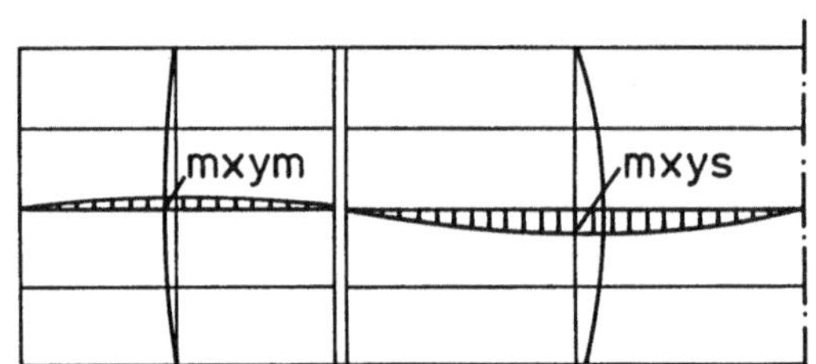

4) horizontale Querkräfte

$$Qy = k \cdot p \cdot ly$$

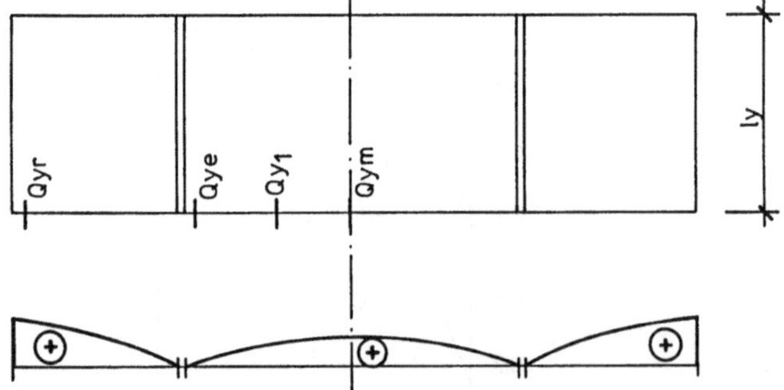

Tafel 3.3 - Δ 90°

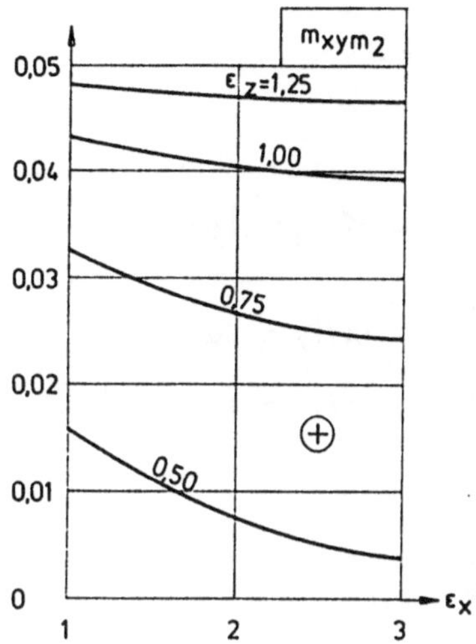

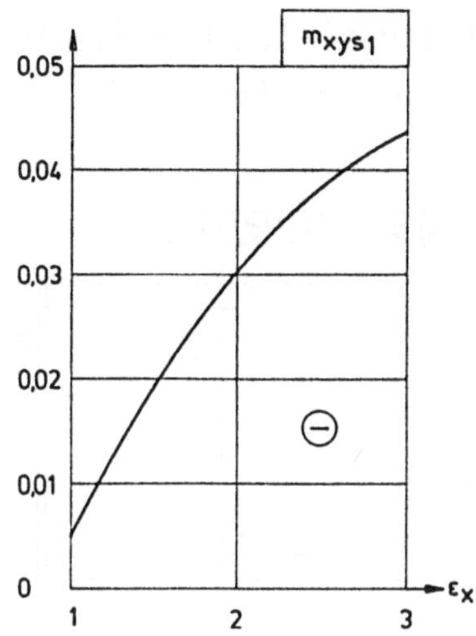

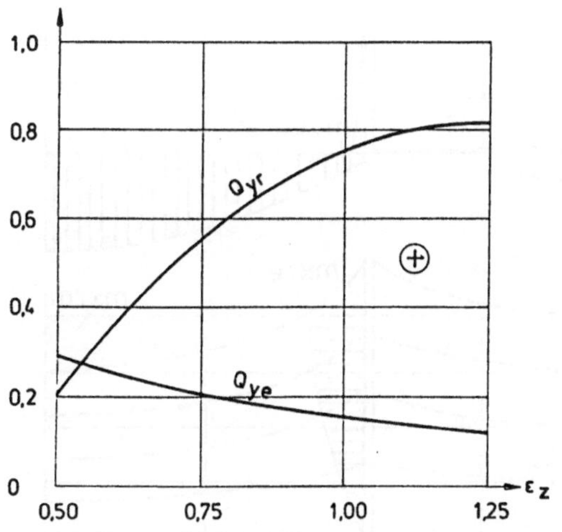

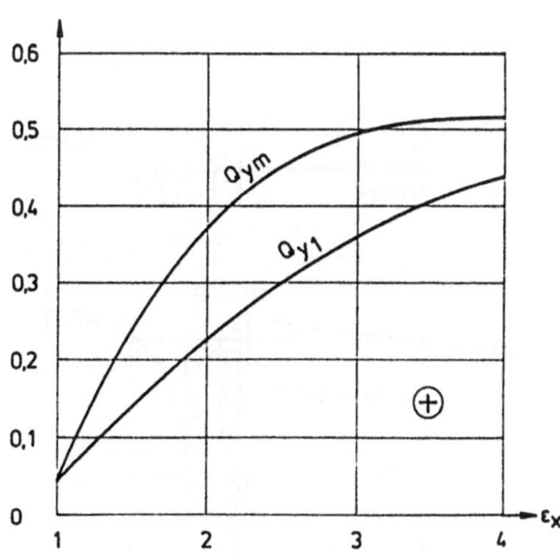

Lastfall 4

Erddruck infolge
zentrischer Verkehrslast
auf der Hinterfüllung
als mittige Teilflächenlast
(Gleichlastanteil)

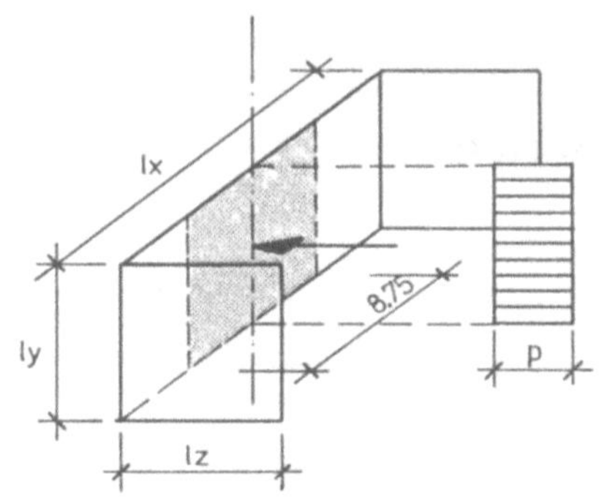

1) Biegemomente

$$m = k \cdot p \cdot ly^2$$

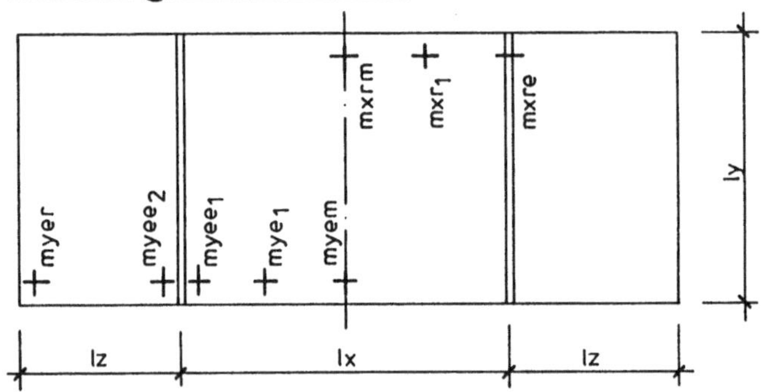

$$lx/ly = \varepsilon_x$$

$$lz/ly = \varepsilon_z$$

Verlauf der Biegemomente

$\varepsilon_z = 0{,}75 / \varepsilon_x = 1{,}0$ $\quad\quad\quad \varepsilon_z = 1{,}0 / \varepsilon_x = 3{,}0$

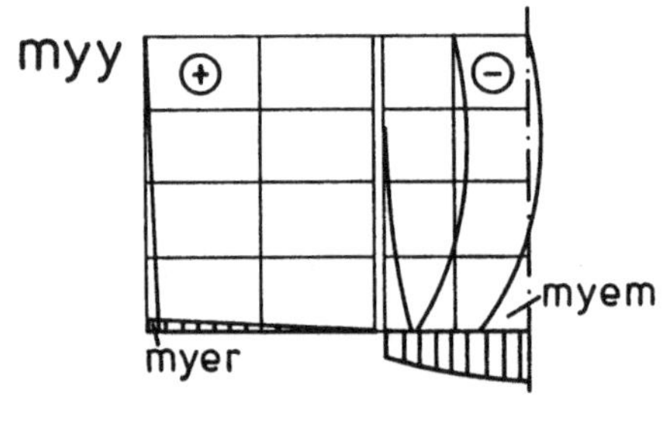

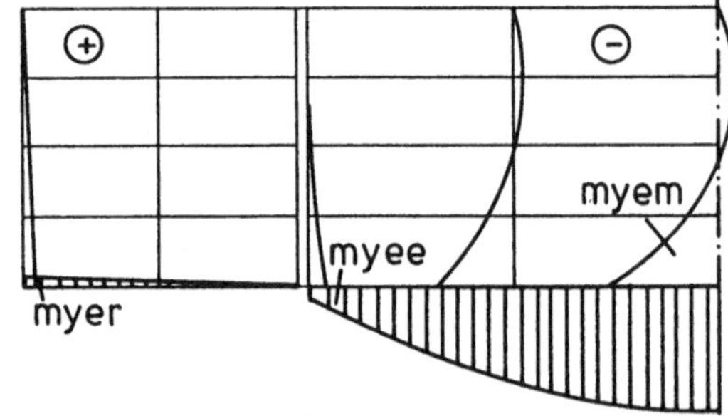

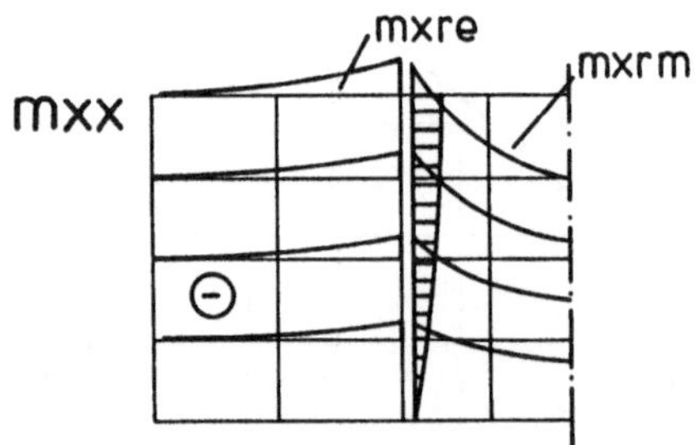

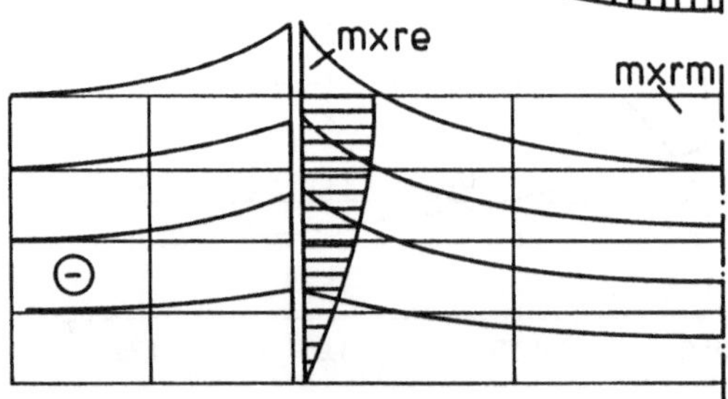

Beiwerte k

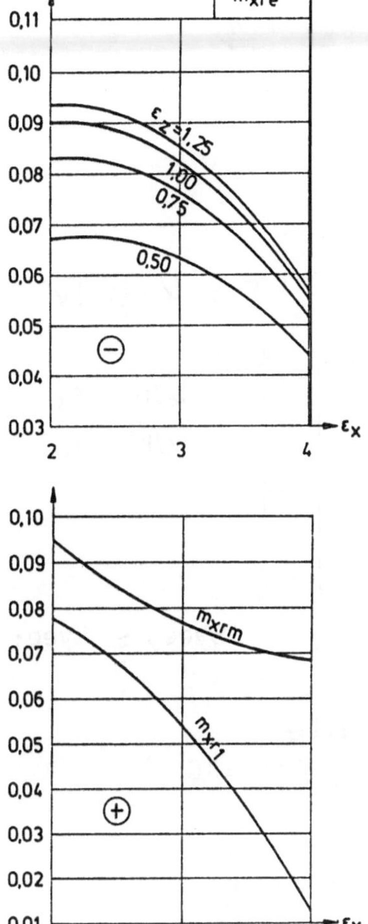

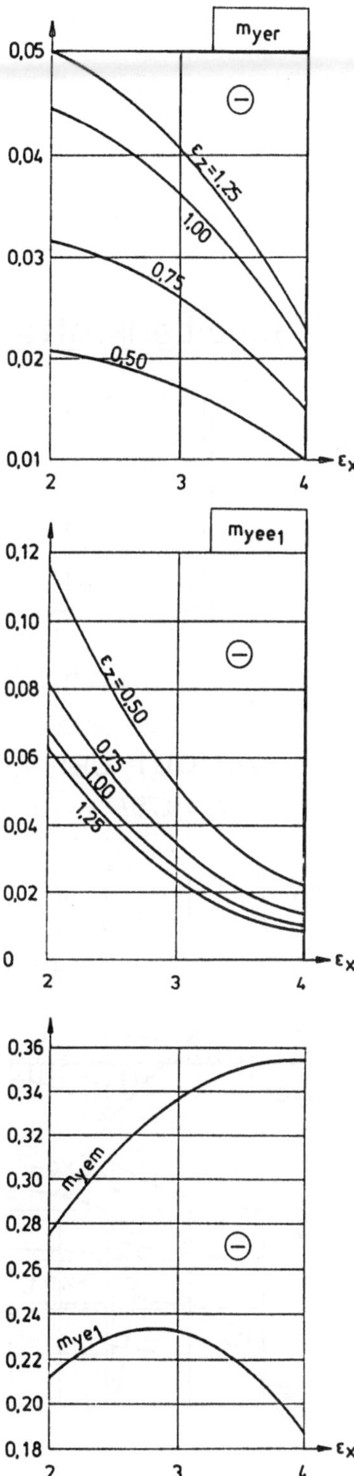

Festwert :

m_{yee_2} | : k = 0,010

Lastfall 4

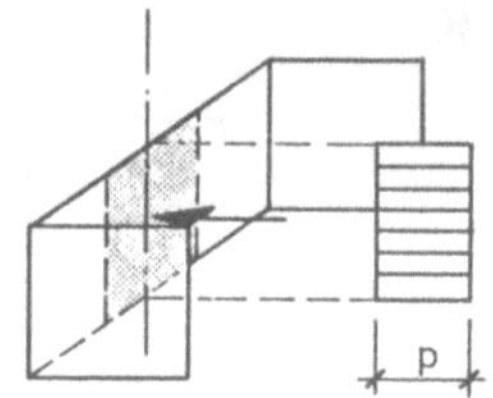

2) Scheibenkräfte $\qquad S = k \cdot p \cdot ly$

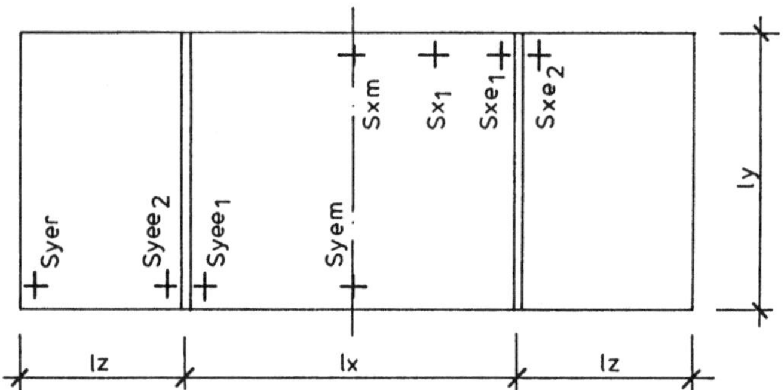

$$lx/ly = \varepsilon_x$$
$$lz/ly = \varepsilon_z$$

$$Syee_2 \leqq Syee_1$$

Verlauf der Scheibenkräfte

$\varepsilon_z = 0{,}75 / \varepsilon_x = 1{,}0 \qquad\qquad \varepsilon_z = 1{,}0 / \varepsilon_x = 3{,}0$

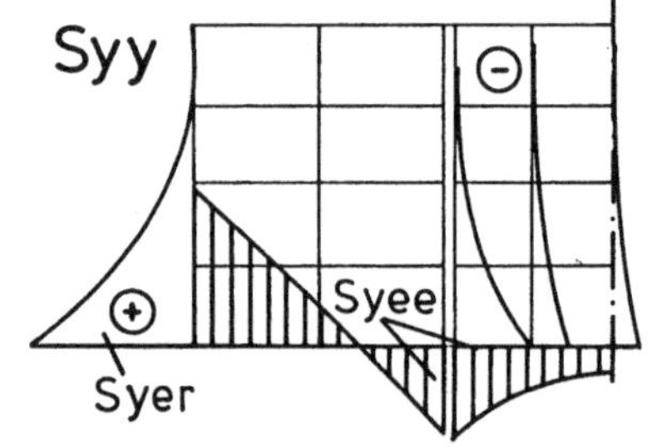
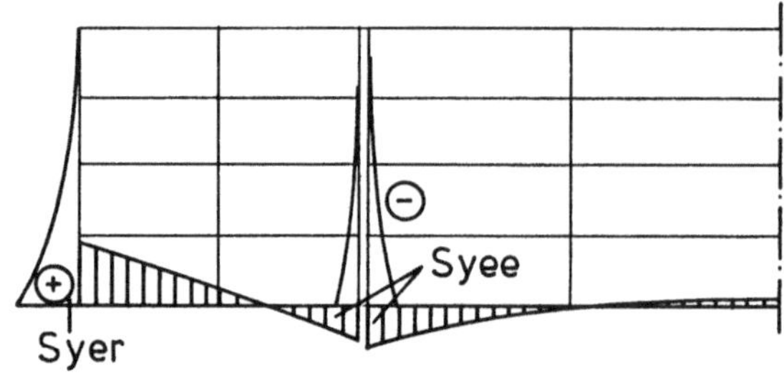

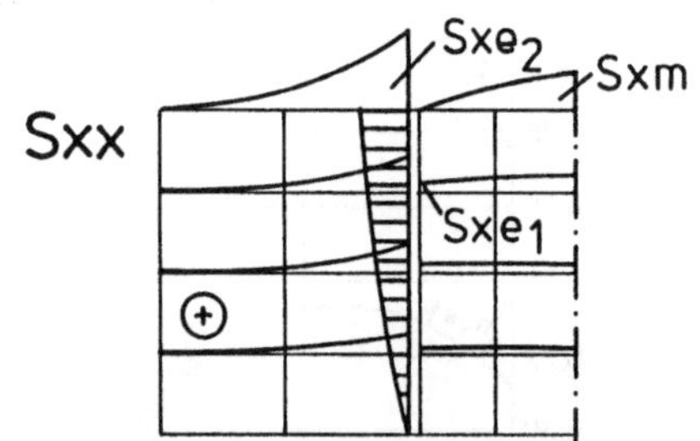
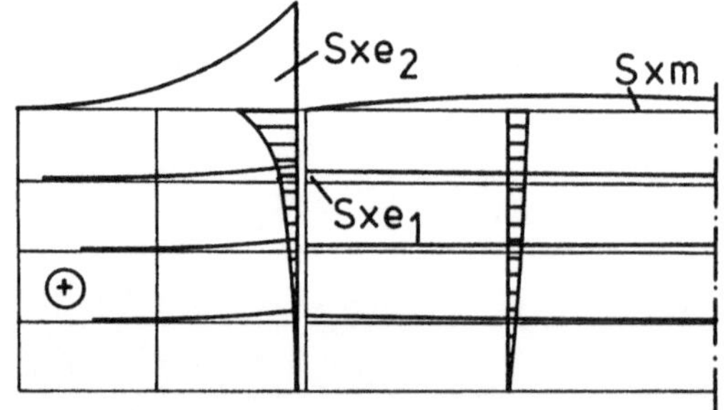

Beiwerte k

S_xe2
+
1,8
1,6
1,4
1,2
1,0
0,8
2 3 4
ε_x

S_xe1
+
0,17
0,15
0,13
0,11
0,09
0,07
2 3 4
ε_x

0,6
0,5
0,4
0,3
0,2
0,1
0
+
S_x1
S_xm
2 3 4
ε_x

S_yer
+
4
3
2
1
0
ε_z=0,50
0,75
1,00
1,25
2 3 4
ε_x

S_yee1
−
2,0
1,5
1,0
0,5
0
ε_z=0,50
0,75
1,00
1,25
2 3 4
ε_x

+0,20
+0,15
+0,10
+0,05
0
−0,05
−0,10
−0,15
S_yem
2 3 4
ε_x

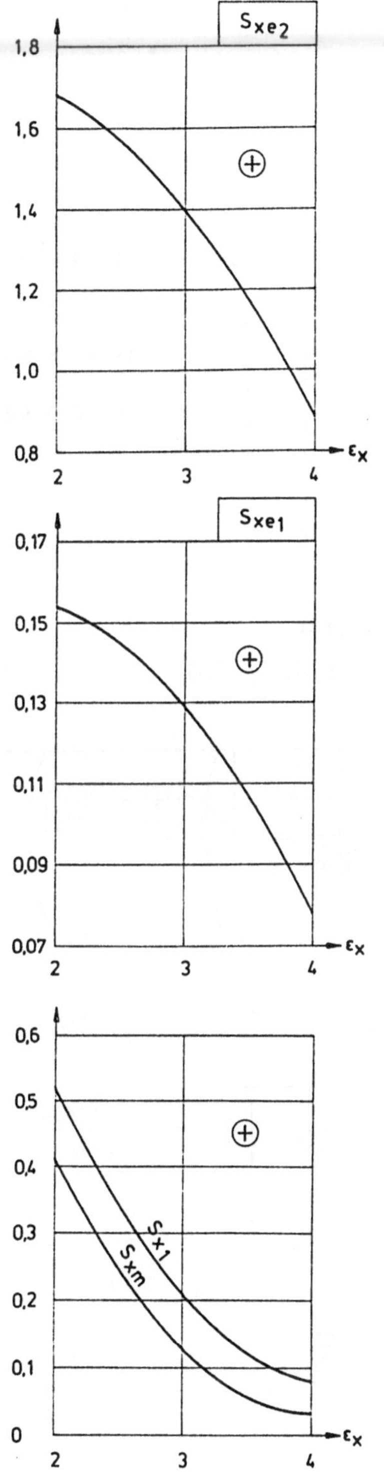

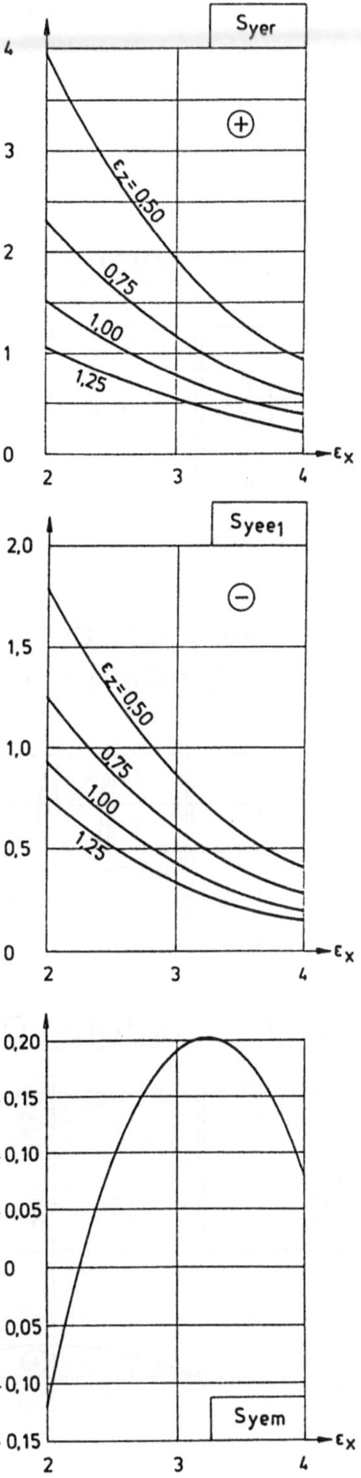

Lastfall 4

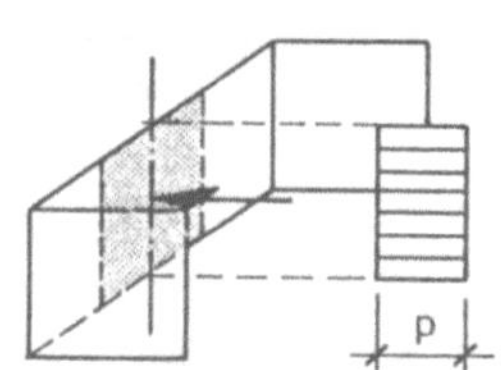

3) Drillmomente

$$mxy = k \cdot p \cdot ly^2$$

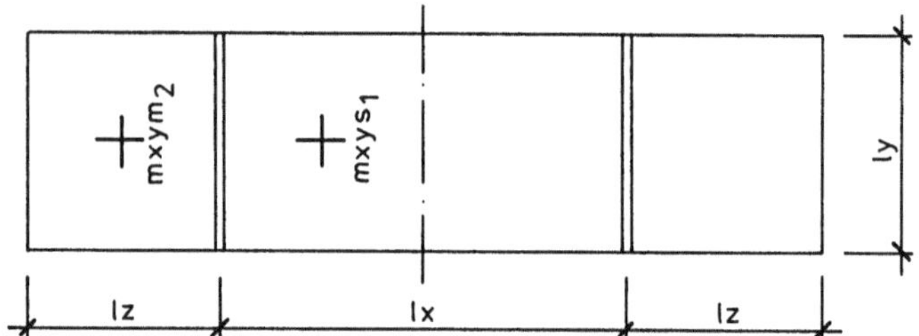

$$lx/ly = \varepsilon_x$$
$$lz/ly = \varepsilon_z$$

Verlauf der Drillmomente

$\varepsilon_z = 0{,}75 / \varepsilon_x = 1{,}0$ $\varepsilon_z = 1{,}0 / \varepsilon_x = 3{,}0$

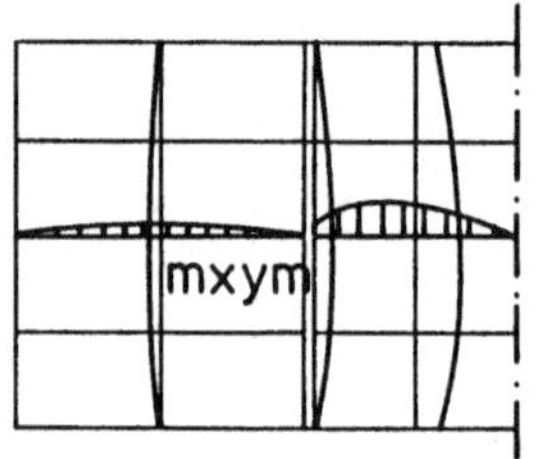

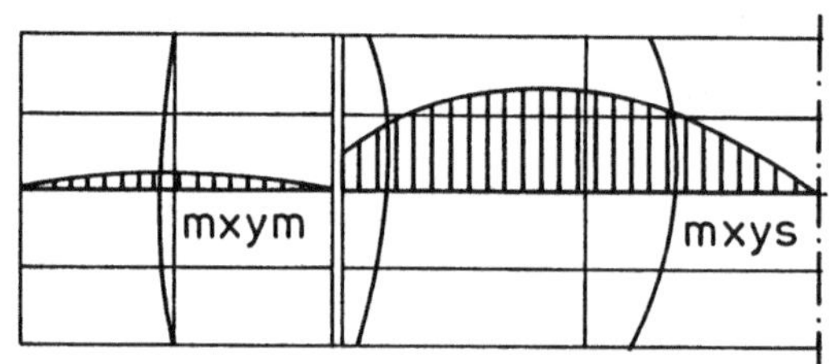

4) horizontale Querkräfte

$$Qy = k \cdot p \cdot ly$$

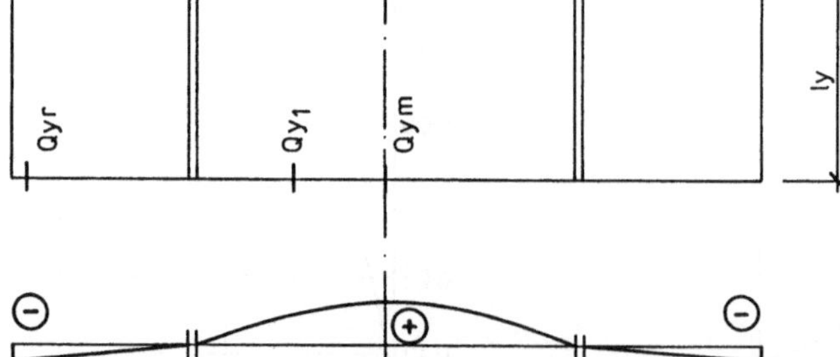

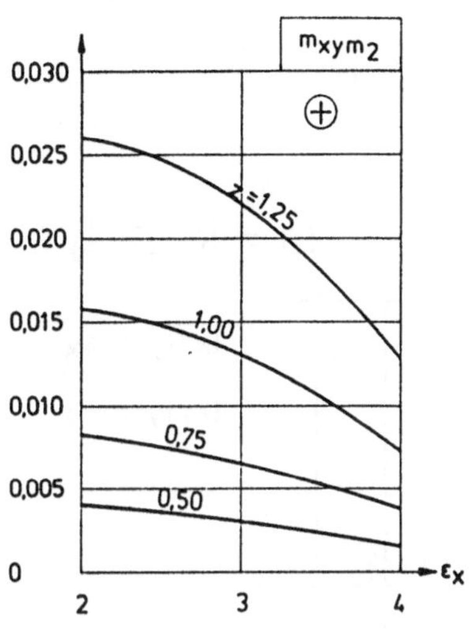
m_xym2
⊕
0,030
0,025
0,020
0,015
0,010
0,005
0
z=1,25
1,00
0,75
0,50
2
3
4
ε_x

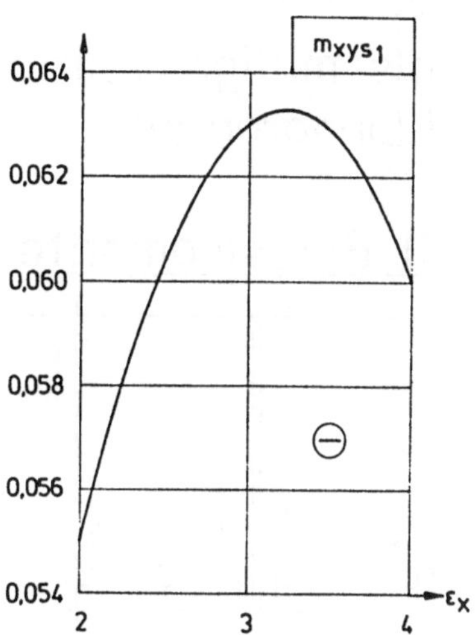
m_xys1
0,064
0,062
0,060
0,058
0,056
0,054
⊖
2
3
4
ε_x

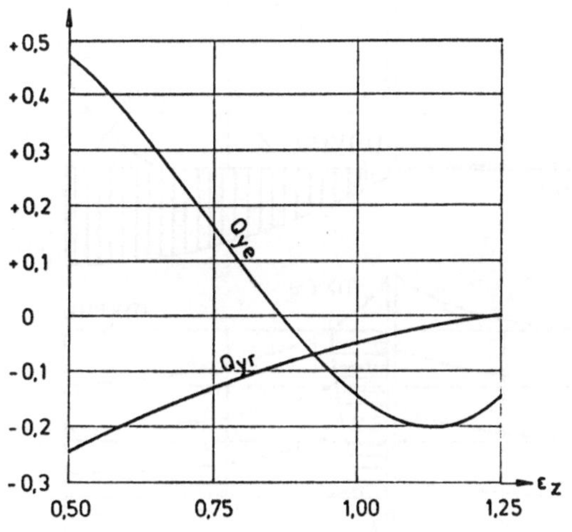
+0,5
+0,4
+0,3
+0,2
+0,1
0
-0,1
-0,2
-0,3
Qye
Qyr
0,50
0,75
1,00
1,25
ε_z

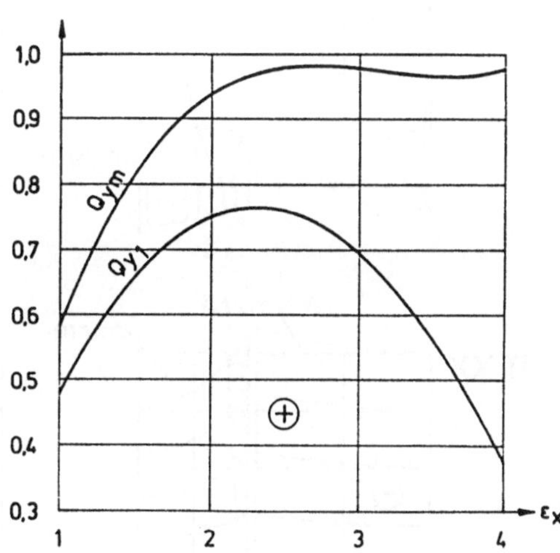
1,0
0,9
0,8
0,7
0,6
0,5
0,4
0,3
Qym
Qy1
⊕
1
2
3
4
ε_x

Lastfall 5

Erddruck infolge
zentrischer Verkehrslast
auf der Hinterfüllung
als mittige Teilflächenlast
(Linearanteil)

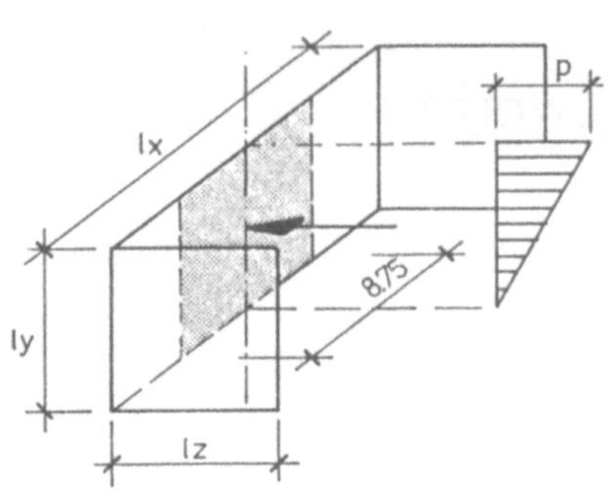

1) Biegemomente

$$m = k \cdot p \cdot ly^2$$

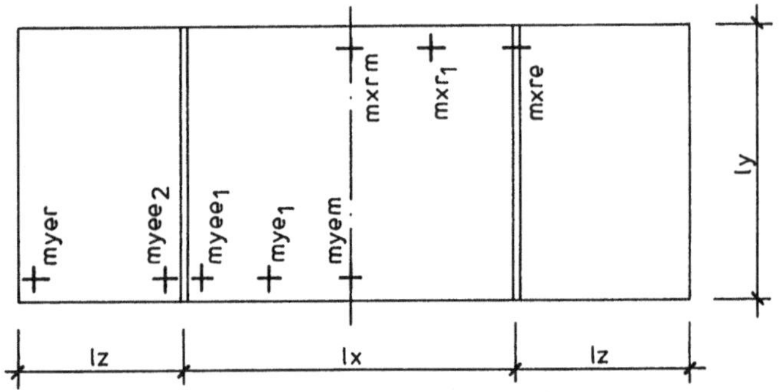

$$lx/ly = \varepsilon_x$$

$$lz/ly = \varepsilon_z$$

Verlauf der Biegemomente

$\varepsilon_z = 0{,}75 / \varepsilon_x = 1{,}0$ $\qquad\qquad$ $\varepsilon_z = 1{,}0 / \varepsilon_x = 3{,}0$

myy

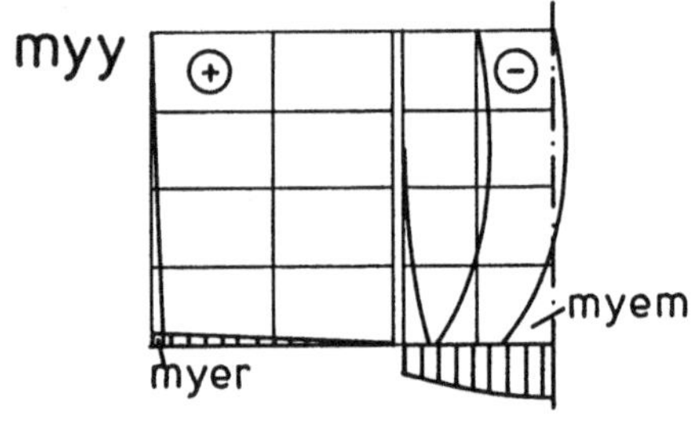
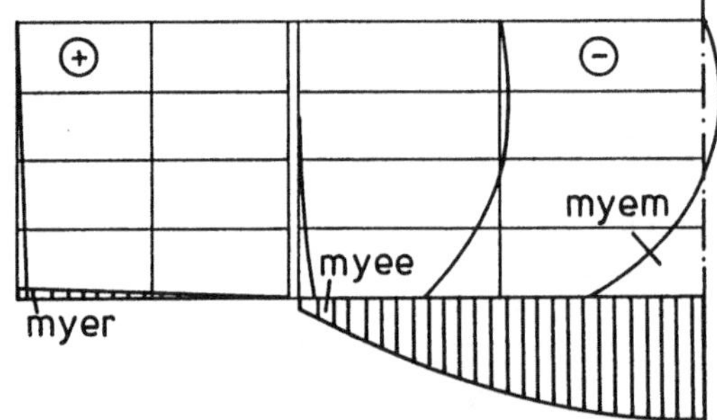

mxx

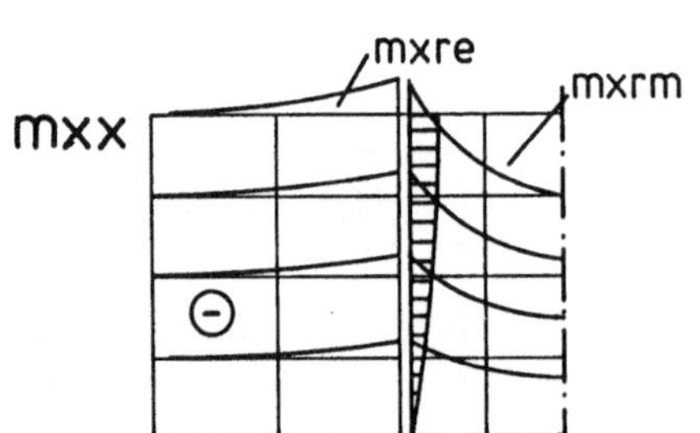
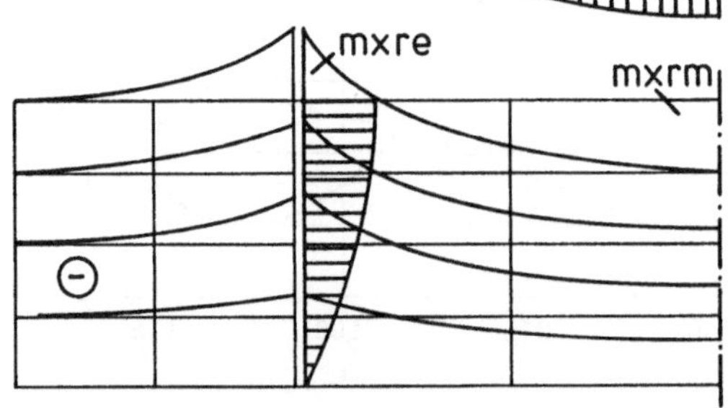

100

Beiwerte k

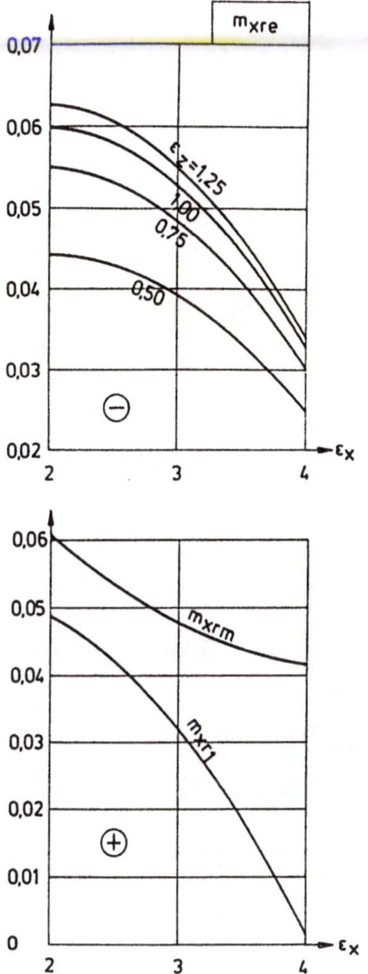

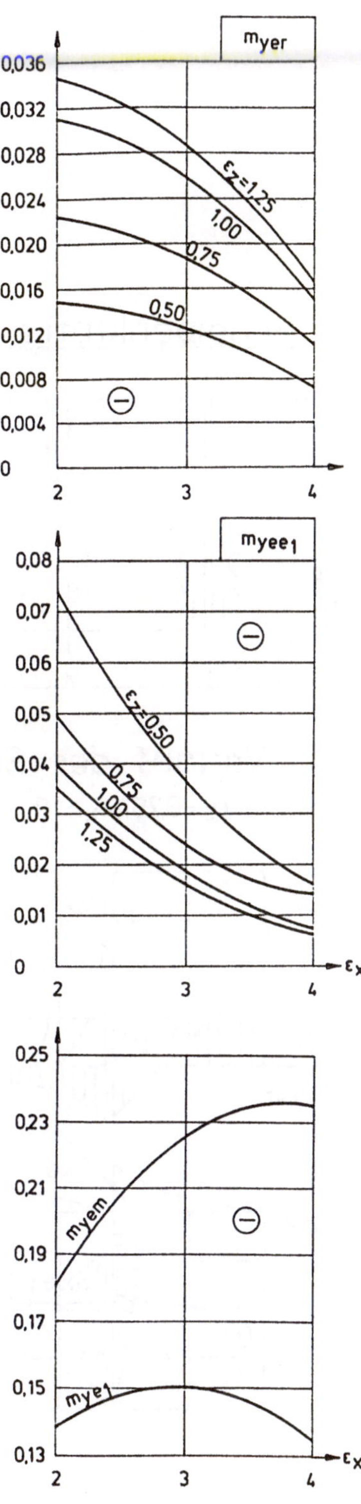

Festwert :

$m_{yee_2} |$: $k = 0,007$

Lastfall 5

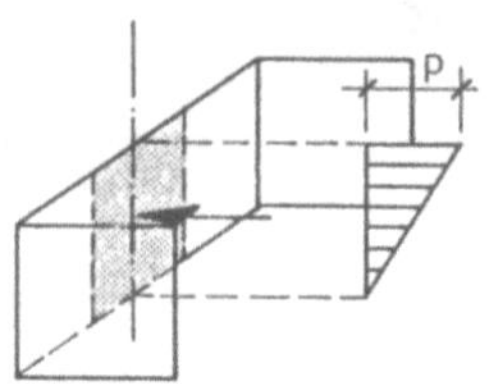

2) Scheibenkräfte

$$S = k \cdot p \cdot ly$$

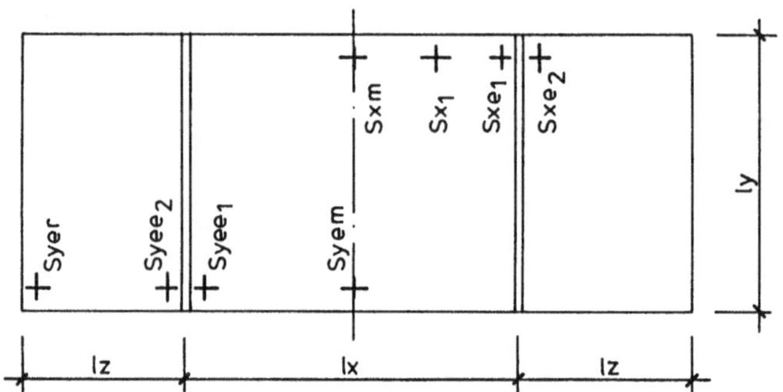

$$lx/ly = \varepsilon_x$$

$$lz/ly = \varepsilon_z$$

$$Syee_2 \leqq Syee_1$$

Verlauf der Scheibenkräfte

$\varepsilon_z = 0{,}75 / \varepsilon_x = 1{,}0$
$\varepsilon_z = 1{,}0 / \varepsilon_x = 3{,}0$

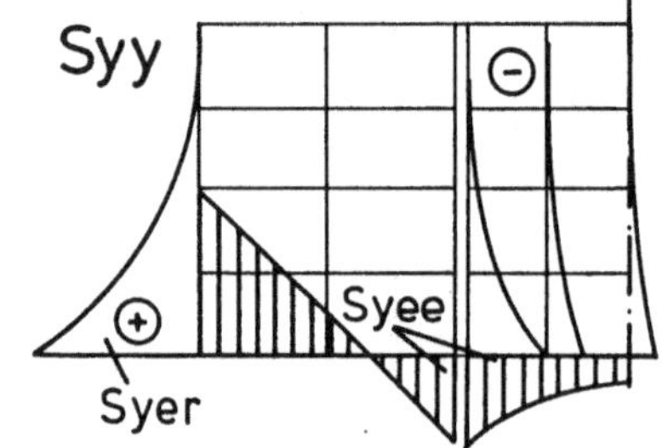

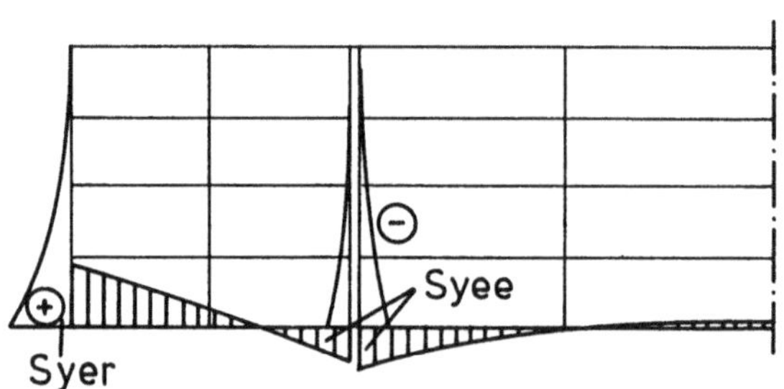

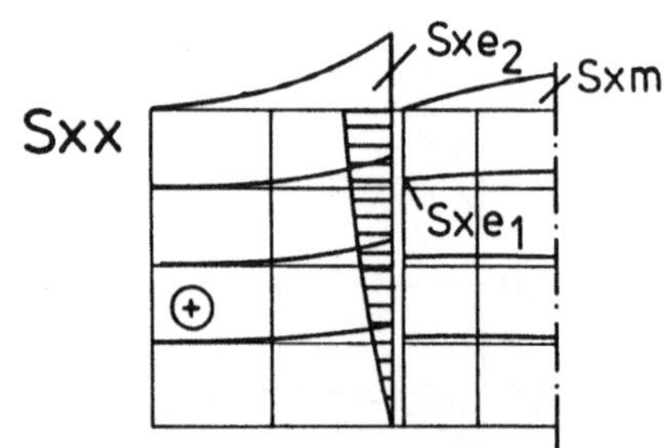

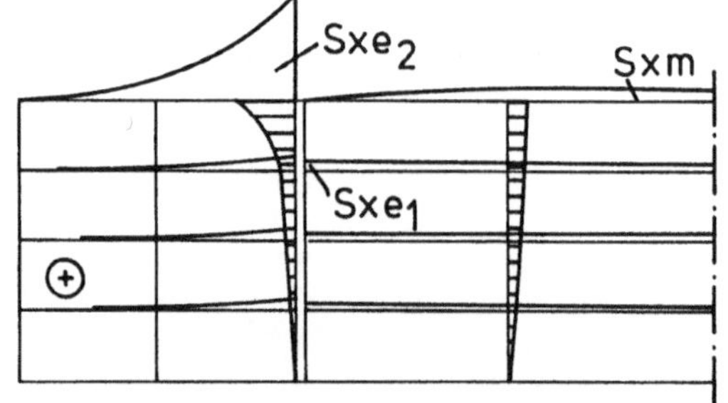

Beiwerte k

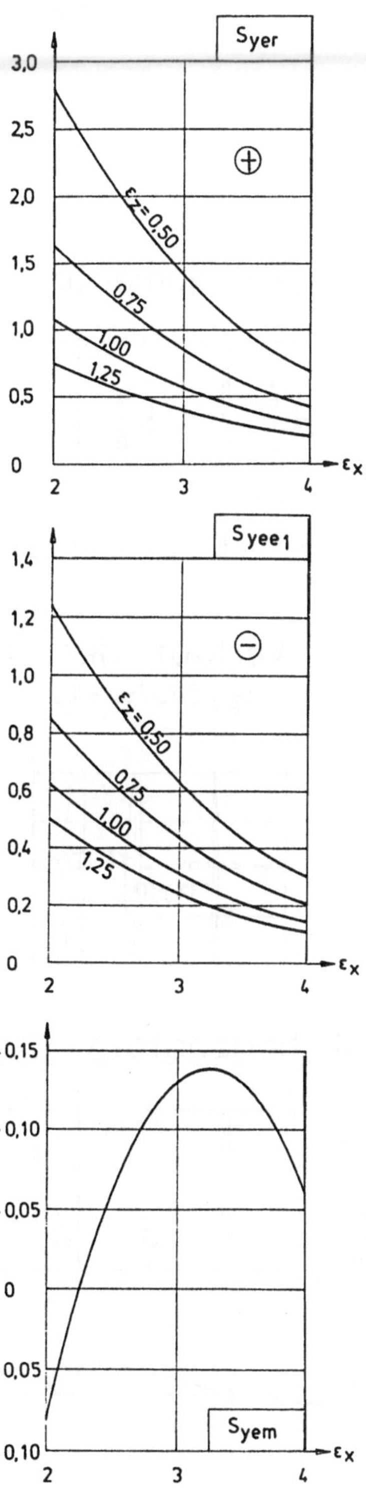

Lastfall 5

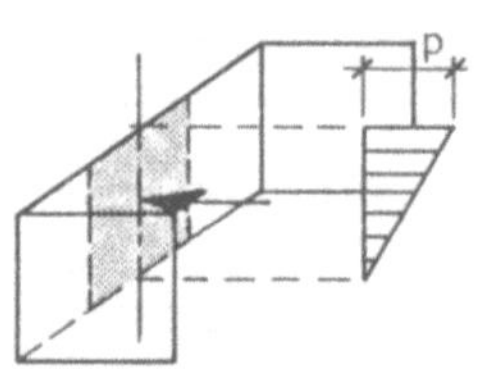

3) Drillmomente

$$mxy = k \cdot p \cdot ly^2$$

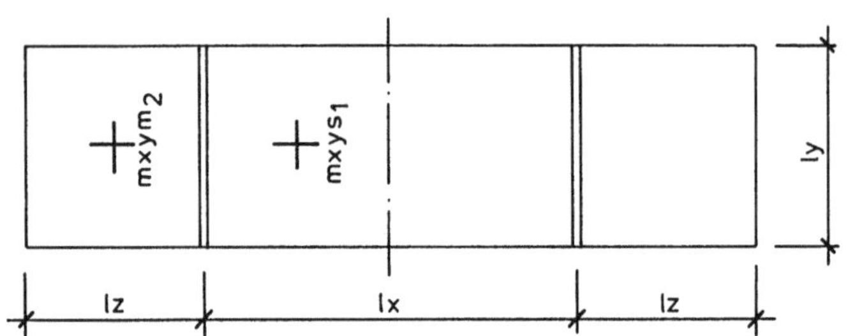

$$lx/ly = \varepsilon_x$$
$$lz/ly = \varepsilon_z$$

Verlauf der Drillmomente

$\varepsilon_z = 0{,}75 / \varepsilon_x = 1{,}0$ $\qquad\qquad$ $\varepsilon_z = 1{,}0 / \varepsilon_x = 3{,}0$

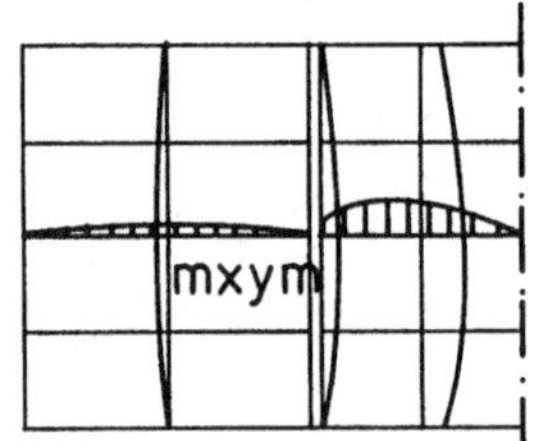

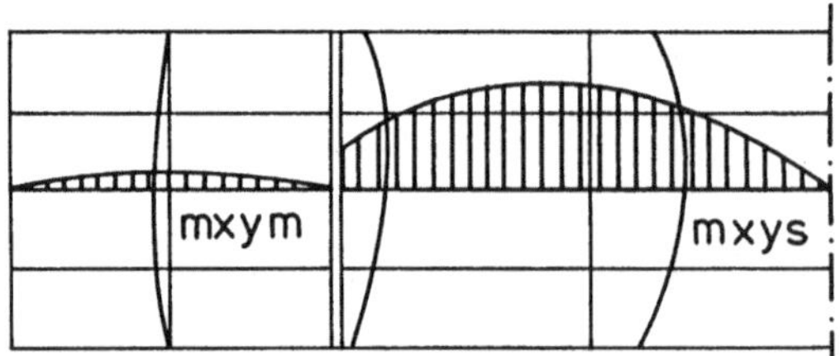

4) horizontale Querkräfte

$$Qy = k \cdot p \cdot ly$$

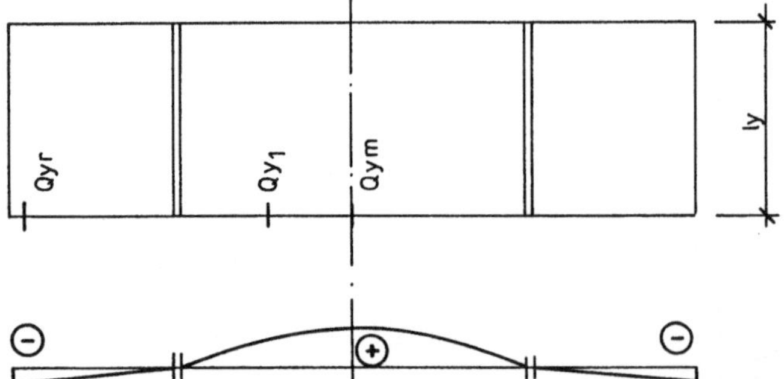

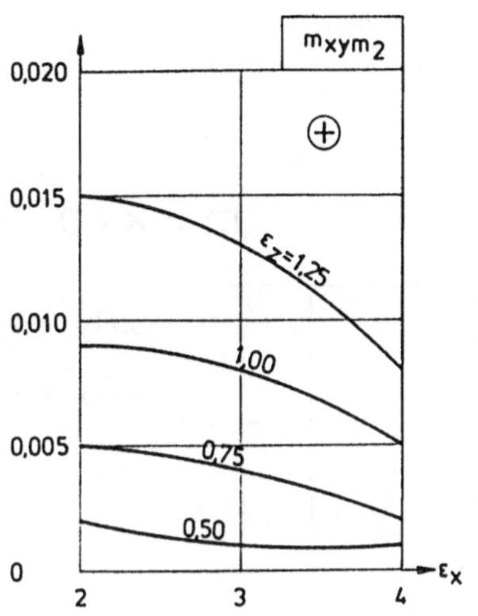

m_{xym_2}
0,020
0,015
0,010
0,005
0
⊕
$\varepsilon_z=1,25$
1,00
0,75
0,50
2
3
4
ε_x

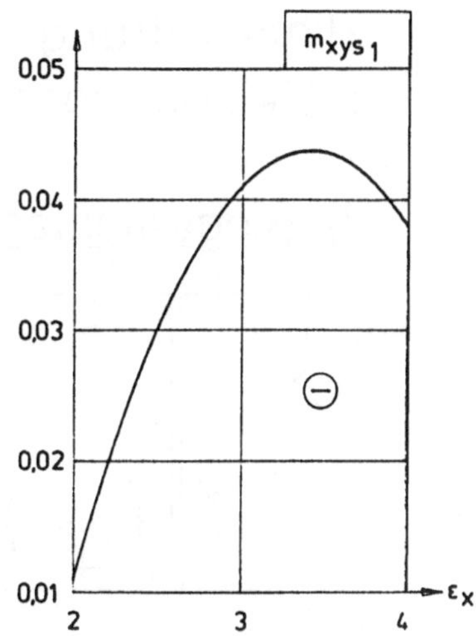

m_{xys_1}
0,05
0,04
0,03
0,02
0,01
⊖
2
3
4
ε_x

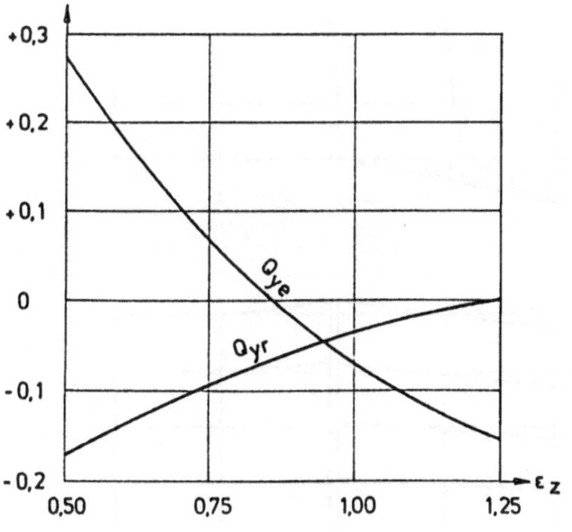

+0,3
+0,2
+0,1
0
-0,1
-0,2
Q_{ye}
Q_{yr}
0,50
0,75
1,00
1,25
ε_z

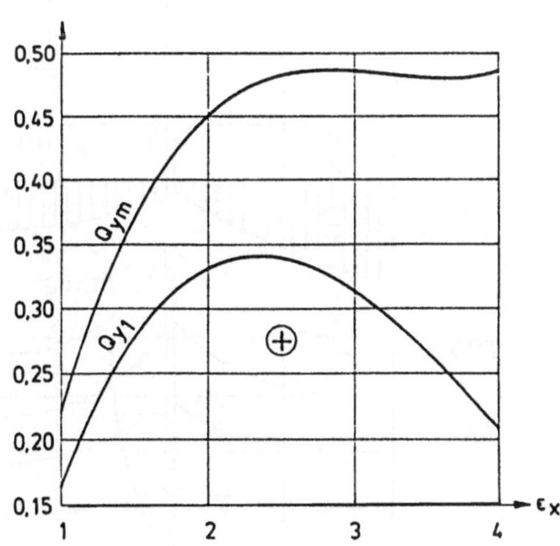

0,50
0,45
0,40
0,35
0,30
0,25
0,20
0,15
Q_{ym}
Q_{y1}
⊕
1
2
3
4
ε_x

Lastfall 6

Erddruck infolge exzentrischer Verkehrslast auf der Hinterfüllung
(Gleichlastanteil)

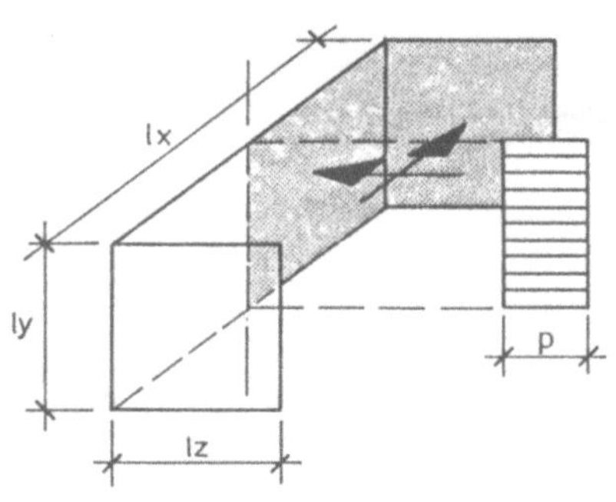

1) Biegemomente

$$m = k \cdot p \cdot ly^2$$

$$lx/ly = \varepsilon_x$$
$$lz/ly = \varepsilon_z$$

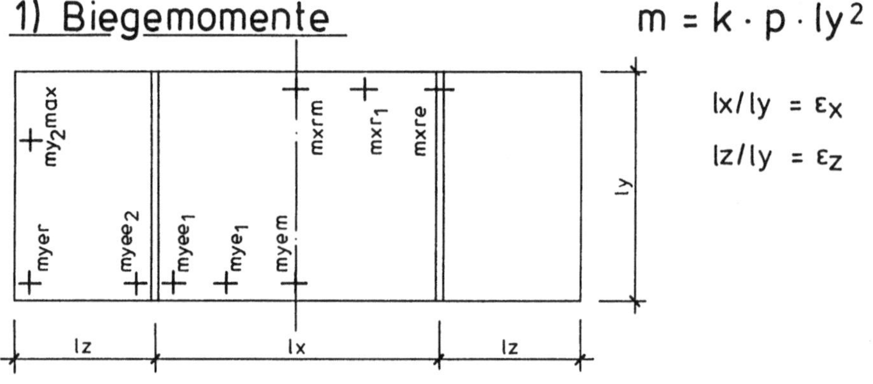

Verlauf der Biegemomente
$$\varepsilon_z = 1{,}0 \;/\; \varepsilon_x = 2{,}0$$

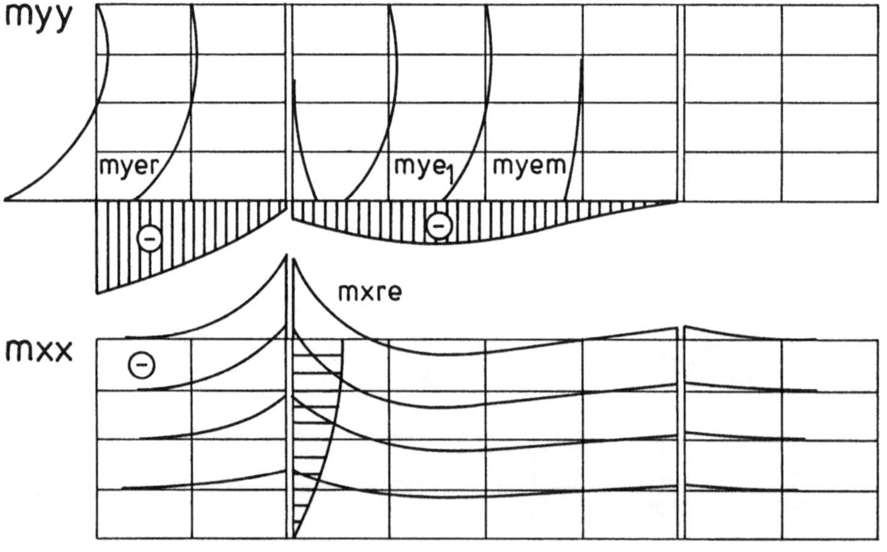

Beiwerte k

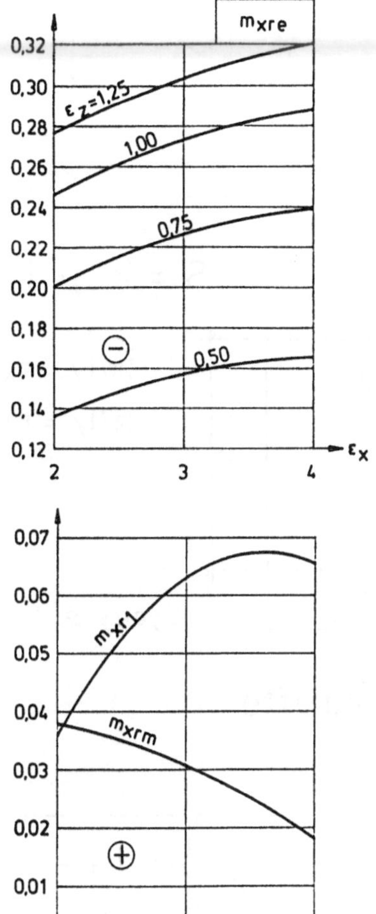

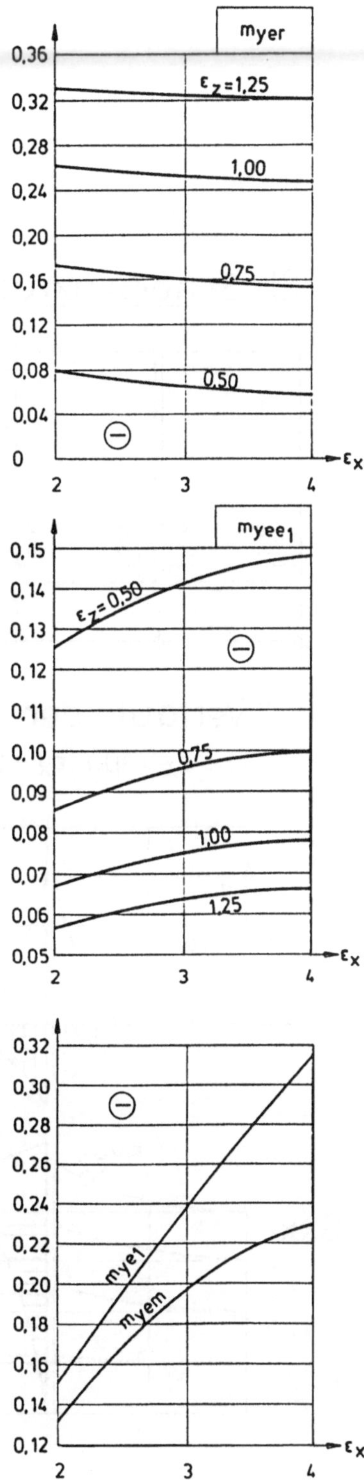

Festwerte :

$my_2 max$ | : k = 0,016

$myee_2$ | : k = 0,013

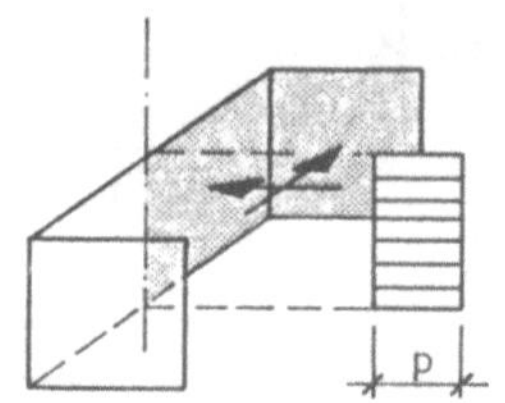

2) Scheibenkräfte

$$S = k \cdot p \cdot ly$$

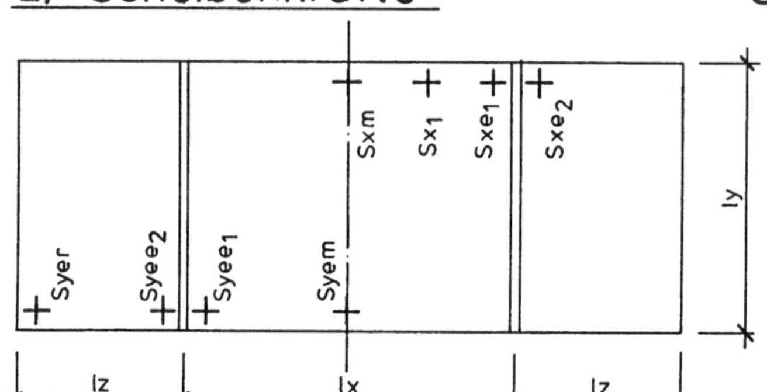

$$lx/ly = \varepsilon_x$$

$$lz/ly = \varepsilon_z$$

$$Syee_2 \lesseqgtr Syee_1$$

Verlauf der Scheibenkräfte

$$\varepsilon_z = 1{,}0 \; / \; \varepsilon_x = 2{,}0$$

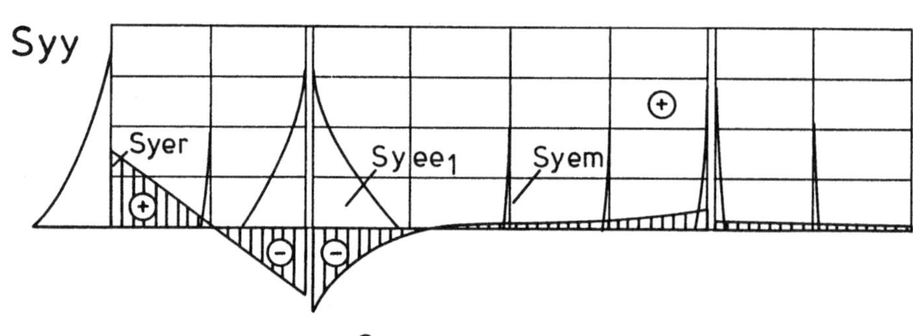

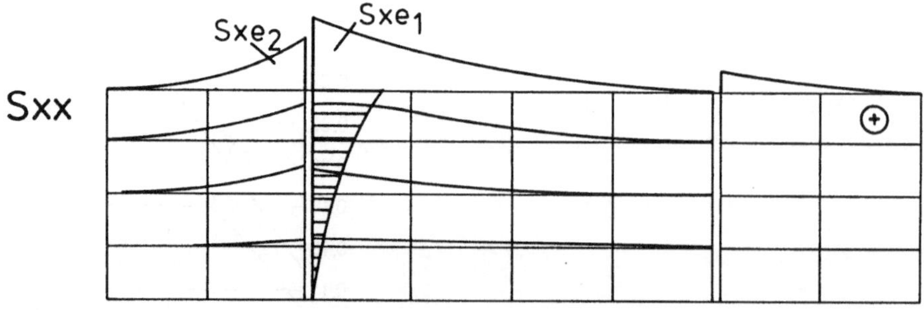

Beiwerte k

S_{xe2}
S_{xe1}
$\varepsilon_z=1,25$
1,00
0,75
0,50
S_{x1}
S_{xm}
ε_x

S_{yer}
$\varepsilon_z=0,50$
0,75
1,00
1,25
S_{yee1}
$\varepsilon_z=0,50$
0,75
1,00
1,25
S_{yem}
ε_x

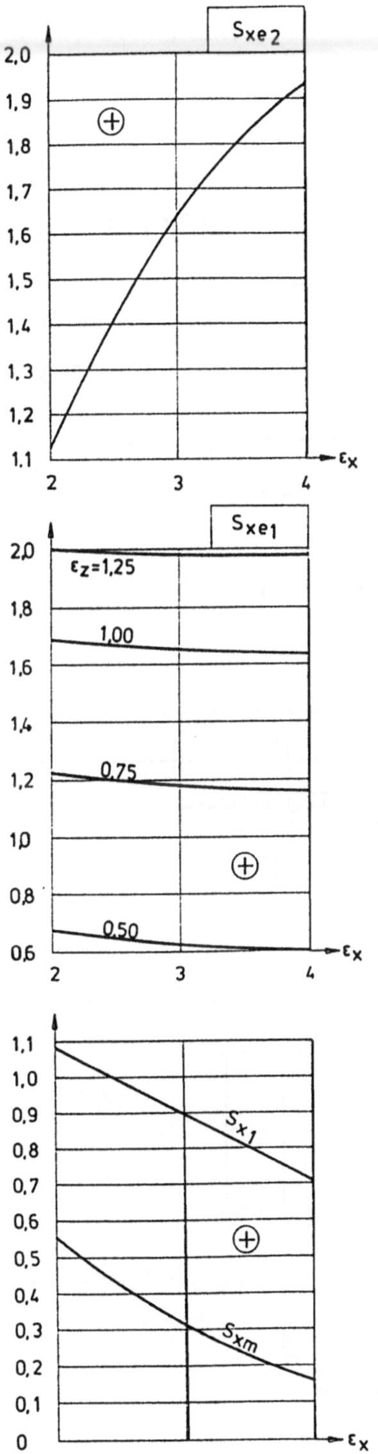

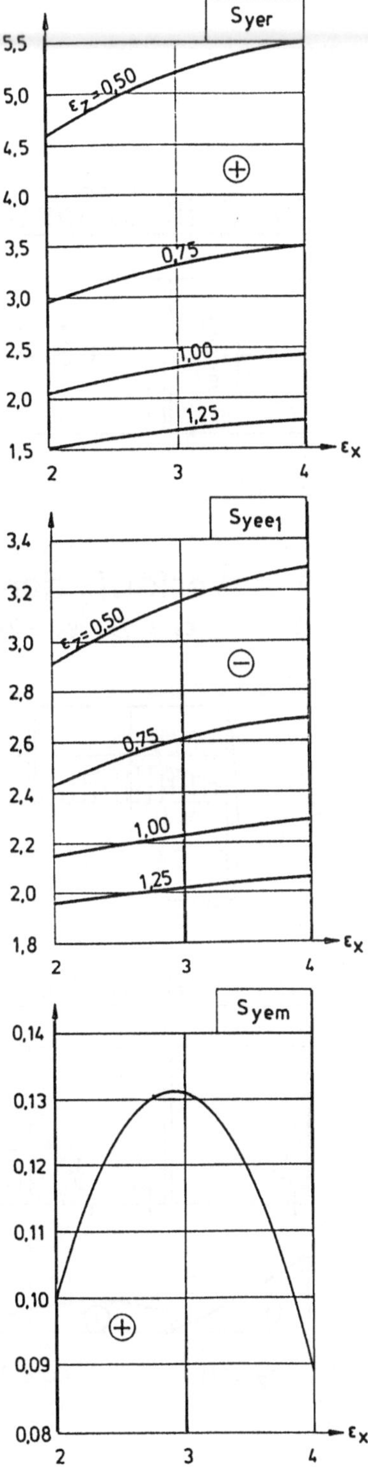

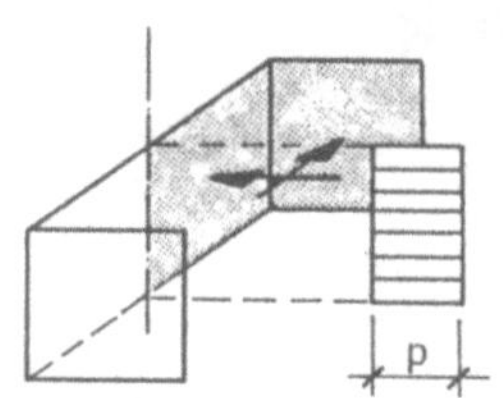

Lastfall 6

3) Drillmomente

$$mxy = k \cdot p \cdot ly^2$$

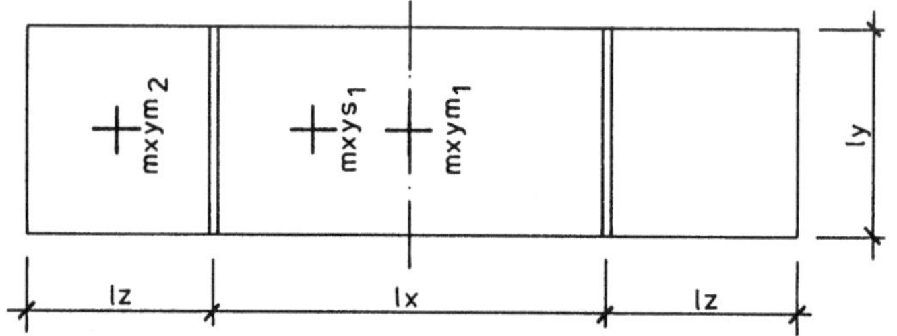

$$lx/ly = \varepsilon_x$$
$$lz/ly = \varepsilon_z$$

Verlauf der Drillmomente
$$\varepsilon_z = 1{,}0 \; / \; \varepsilon_x = 2{,}0$$

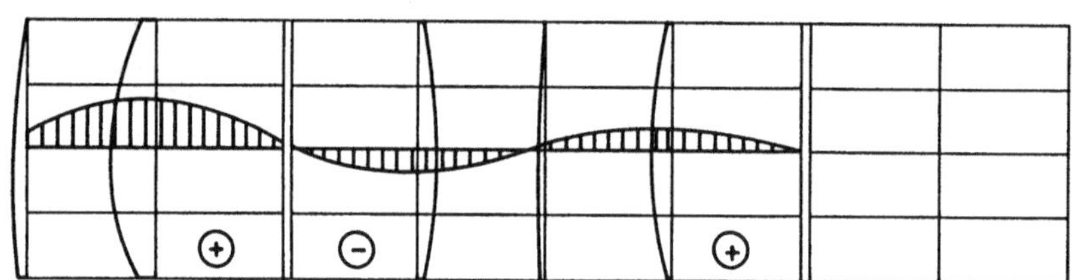

4) horizontale Querkräfte

$$Qy = k \cdot p \cdot ly$$

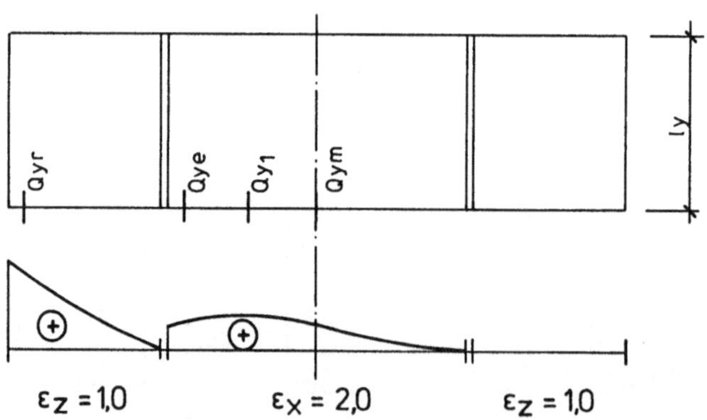

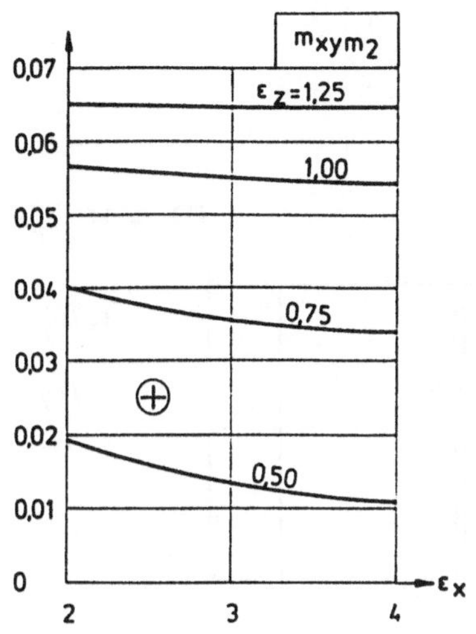

m_{xym_2}
$\varepsilon_z = 1,25$
1,00
0,75
0,50
⊕
ε_x

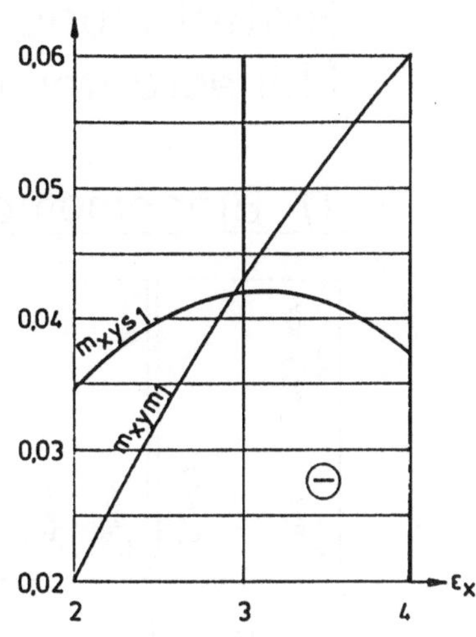

m_{xys_1}
m_{xym_1}
⊖
ε_x

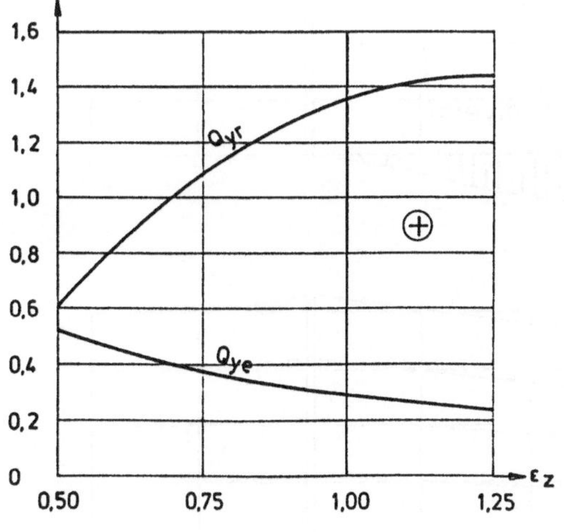

q_{yr}
⊕
q_{ye}
ε_z

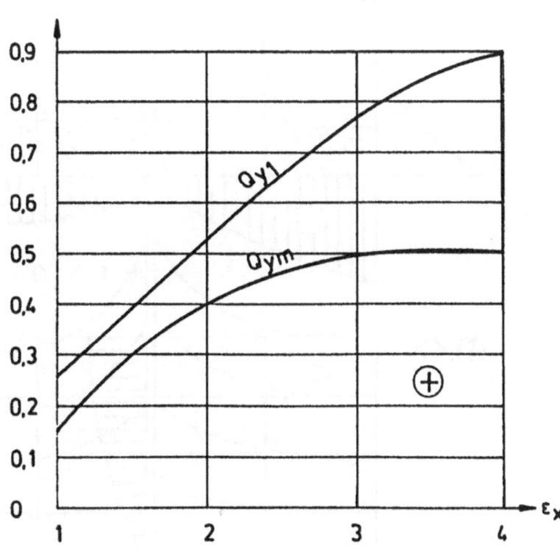

q_{yl}
q_{ym}
⊕
ε_x

Lastfall 7

Erddruck infolge exzentrischer Verkehrslast auf der Hinterfüllung (Linearanteil)

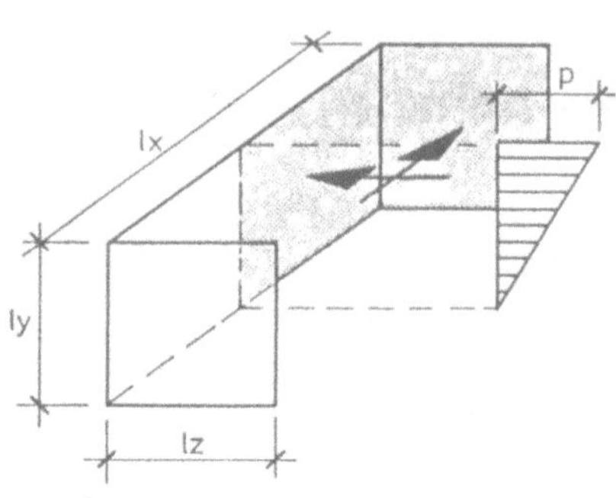

1) Biegemomente

$$m = k \cdot p \cdot ly^2$$

$$lx/ly = \varepsilon_x$$

$$lz/ly = \varepsilon_z$$

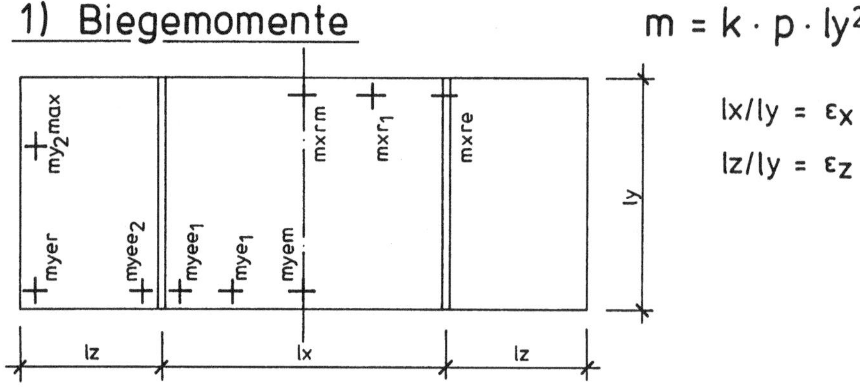

Verlauf der Biegemomente
$\varepsilon_z = 1{,}0$ / $\varepsilon_x = 2{,}0$

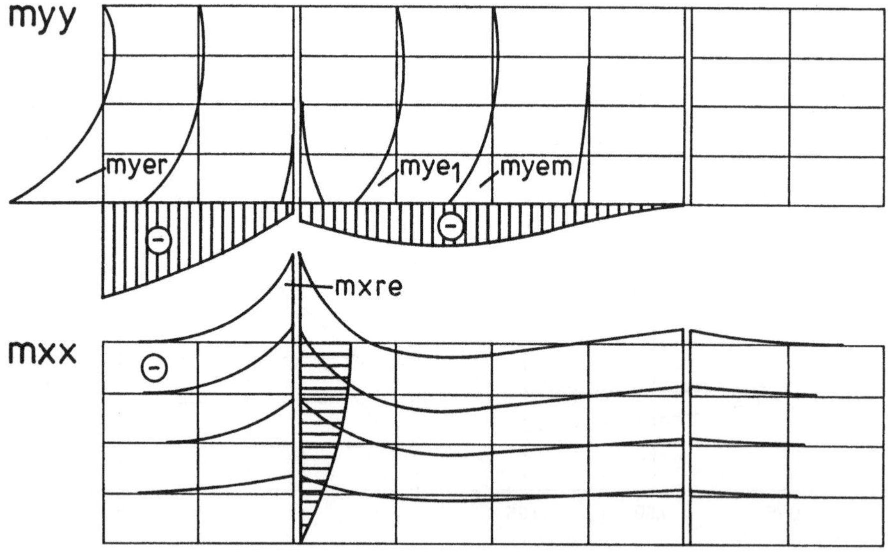

Beiwerte k

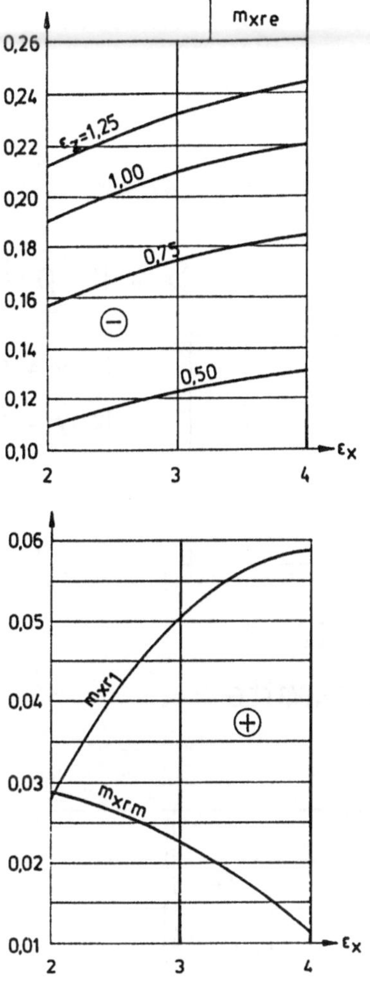

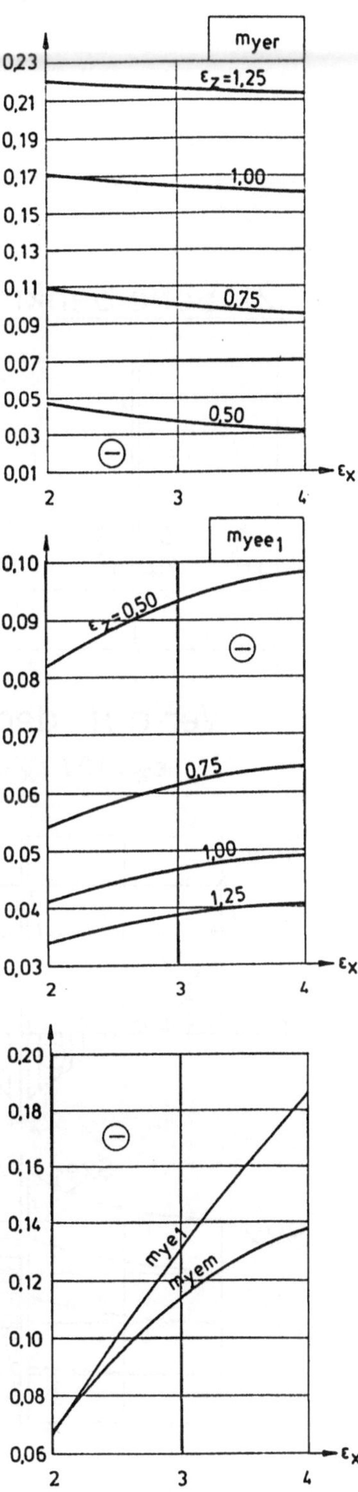

Festwerte :

$my_2 max$ | : k = 0,006

$myee_2$ | : k = 0,010

Lastfall 7

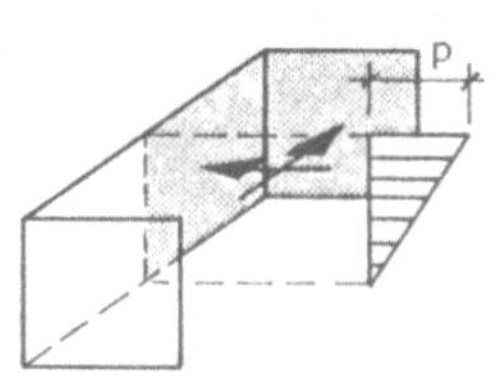

2) Scheibenkräfte

$$S = k \cdot p \cdot l_y$$

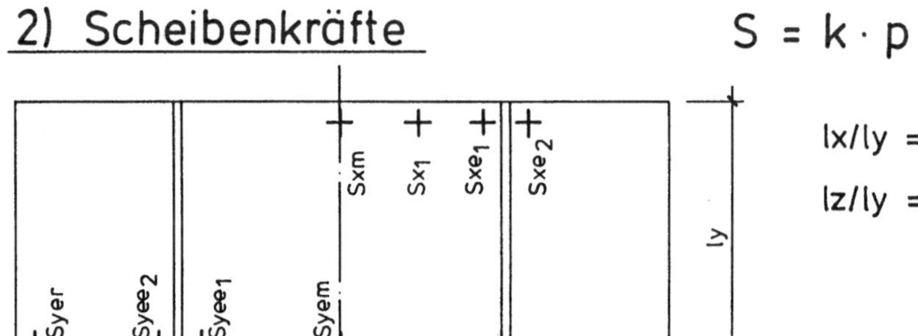

$$l_x/l_y = \varepsilon_x$$

$$l_z/l_y = \varepsilon_z$$

Verlauf der Scheibenkräfte

$$\varepsilon_z = 1{,}0 \ / \ \varepsilon_x = 2{,}0$$

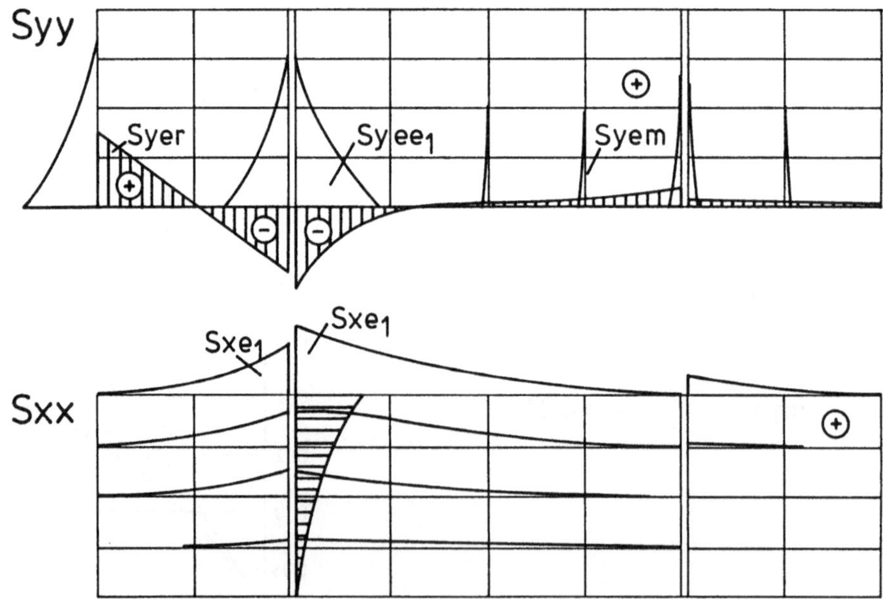

Beiwerte k

S_{xe2}
1,6
1,5
1,4
1,3
1,2
1,1
1,0
0,9
⊕
2
3
4
ε_x

S_{xe1}
1,8
1,6
1,4
1,2
1,0
0,8
0,6
0,4
$\varepsilon_z=1,25$
1,00
0,75
0,50
⊕
2
3
4
ε_x

0,9
0,8
0,7
0,6
0,5
0,4
0,3
0,2
0,1
0
S_{x1}
S_{xm}
⊕
2
3
4
ε_x

S_{yer}
4,0
3,5
3,0
2,5
2,0
1,5
1,0
$\varepsilon_z=0,50$
0,75
1,00
1,25
⊕
2
3
4
ε_x

S_{yee1}
2,2
2,1
2,0
1,9
1,8
1,7
1,6
1,5
1,4
1,3
1,2
$\varepsilon_z=0,50$
0,75
1,00
1,25
⊖
2
3
4
ε_x

S_{yem}
0,10
0,09
0,08
0,07
0,06
⊕
2
3
4
ε_x

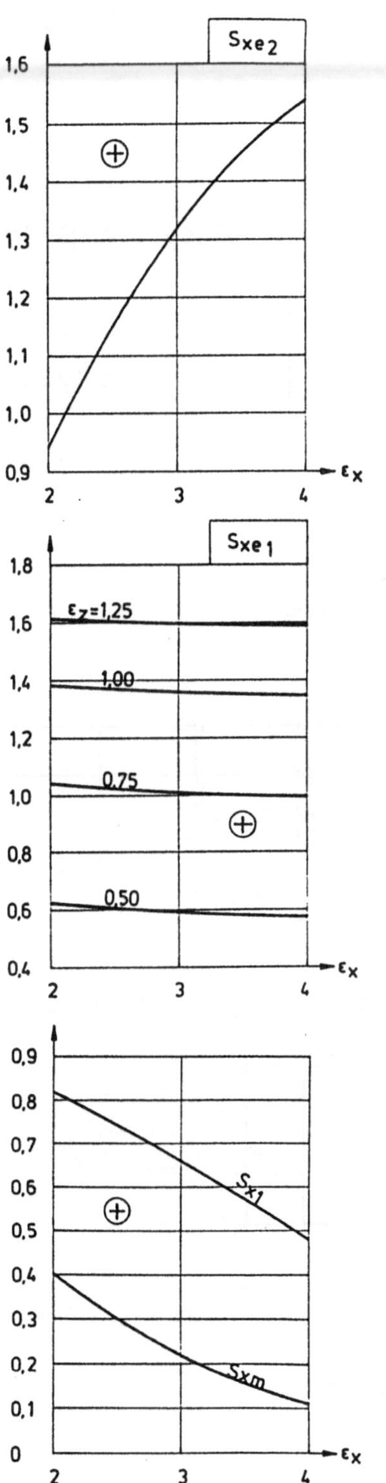

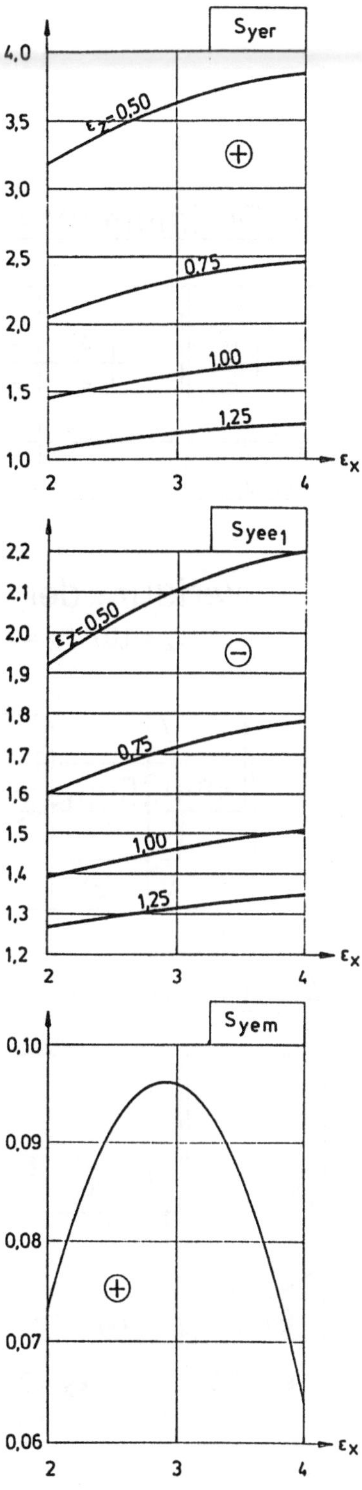

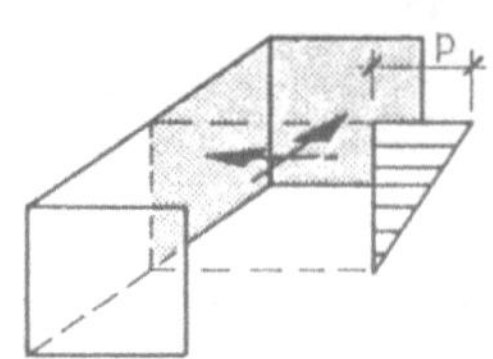

3) Drillmomente

$$mxy = k \cdot p \cdot ly^2$$

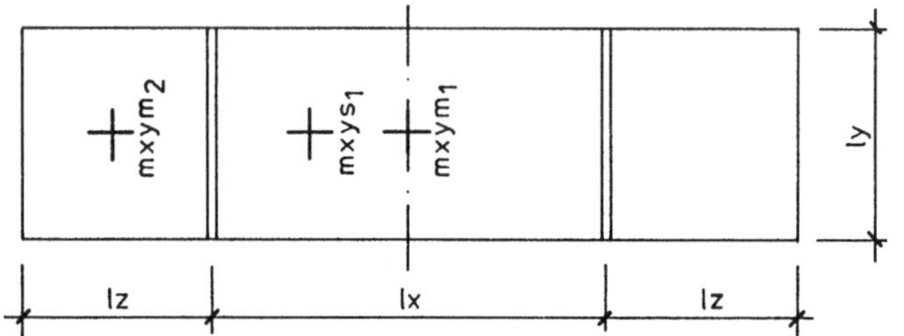

$$lx/ly = \varepsilon_x$$
$$lz/ly = \varepsilon_z$$

Verlauf der Drillmomente

$$\varepsilon_z = 1{,}0 \,/\; \varepsilon_x = 2{,}0$$

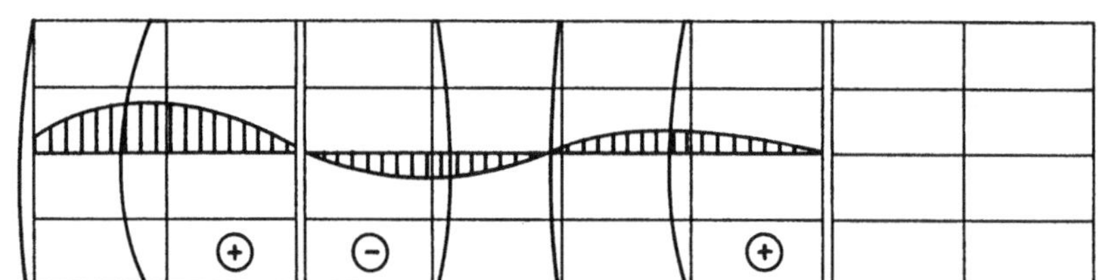

4) horizontale Querkräfte

$$Qy = k \cdot p \cdot ly$$

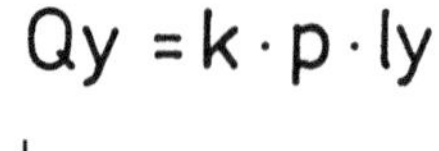
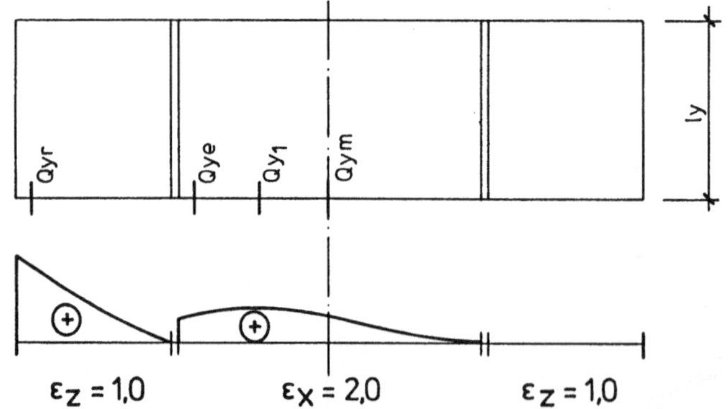

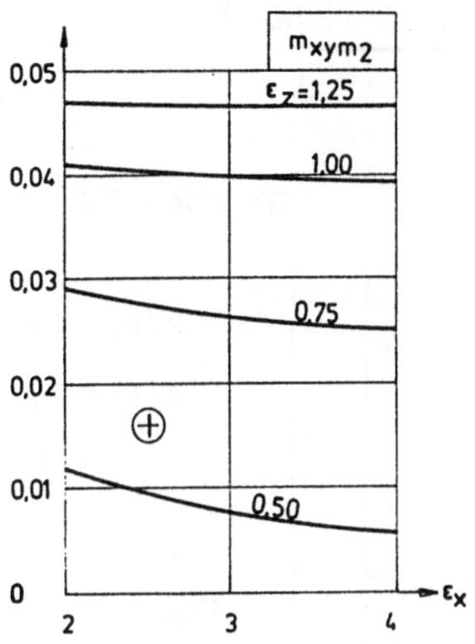

m_{xym2}
0,05
$\varepsilon_z=1,25$
0,04
1,00
0,03
0,75
0,02
⊕
0,01
0,50
0
2
3
4
ε_x

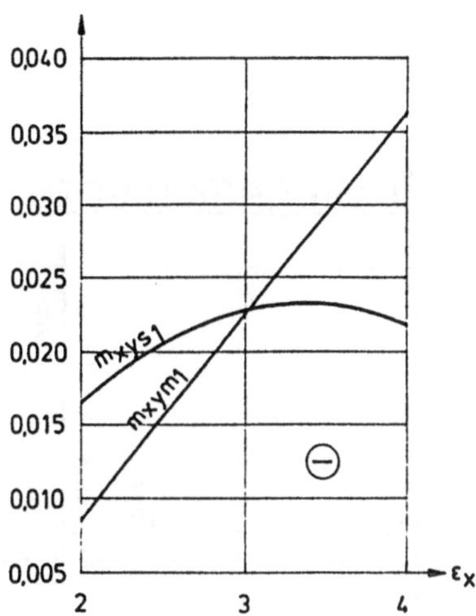

0,040
0,035
0,030
0,025
0,020
m_{xys1}
m_{xym1}
0,015
⊖
0,010
0,005
2
3
4
ε_x

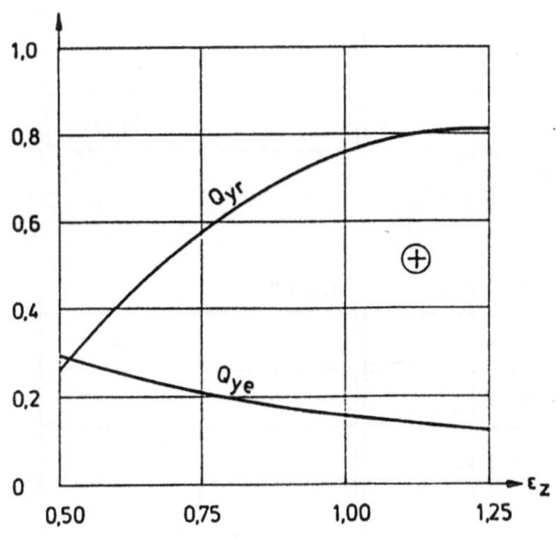

1,0
0,8
q_{yr}
0,6
⊕
0,4
q_{ye}
0,2
0
0,50
0,75
1,00
1,25
ε_z

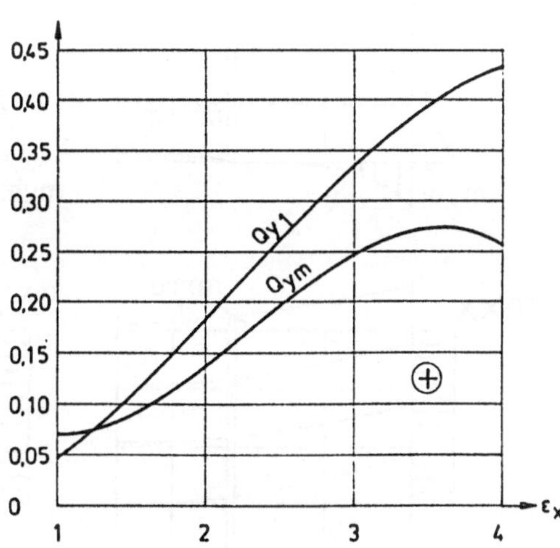

0,45
0,40
0,35
0,30
q_{y1}
0,25
q_{ym}
0,20
0,15
⊕
0,10
0,05
0
1
2
3
4
ε_x

Lastfall 8

**Beidseitiges Randmoment
an der Flügelwand
aus dem Kragflügel**

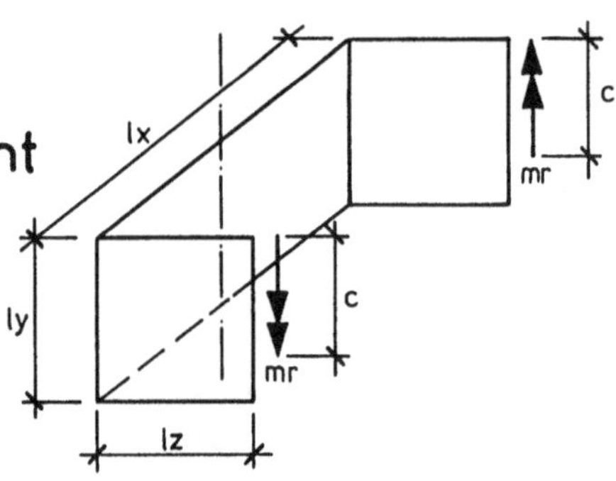

1) Biegemomente

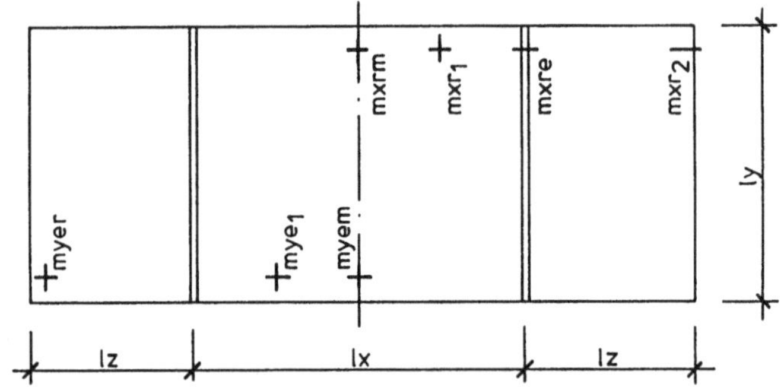

$$m = k \cdot mr$$

$$lx/ly = \varepsilon_X$$

$$lz/ly = \varepsilon_Z$$

$$c = \beta \cdot ly$$

$$m_{xr2} \mid : k = 1{,}0$$

Verlauf der Biegemomente

$$\varepsilon_Z = 0{,}75 \,/\, \varepsilon_X = 1{,}0 \,; \quad \beta = 0{,}75 \,; \qquad \varepsilon_Z = 1{,}0 \,/\, \varepsilon_X = 3{,}0$$

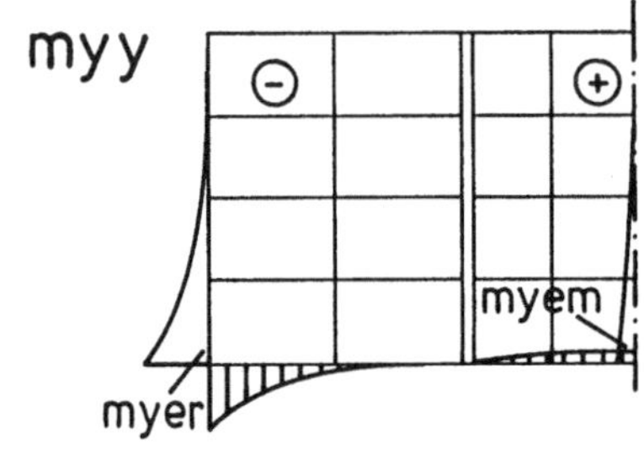

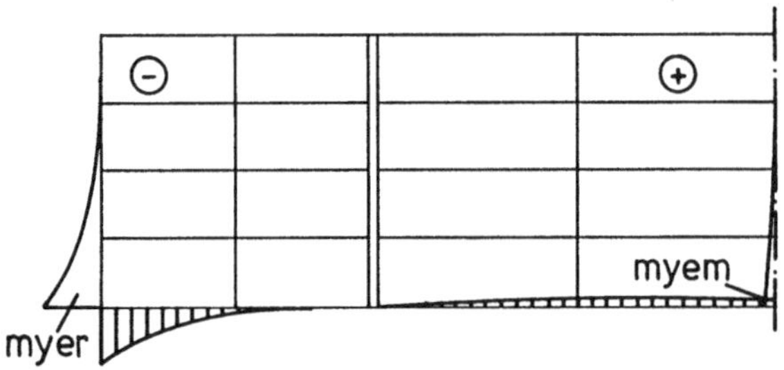

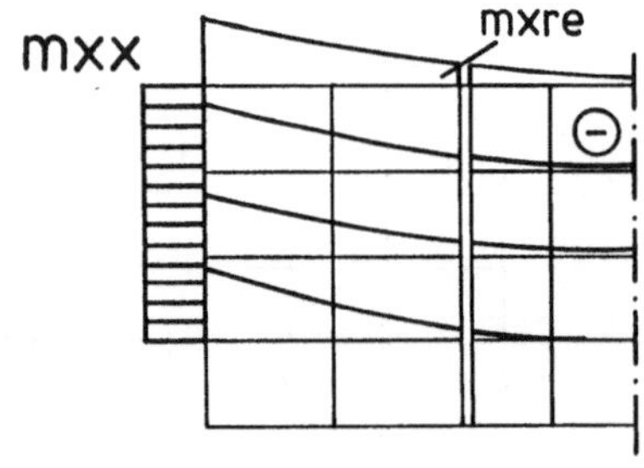

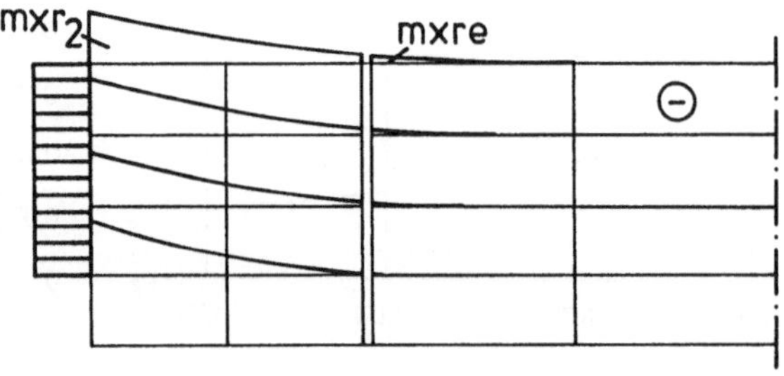

Beiwerte k

Tafel 8,1 - $\sphericalangle$ 90°

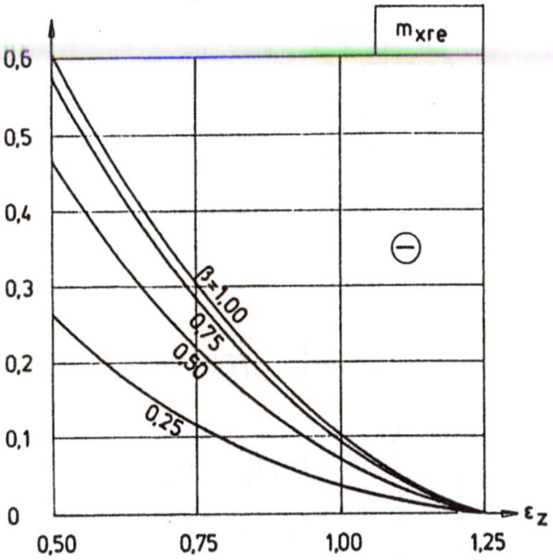

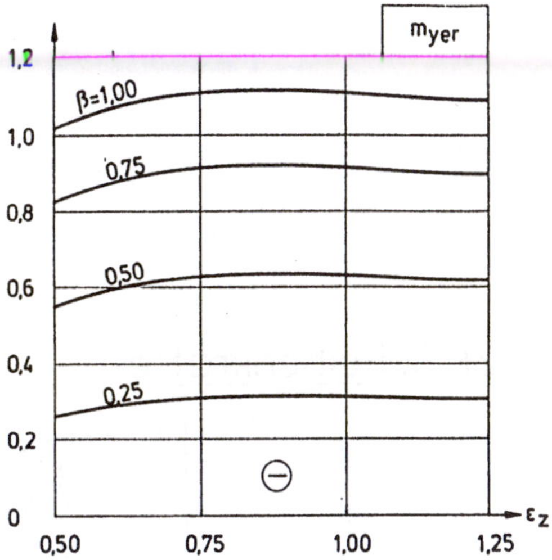

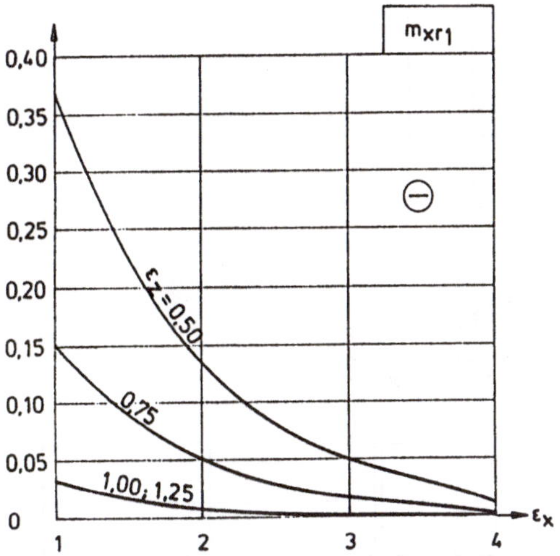

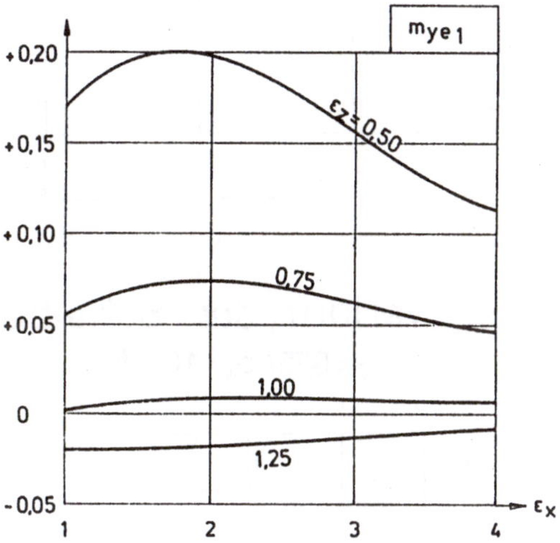

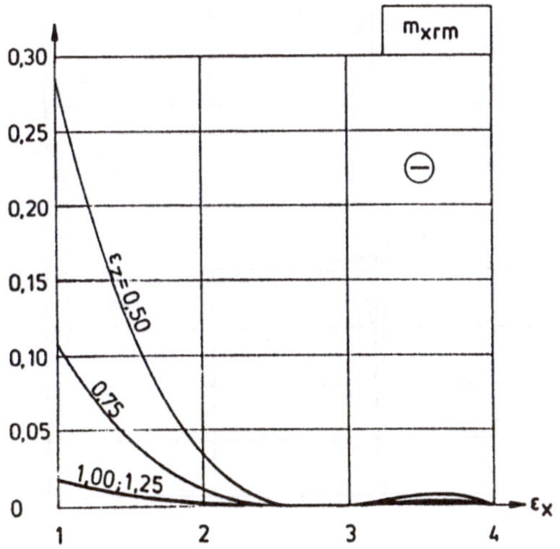

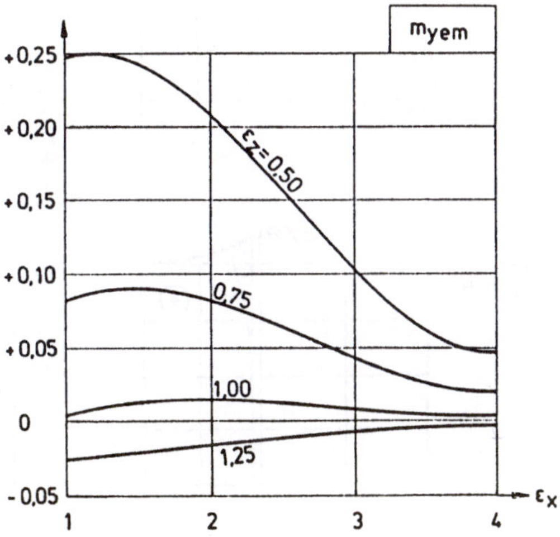

Lastfall 8

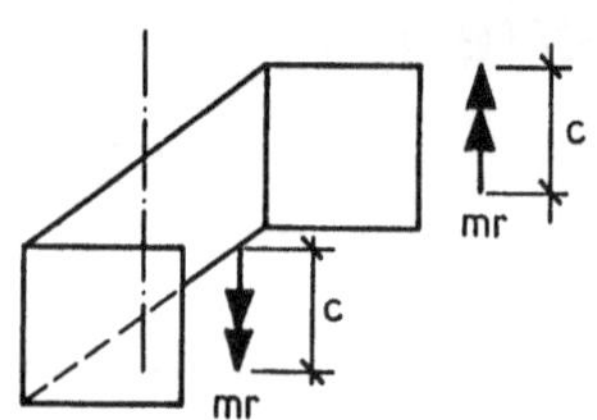

2) Scheibenkräfte

$$S = k \cdot mr$$

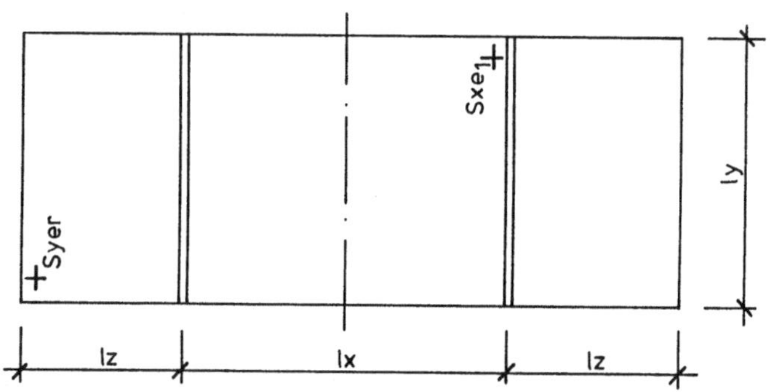

$$lx/ly = \varepsilon_x$$
$$lz/ly = \varepsilon_z$$
$$c = \beta \cdot ly$$

Verlauf der Scheibenkräfte

$$\varepsilon_z = 0{,}75 / \ \varepsilon_x = 1{,}0 \ ; \quad \beta = 0{,}75 \ ; \qquad \varepsilon_z = 1{,}0 / \ \varepsilon_x = 3{,}0$$

Syy
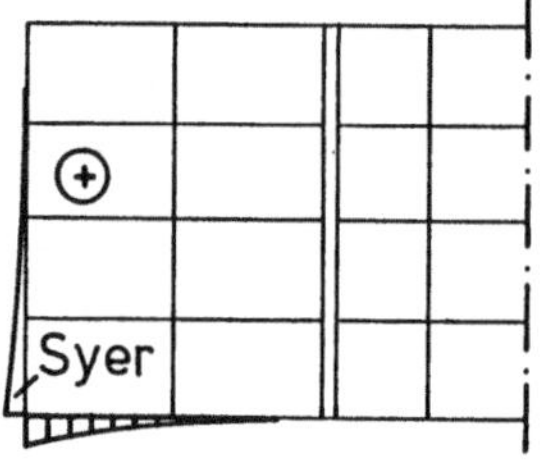

Sxx
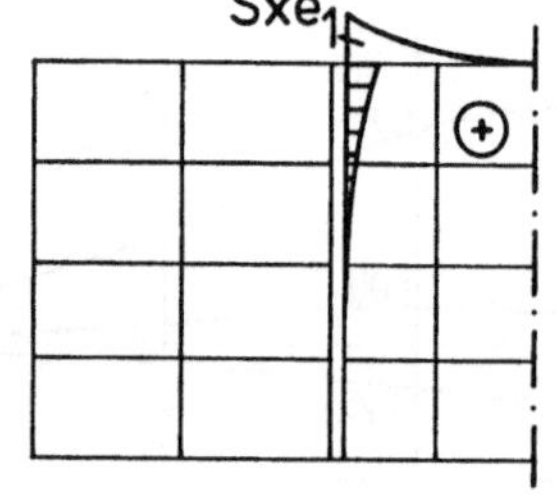

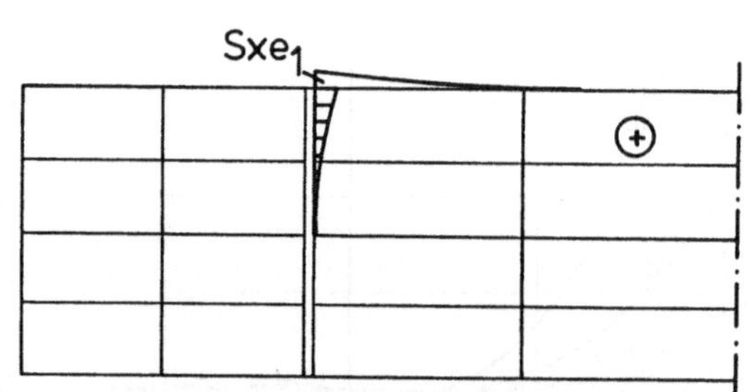

$Sxe_2 = 0$

$\left.\begin{array}{c} Sx_1 \\ Sxm \end{array}\right\}$ nahezu null

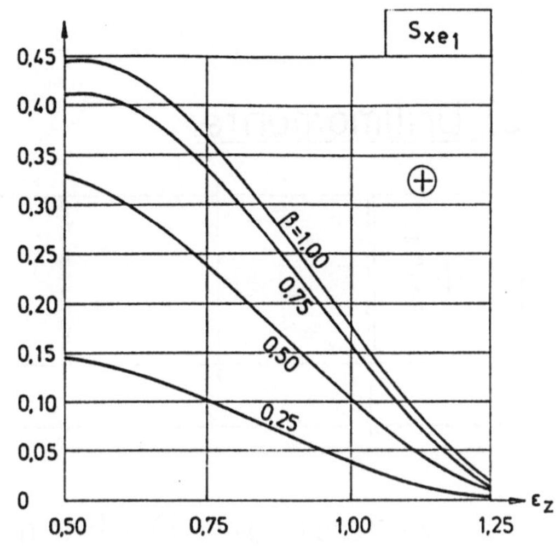

$Syee_1 = 0$

Syem   nahezu null

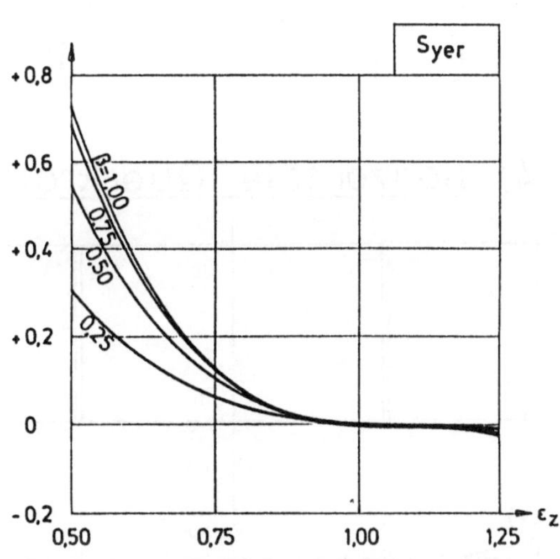

Lastfall 8

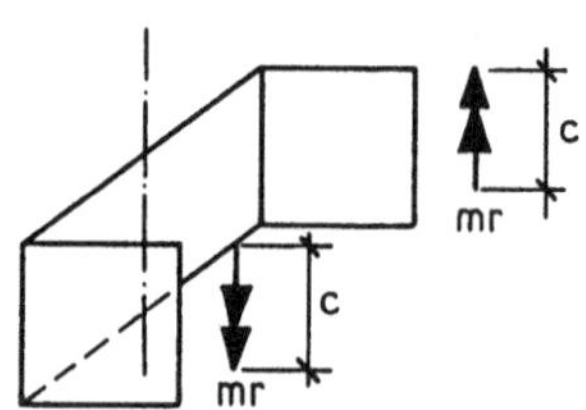

3) Drillmomente $\qquad mxy = k \cdot mr$

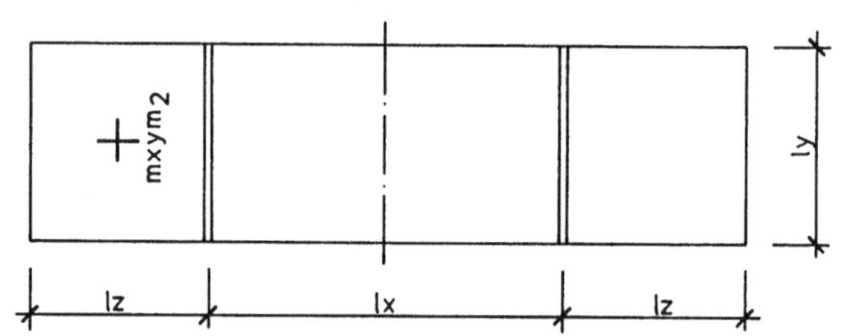

$$lx/ly = \varepsilon_x$$
$$lz/ly = \varepsilon_z$$
$$c = \beta \cdot ly$$

Verlauf der Drillmomente

$\varepsilon_z = 0{,}75 / \varepsilon_x = 1{,}0 \; ; \; \beta = 0{,}75 \; ; \qquad \varepsilon_z = 1{,}0 / \varepsilon_x = 3{,}0$

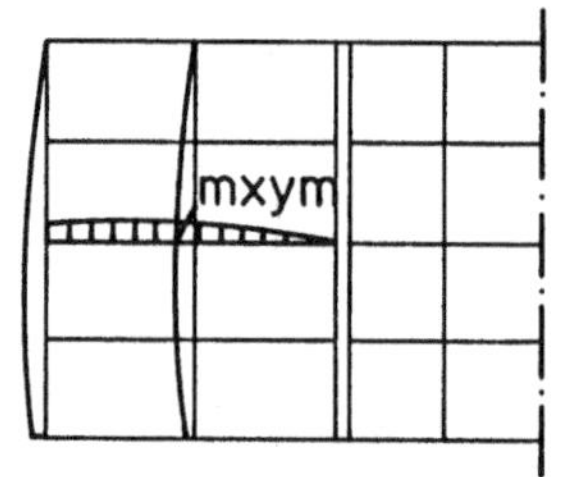
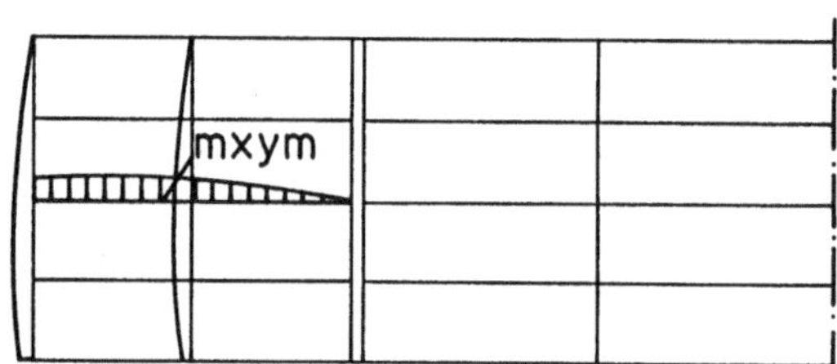

4) horizontale Querkräfte $\qquad Qy = k \cdot mr$

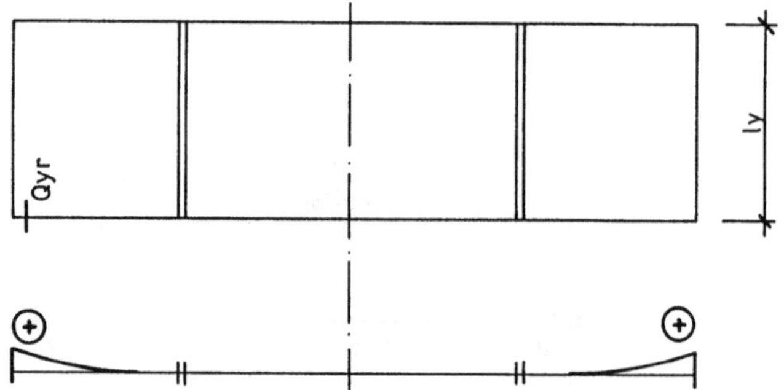

mxys$_1$ nahezu null

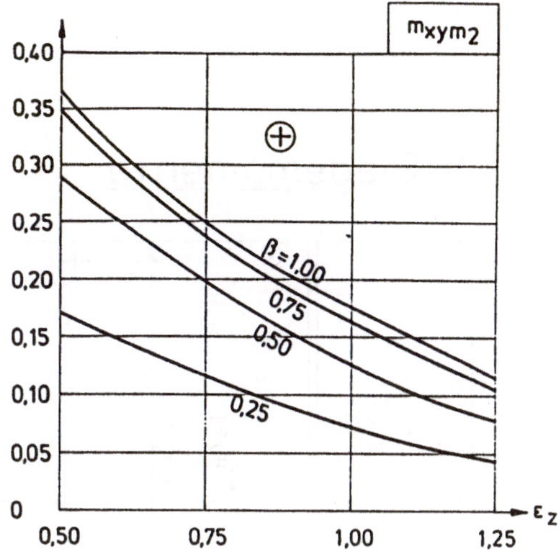

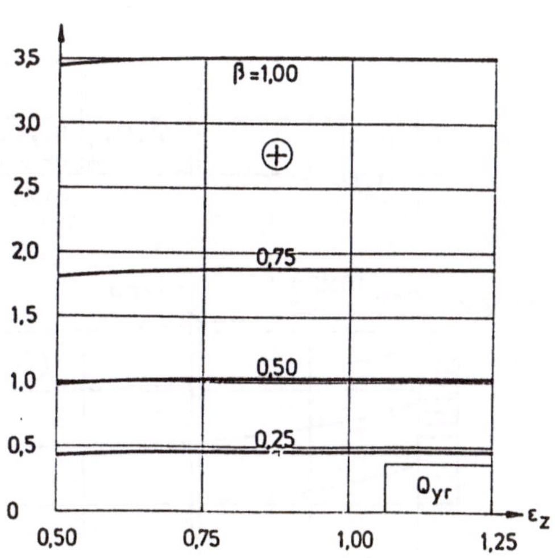

Lastfall 9

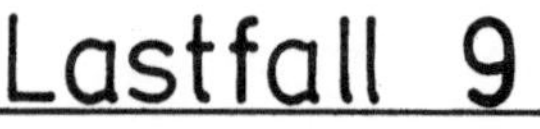

Einseitiges Randmoment
an der Flügelwand
aus dem Kragflügel

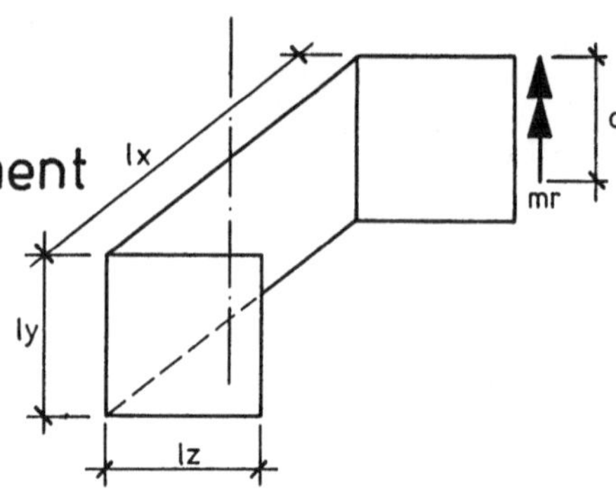

1) Biegemomente

$$m = k \cdot mr$$

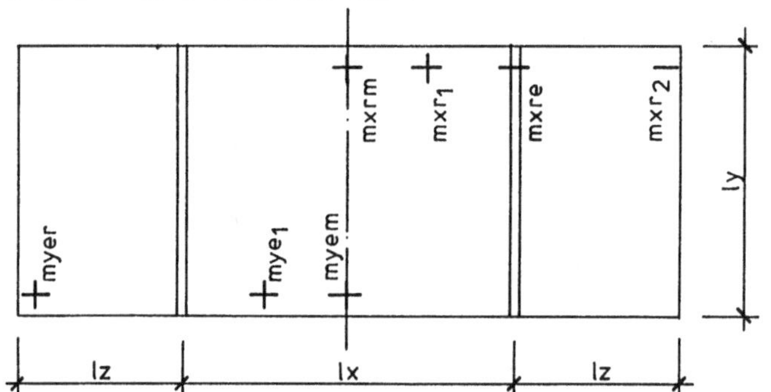

$$lx/ly = \varepsilon_x$$
$$lz/ly = \varepsilon_z$$
$$c = \beta \cdot ly$$

Verlauf der Biegemomente

$$\varepsilon_z = 1{,}0 \;/\; \varepsilon_x = 2{,}0 \;;\; \beta = 0{,}75$$

myy

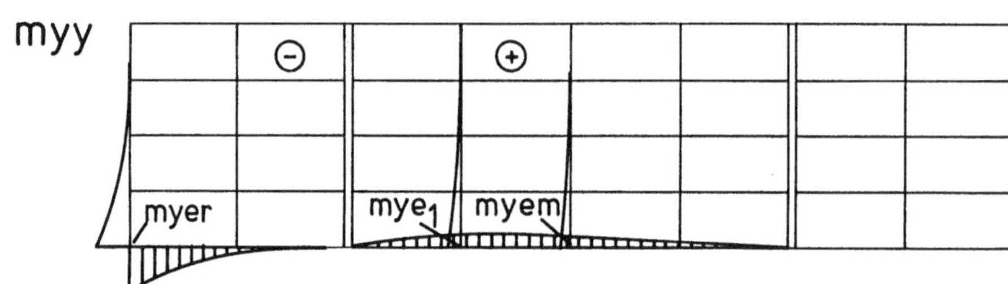

mxx

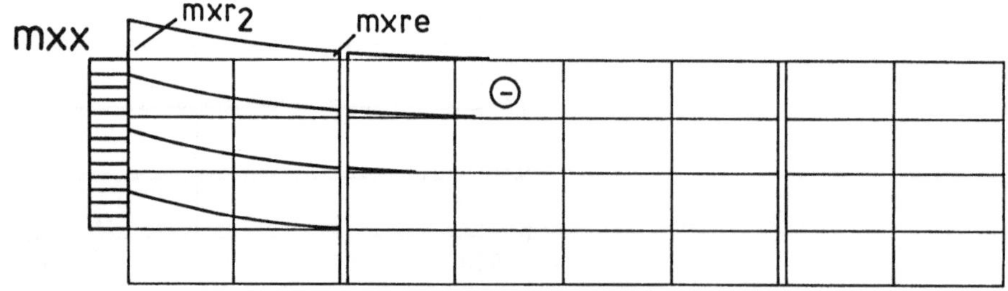

Beiwerte k

Tafel 9.1 – ⊿ 90°

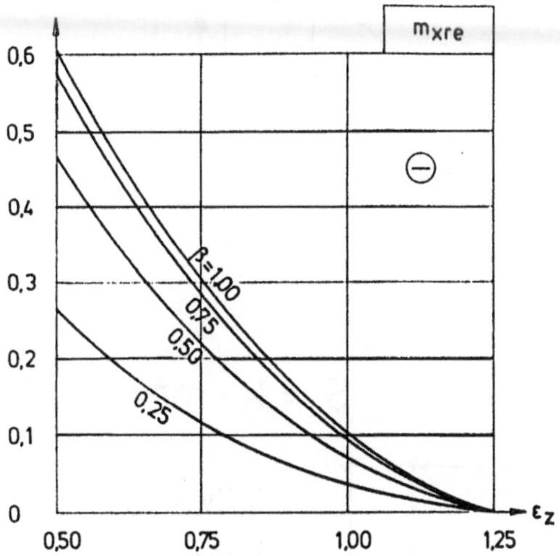

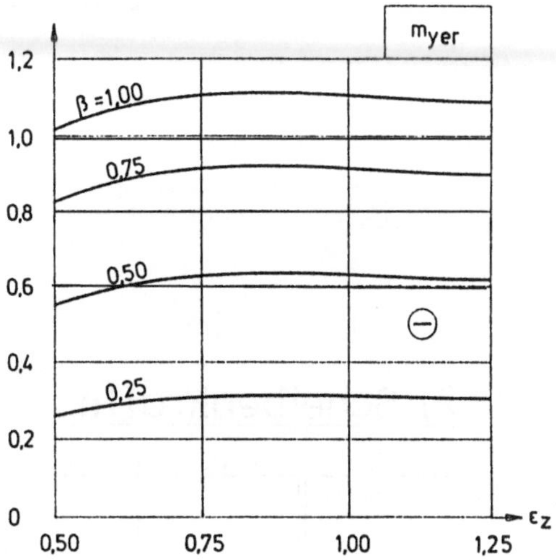

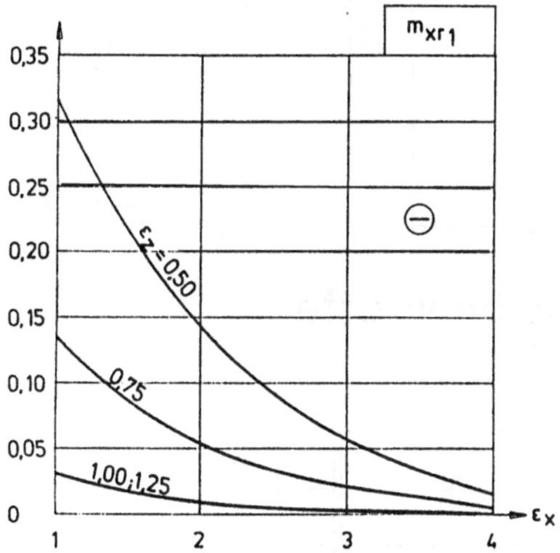

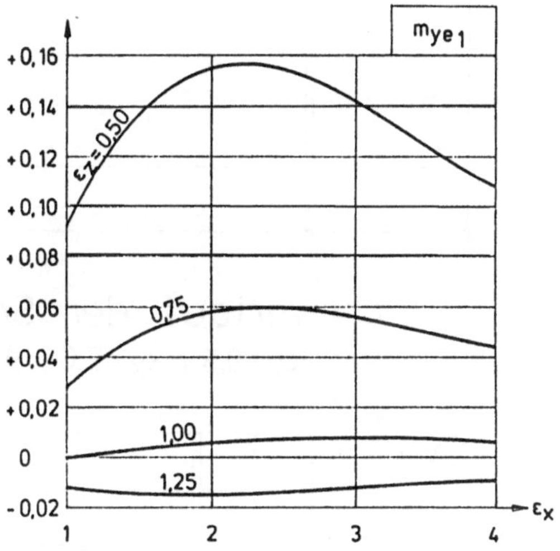

mxrm nahezu null

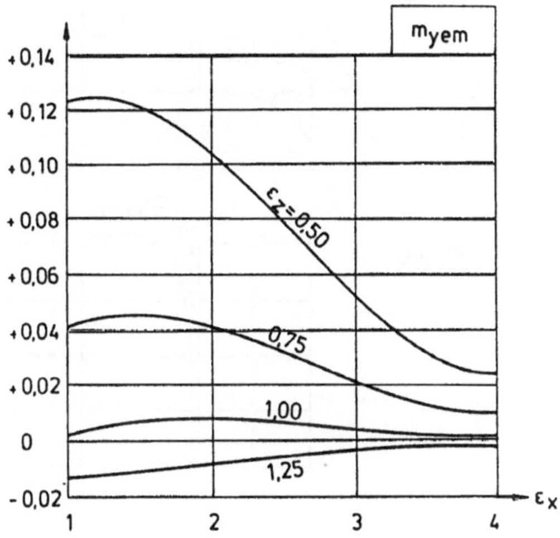

Lastfall 9

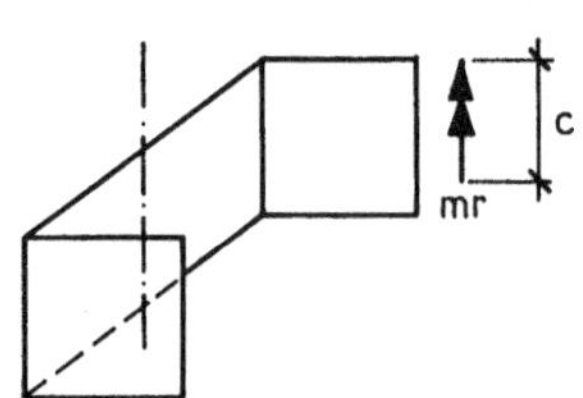

2) Scheibenkräfte

$$S = k \cdot mr$$

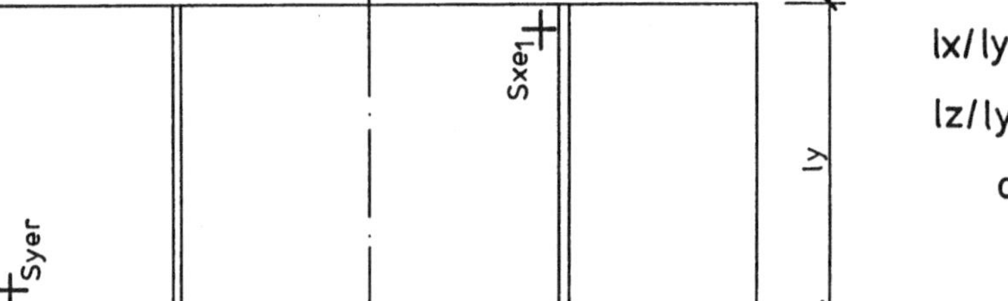

$$lx/ly = \varepsilon_x$$
$$lz/ly = \varepsilon_z$$
$$c = \beta \cdot ly$$

Verlauf der Scheibenkräfte

$$\varepsilon_z = 0{,}5 \; ; \; \varepsilon_x = 2{,}0 \; ; \; \beta = 0{,}75$$

Syy

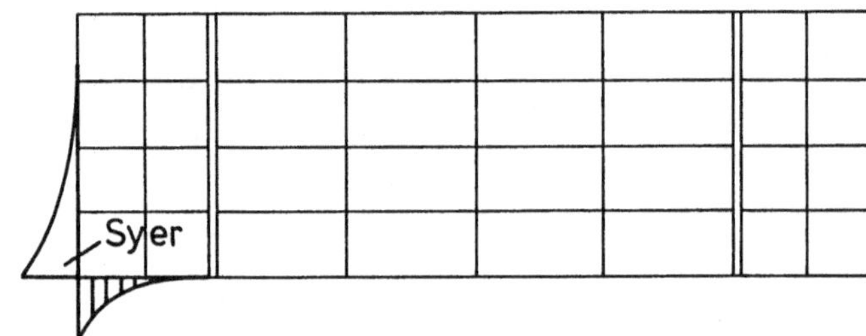

Sxx

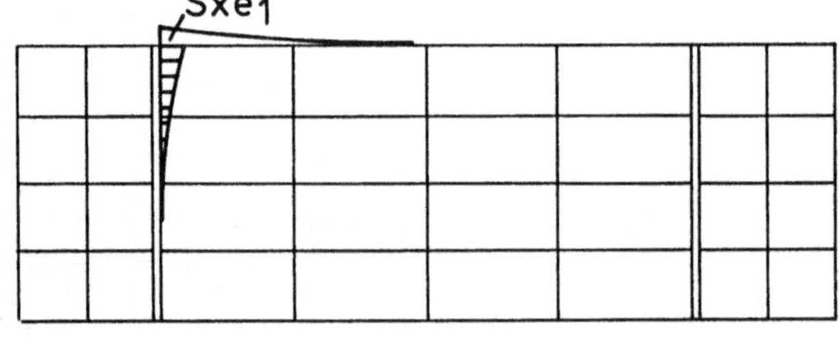

$Sxe_2 = 0$

$\left.\begin{array}{l} Sx_1 \\ Sxm \end{array}\right\}$ nahezu null

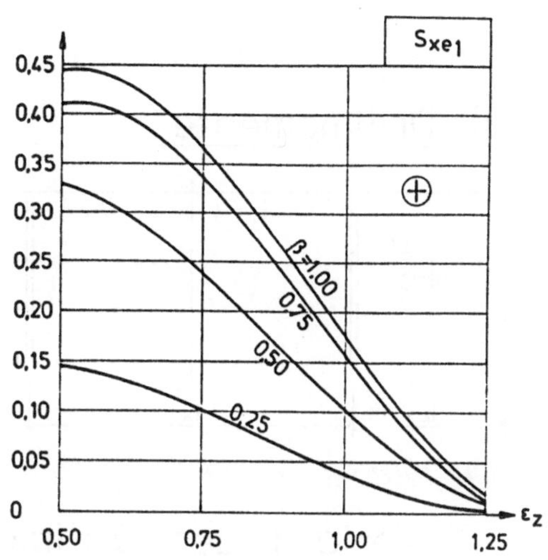

$Syee_1 = 0$

$Syem$ nahezu null

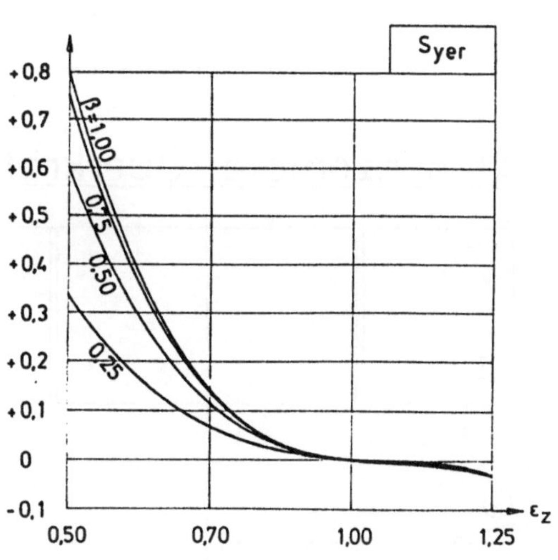

Lastfall 9

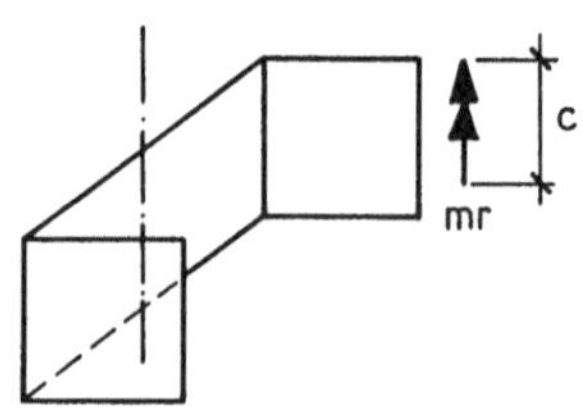

3) Drillmomente $mxy = k \cdot mr$

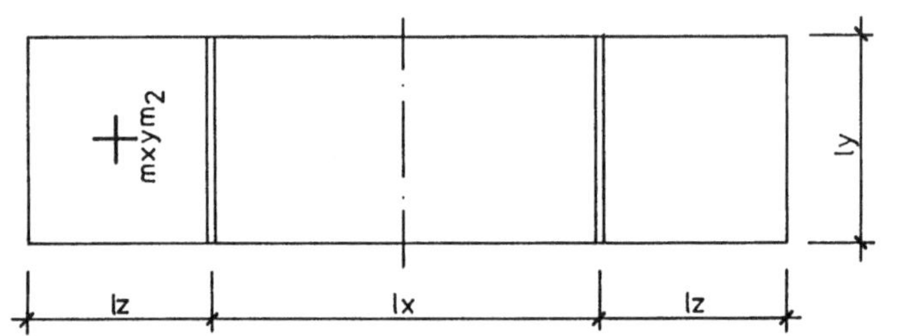

$lx/ly = \varepsilon_x$

$lz/ly = \varepsilon_z$

$c = \beta \cdot ly$

Verlauf der Drillmomente
$\varepsilon_z = 1{,}0 \ / \ \varepsilon_x = 2{,}0 \ ; \ \beta = 0{,}75$

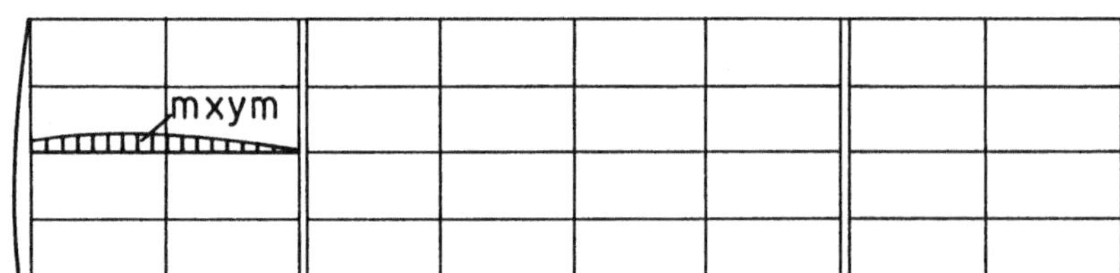

4) horizontale Querkräfte $Qy = k \cdot mr$

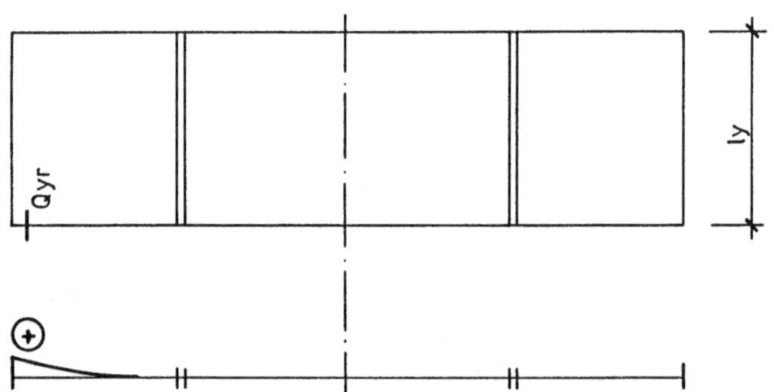

mxys$_1$ nahezu   null

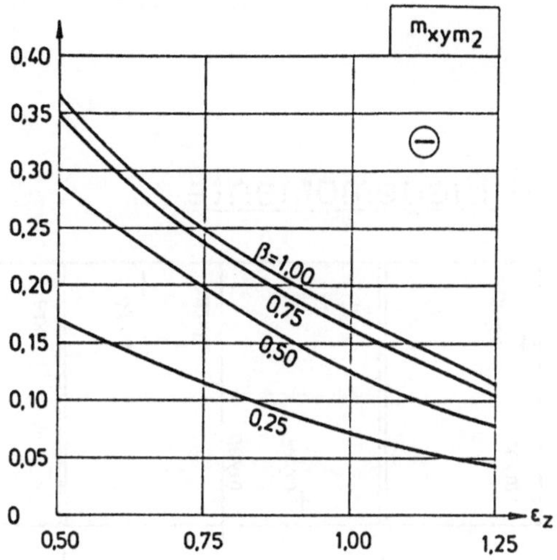

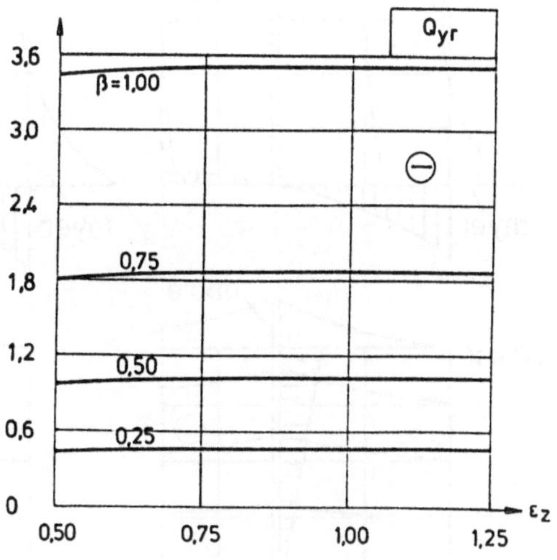

Lastfall 10

Beidseitige Randquerkraft an der Flügelwand aus dem Kragflügel

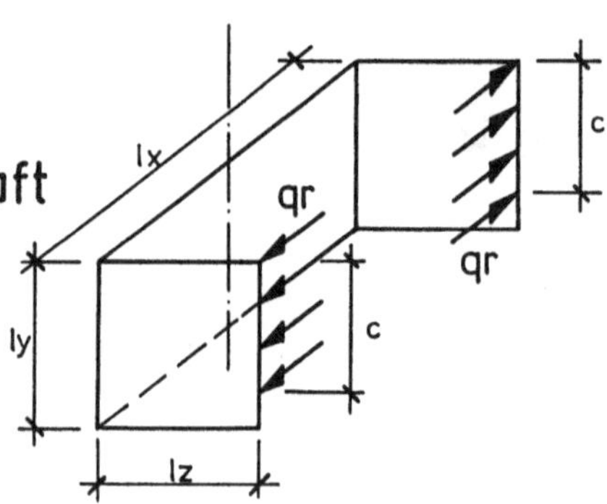

1) Biegemomente

$$m = k \cdot qr \cdot ly$$

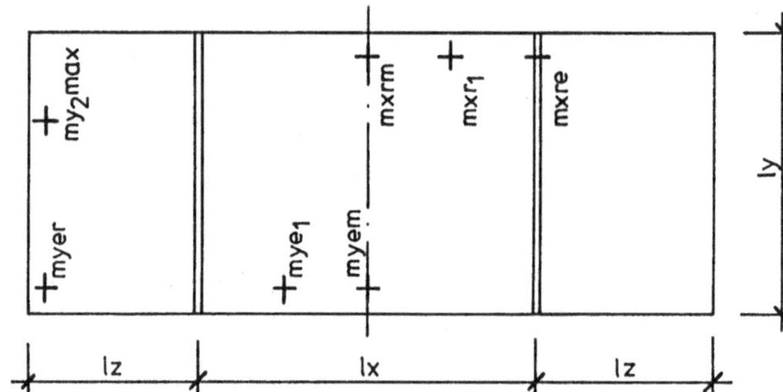

$$lx/ly = \varepsilon_x$$
$$lz/ly = \varepsilon_z$$
$$c = \beta \cdot ly$$

Anm.: my_2max

Festwert: $k = 0,012$

Verlauf der Biegemomente

$\varepsilon_z = 0,75 / \varepsilon_x = 1,0$, $\beta = 0,75$; $\qquad \varepsilon_z = 1,0 / \varepsilon_x = 3,0$

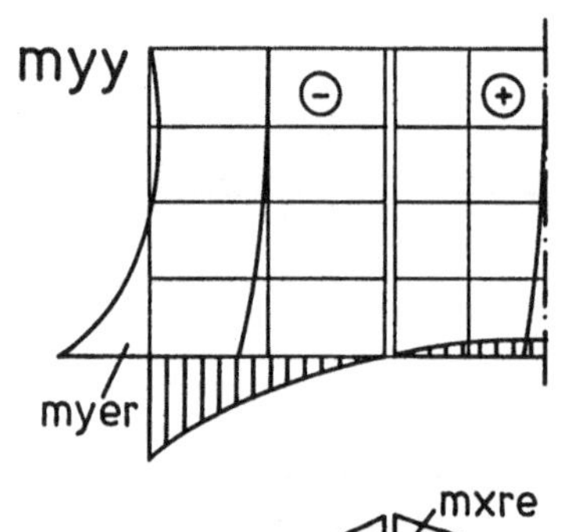

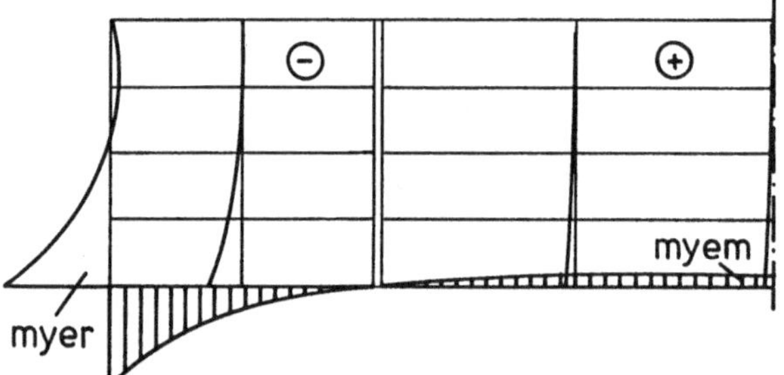

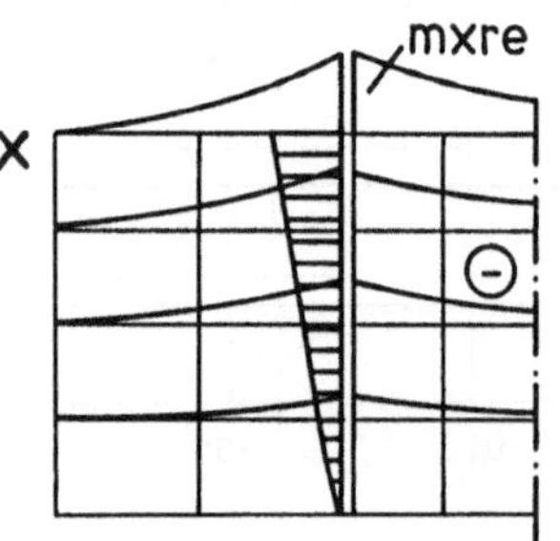

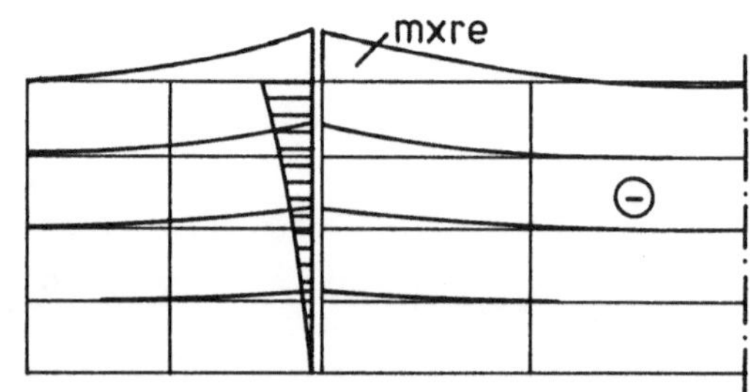

Beiwerte k

Tafel 10.1 - ⌀ 90°
mxre
β=1.00
0,75
0,50
0,25
εz
mxr1
εz=0.50
0,75
1,00
1,25
εx
mxrm
εz=0.50
0,75
1,00
1,25
εx
myer
β=1.00
0,75
0,50
0,25
εz
mye1
εz=0.50
0,75
1,00
1,25
εx
myem
εz=0.50
0,75
1,00
1,25
εx

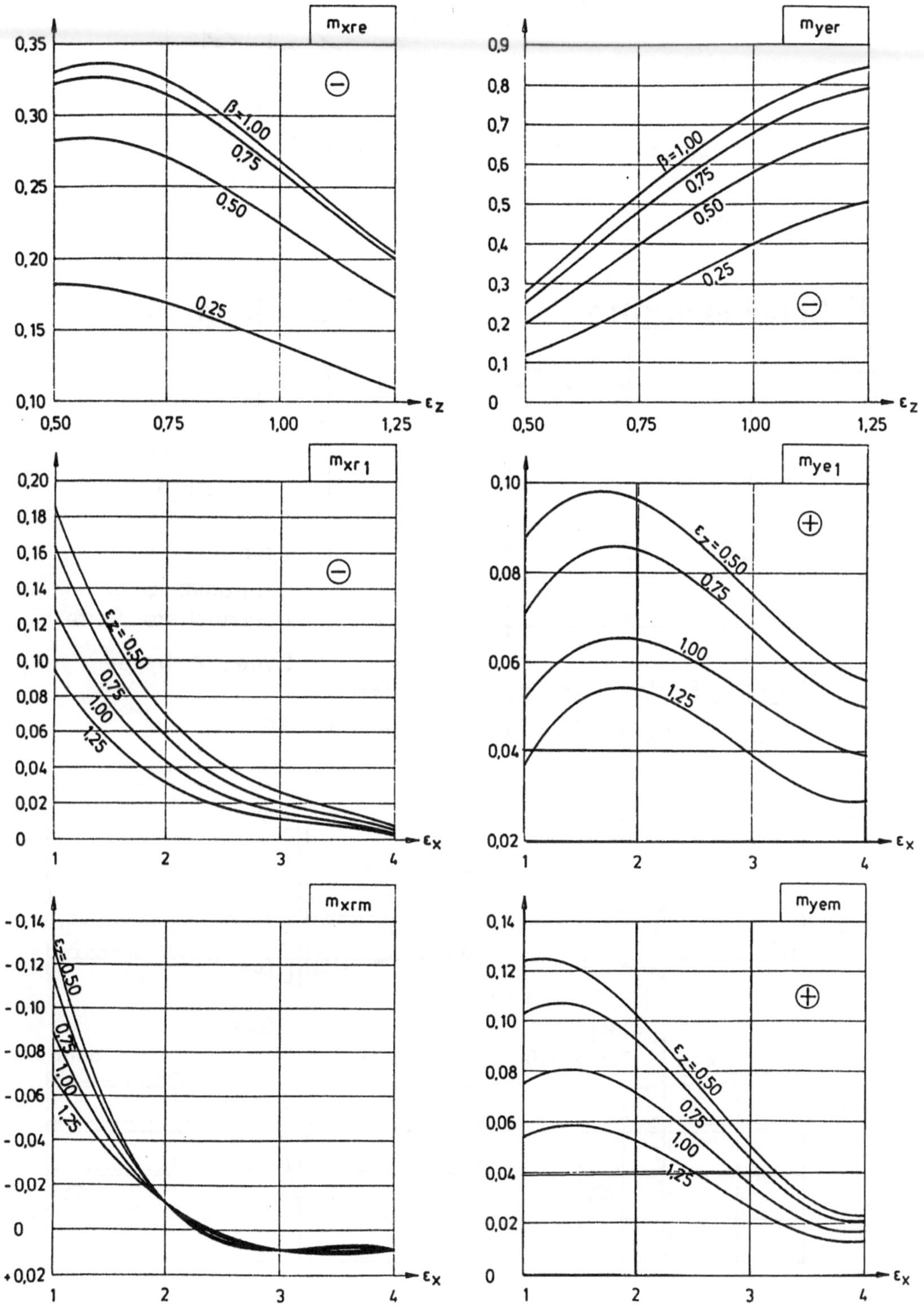

Lastfall 10

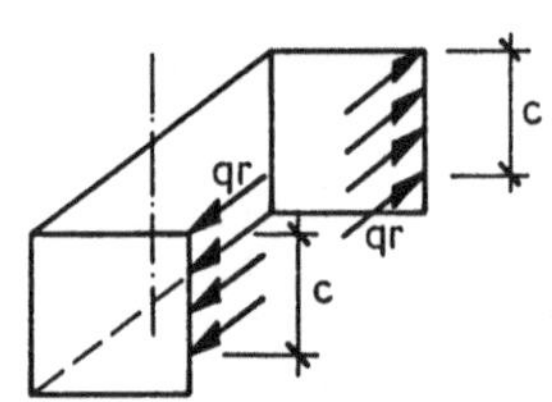

2) Scheibenkräfte

$$S = k \cdot qr \cdot ly$$

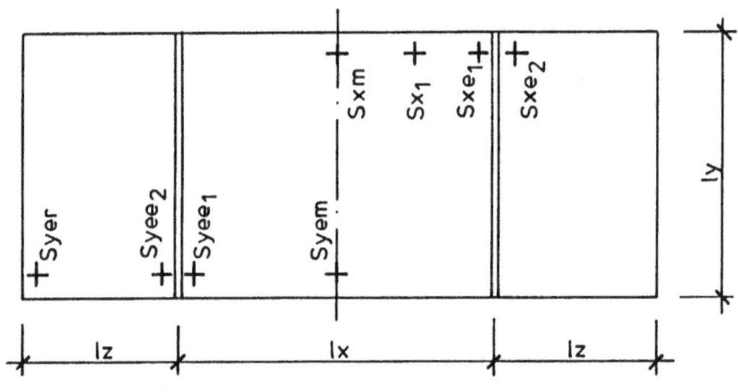

$$lx/ly = \varepsilon_x$$
$$lz/ly = \varepsilon_z$$
$$c = \beta \cdot ly$$

Anm.:
Diagramm Sxm
übernächste Seite

$$Syee_2 \lesseqgtr Syee_1$$

Verlauf der Scheibenkräfte

$$\varepsilon_z = 0{,}75 / \varepsilon_x = 1{,}0 \,, \ \beta = 0{,}75 ; \qquad \varepsilon_z = 1{,}0 / \varepsilon_x = 3{,}0$$

Syy

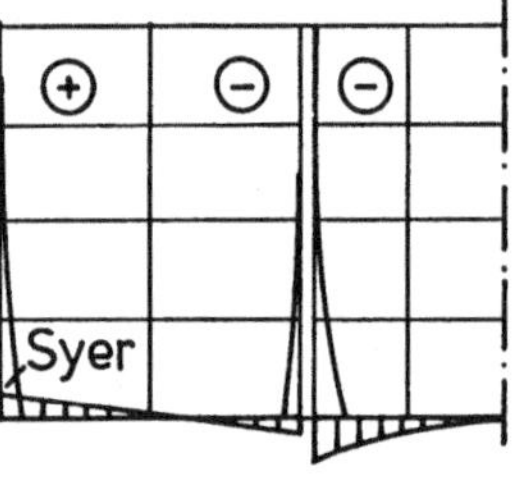
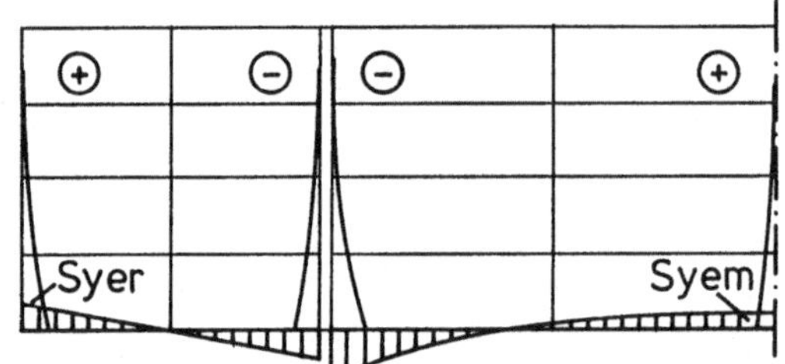

Sxx

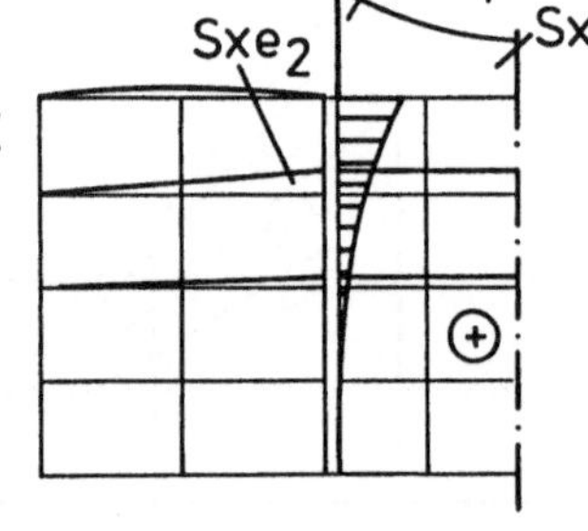
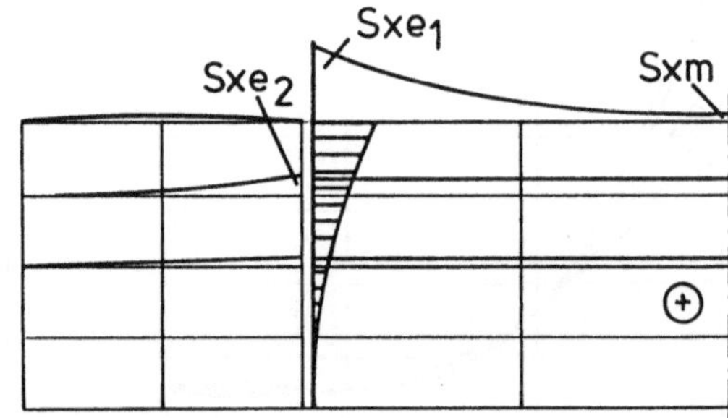

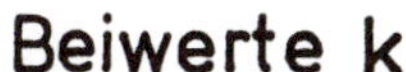

Beiwerte k

Tafel 10.2 - ∡ 90°

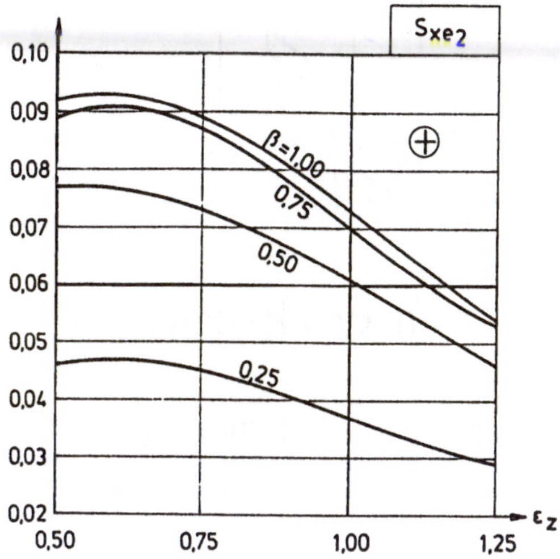

S_{xe2}
0,10
0,09
0,08
0,07
0,06
0,05
0,04
0,03
0,02
0,50
0,75
1,00
1,25
ε_z
β=1,00
0,75
0,50
0,25
⊕

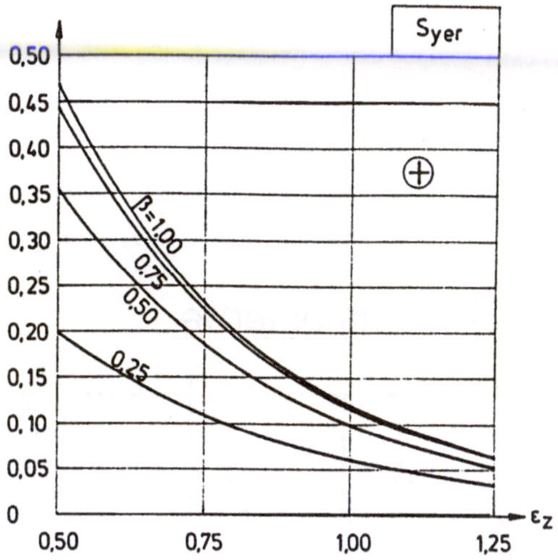

S_{yer}
0,50
0,45
0,40
0,35
0,30
0,25
0,20
0,15
0,10
0,05
0
0,50
0,75
1,00
1,25
ε_z
β=1,00
0,75
0,50
0,25
⊕

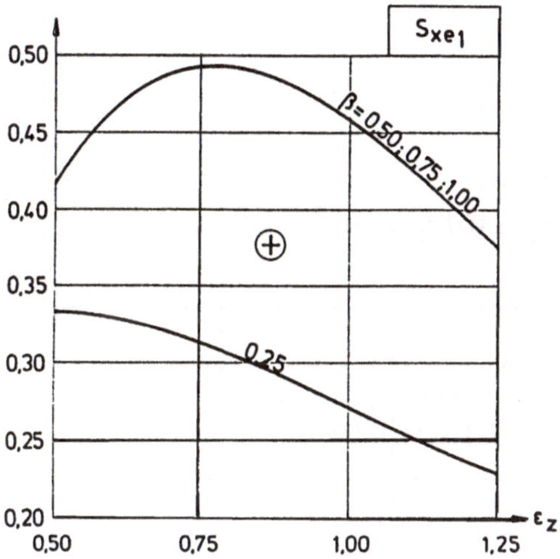

S_{xe1}
0,50
0,45
0,40
0,35
0,30
0,25
0,20
0,50
0,75
1,00
1,25
ε_z
β=0,50;0,75;1,00
0,25
⊕

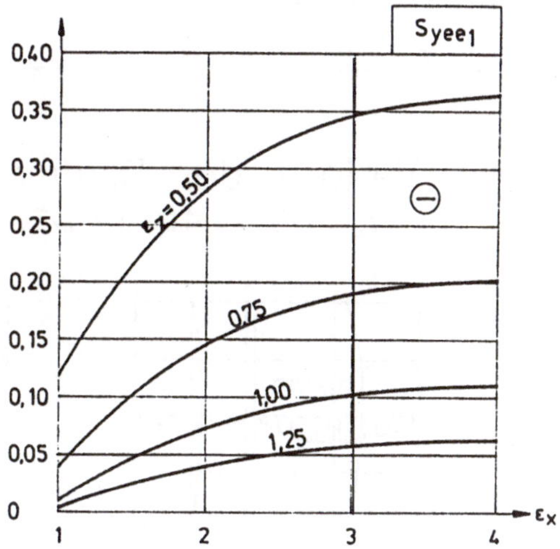

S_{yee1}
0,40
0,35
0,30
0,25
0,20
0,15
0,10
0,05
0
1
2
3
4
ε_x
ε_z=0,50
0,75
1,00
1,25
⊖

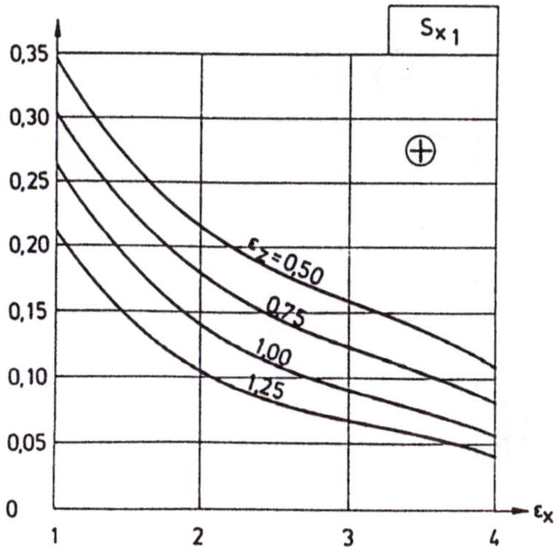

S_{x1}
0,35
0,30
0,25
0,20
0,15
0,10
0,05
0
1
2
3
4
ε_x
ε_z=0,50
0,75
1,00
1,25
⊕

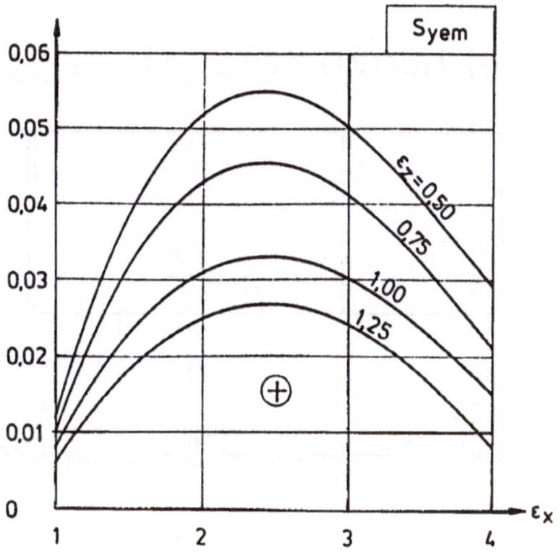

S_{yem}
0,06
0,05
0,04
0,03
0,02
0,01
0
1
2
3
4
ε_x
ε_z=0,50
0,75
1,00
1,25
⊕

Lastfall 10

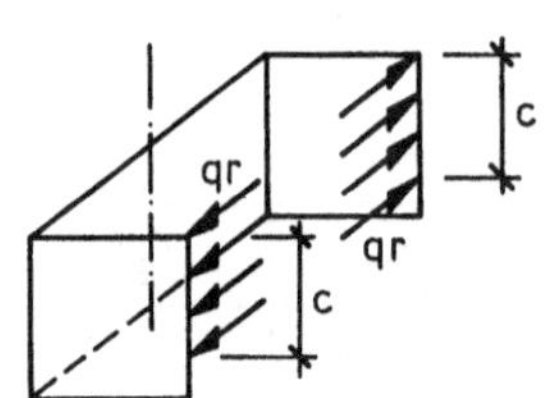

3) Drillmomente $mxy = k \cdot qr \cdot ly$

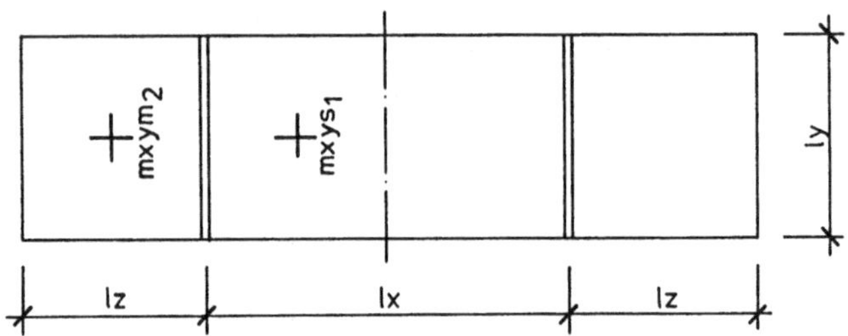

$lx/ly = \varepsilon_x$

$lz/ly = \varepsilon_z$

$c = \beta \cdot ly$

Verlauf der Drillmomente

$\varepsilon_z = 0,75 \,/\, \varepsilon_x = 1,0 \,, \ \beta = 0,75 \,; \qquad \varepsilon_z = 1,0 \,/\, \varepsilon_x = 3,0$

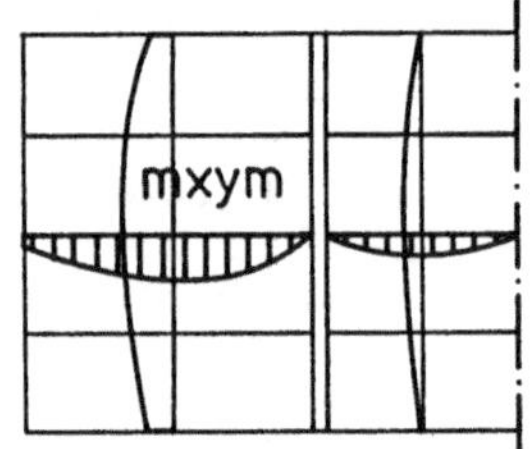

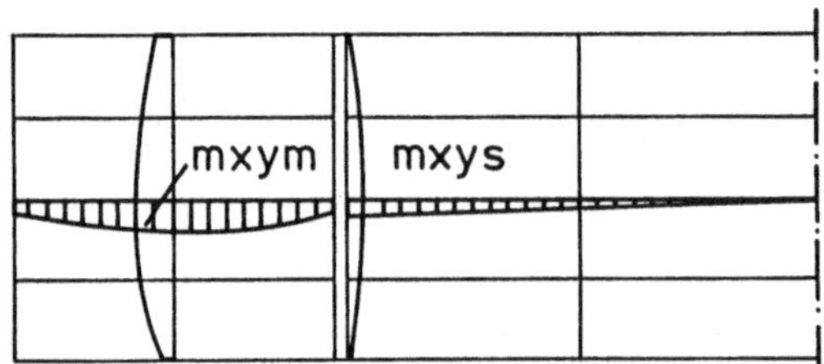

4) horizontale Querkräfte $Qy = k \cdot qr \cdot ly$

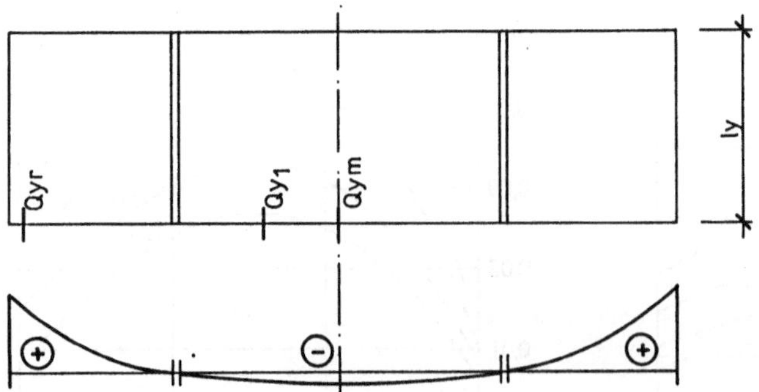

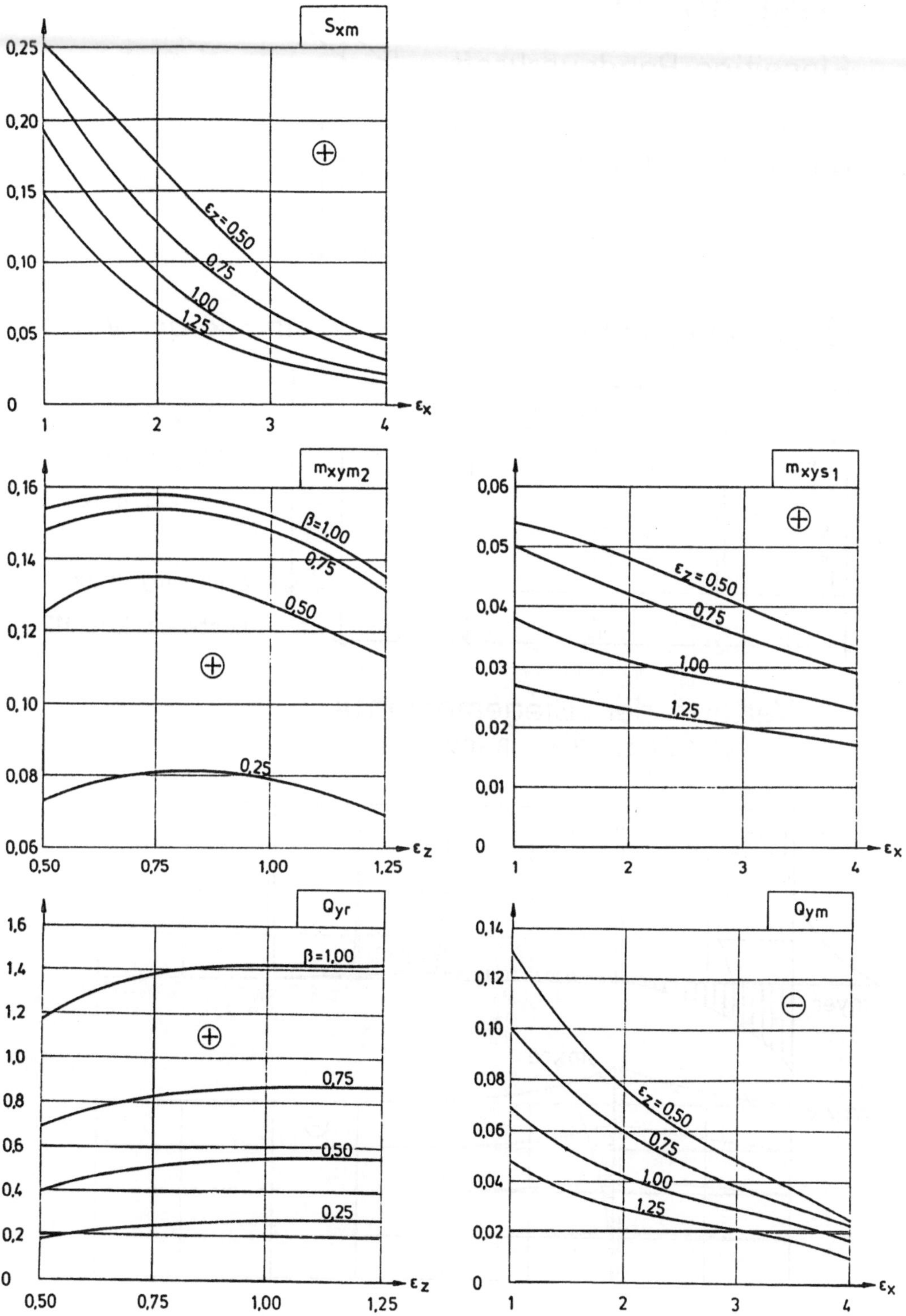
Sxm
εz=0,50
0,75
1,00
1,25
εx
mxym2
β=1,00
0,75
0,50
0,25
εz
mxys1
εz=0,50
0,75
1,00
1,25
εx
Qyr
β=1,00
0,75
0,50
0,25
εz
Qym
εz=0,50
0,75
1,00
1,25
εx

Lastfall 11

Einseitige Randquerkraft
an der Flügelwand
aus dem Kragflügel

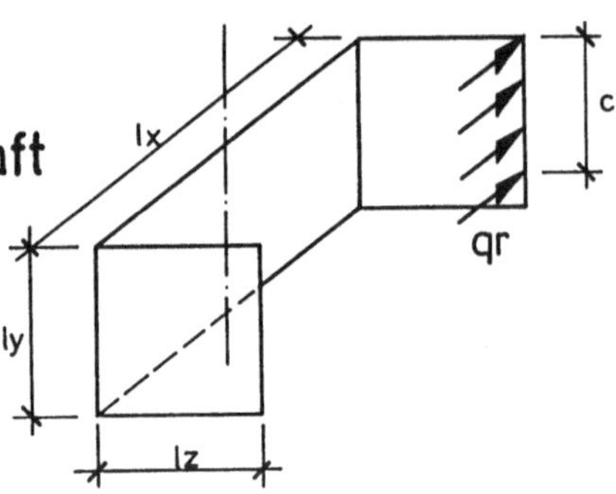

1) Biegemomente

$$m = k \cdot qr \cdot ly$$

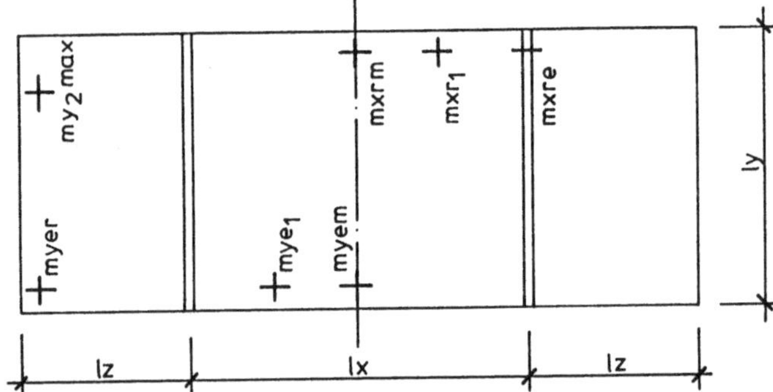

$$lx/ly = \varepsilon_x$$

$$lz/ly = \varepsilon_z$$

$$\varepsilon = \beta \cdot ly$$

Anm.: $my_2\,max$

Festwert: $k = 0,012$

Verlauf der Biegemomente
$\varepsilon_z = 1,0 \;/\; \varepsilon_x = 2,0 \;;\quad \beta = 0,75$

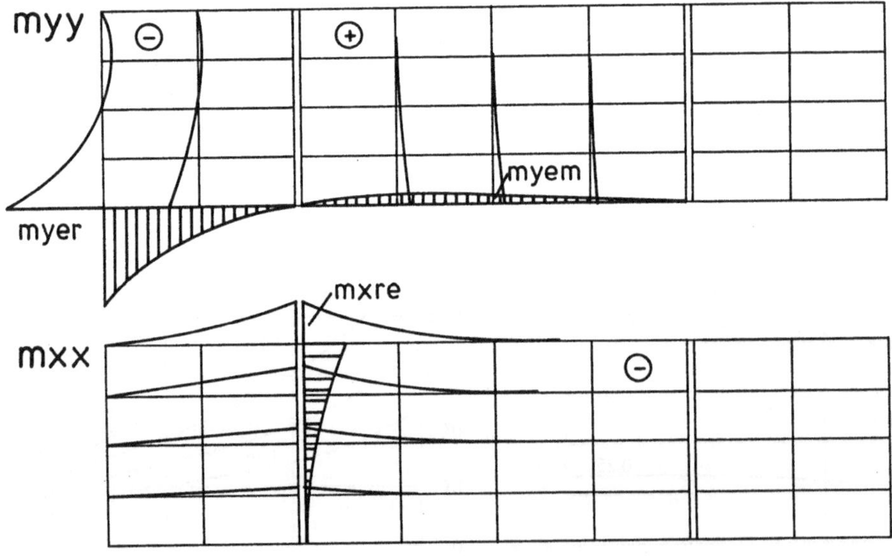

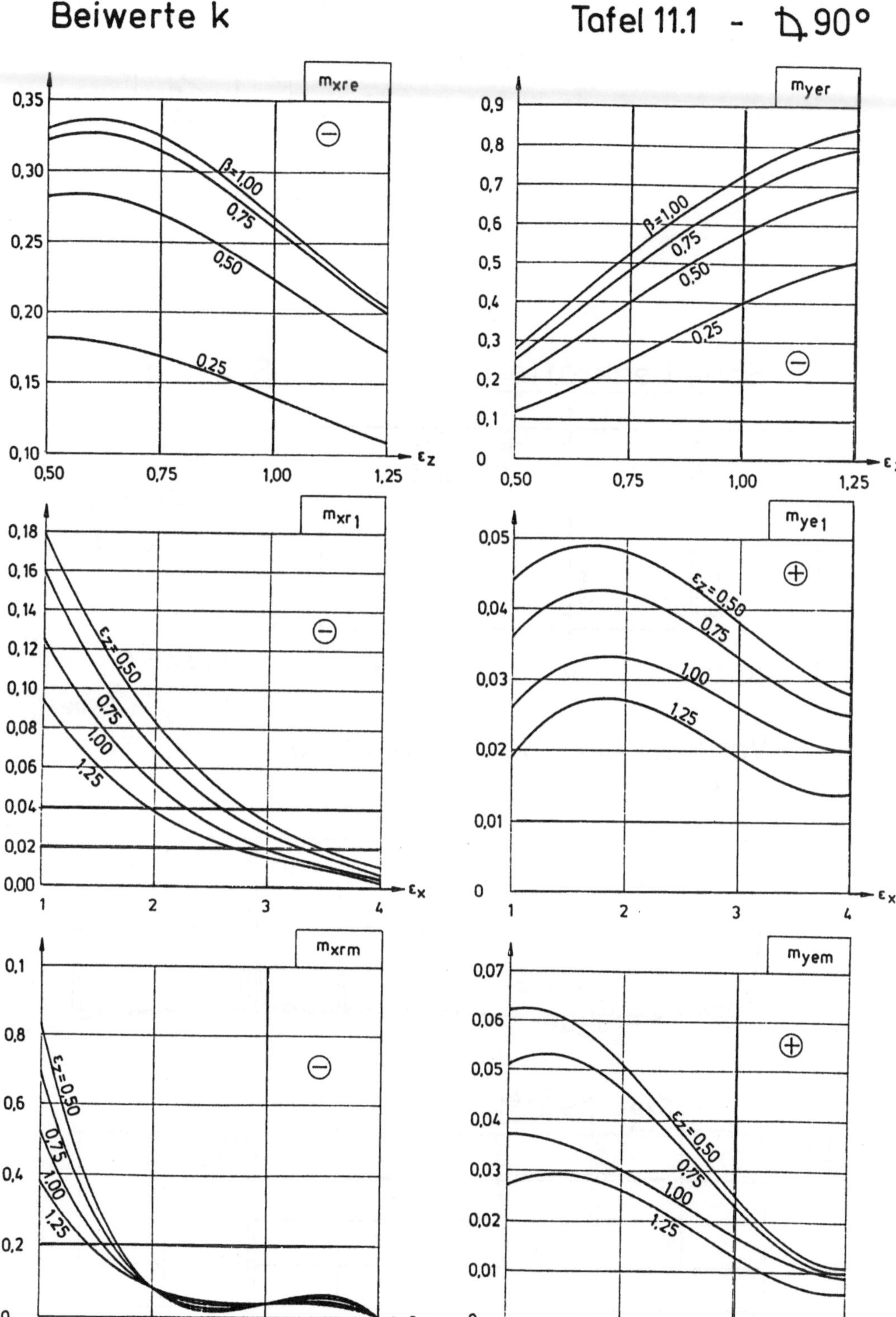
m_xre
β=1,00
0,75
0,50
0,25
ε_z
0,35
0,30
0,25
0,20
0,15
0,10
0,50
0,75
1,00
1,25
m_yer
β=1,00
0,75
0,50
0,25
ε_z
0,9
0,8
0,7
0,6
0,5
0,4
0,3
0,2
0,1
0
m_xr1
ε_z=0,50
0,75
1,00
1,25
ε_x
0,18
0,16
0,14
0,12
0,10
0,08
0,06
0,04
0,02
0,00
m_ye1
ε_z=0,50
0,75
1,00
1,25
ε_x
0,05
0,04
0,03
0,02
0,01
0
m_xrm
ε_z=0,50
0,75
1,00
1,25
ε_x
m_yem
ε_z=0,50
0,75
1,00
1,25
ε_x
0,07
0,06
0,05
0,04
0,03
0,02
0,01
0

Lastfall 11

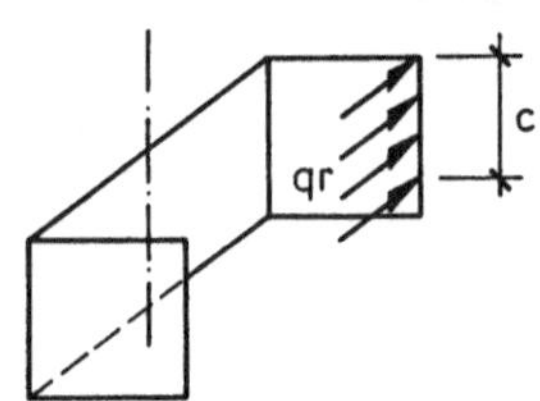

2) Scheibenkräfte $\qquad$ $S = k \cdot qr \cdot ly$

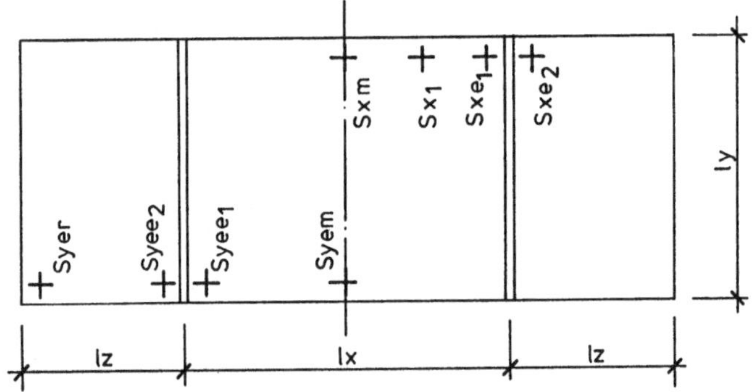

$lx/ly = \varepsilon_x$

$lz/ly = \varepsilon_z$

$c = \beta \cdot ly$

$Syem \approx 0$

$Syee_2 < Syee_1$

Verlauf der Scheibenkräfte

$\varepsilon_z = 1{,}0 \ / \ \varepsilon_x = 2{,}0 \ ; \ \beta = 0{,}75$

Syy

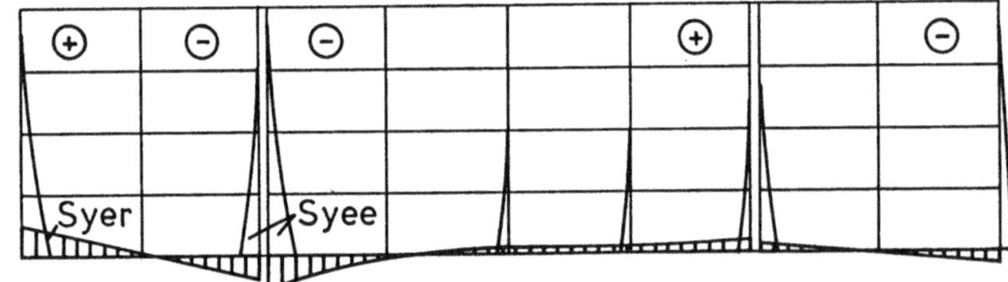

Sxx

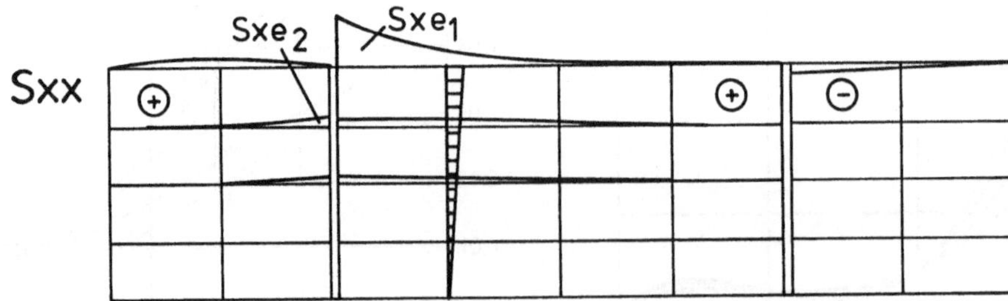

Beiwerte k

S_xe2
β=1,00
0,75
0,50
0,25
S_yer
β=1,00
0,75
0,50
0,25
S_xe1
β=0,50;0,75;1,00
0,25
S_yee1
ε_z=0,50
0,75
1,00
1,25
S_x1
ε_z=0,50
0,75
1,00
1,25
S_xm
ε_z=0,50
0,75
1,00
1,25

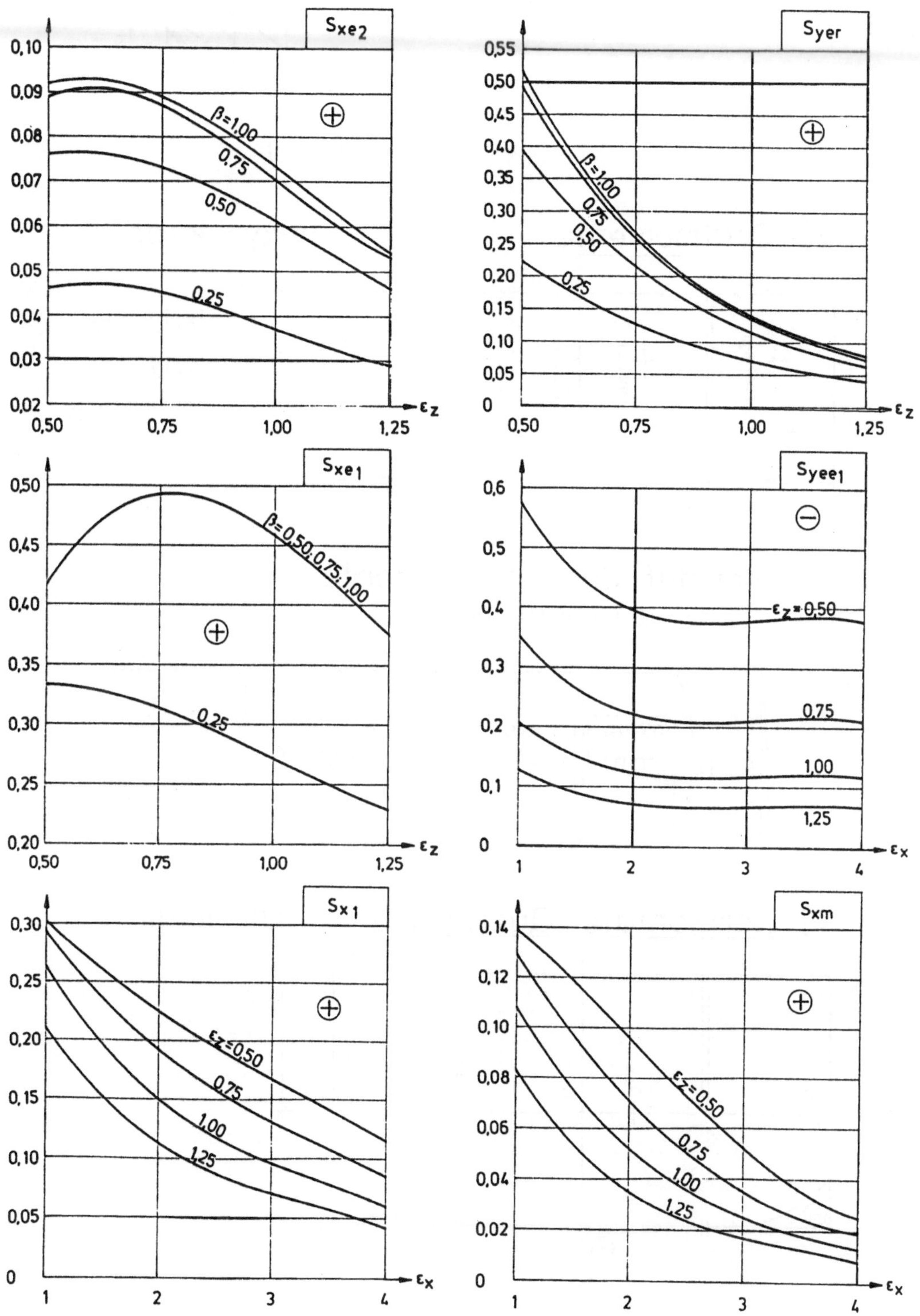

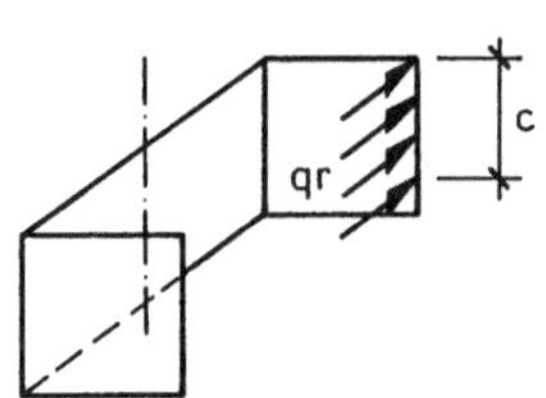

Lastfall 11

3) Drillmomente

$$mxy = k \cdot qr \cdot ly$$

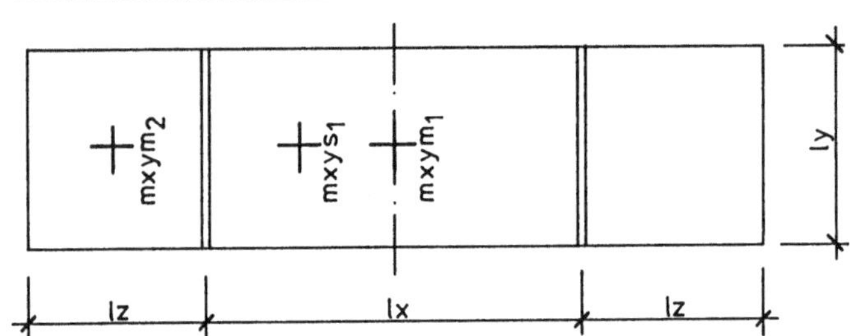

$$lx/ly = \varepsilon_x$$
$$lz/ly = \varepsilon_z$$
$$c = \beta \cdot ly$$

Verlauf der Drillmomente
$\varepsilon_z = 1{,}0 \,/\, \varepsilon_x = 2{,}0 \,;\; \beta = 0{,}75$

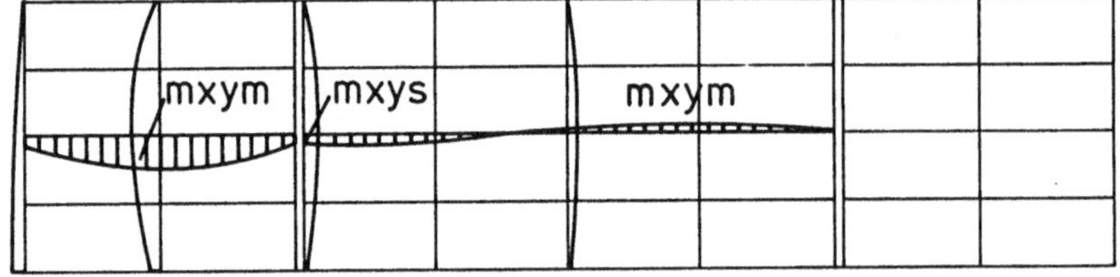

4) horizontale Querkräfte

$$Qy = k \cdot qr \cdot ly$$

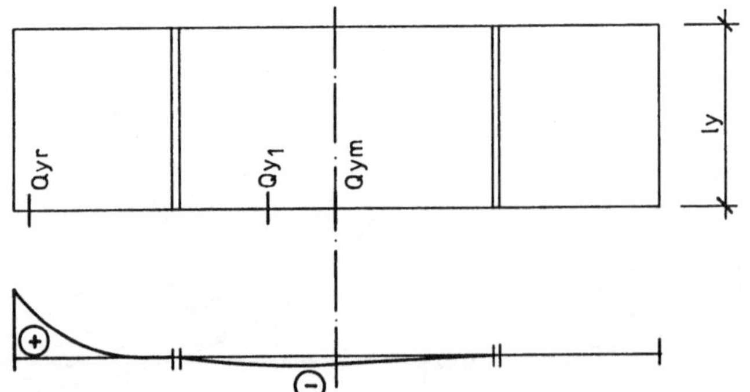

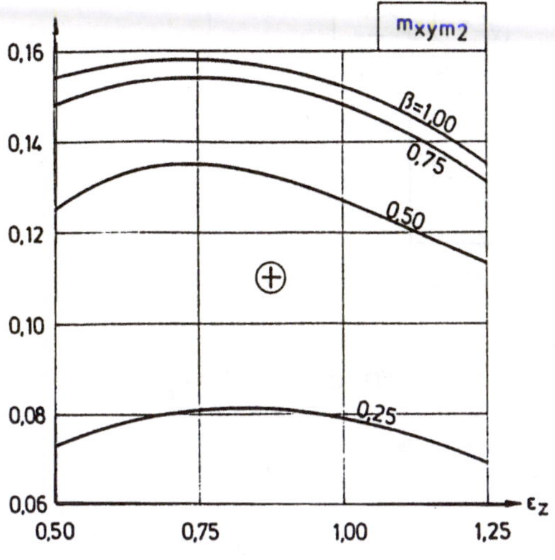
Beiwerte k
m_{xym2}
$\beta=1,00$
0,75
0,50
0,25
0,16
0,14
0,12
0,10
0,08
0,06
0,50
0,75
1,00
1,25
ε_z
⊕

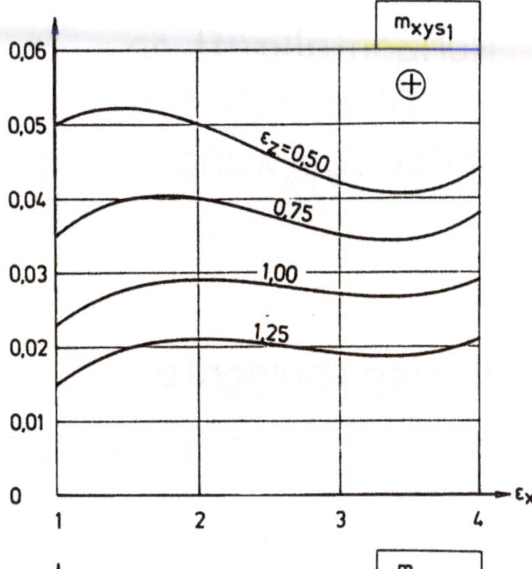
Tafel 11.3 - ∡ 90°
m_{xys1}
⊕
$\varepsilon_z=0,50$
0,75
1,00
1,25
0,06
0,05
0,04
0,03
0,02
0,01
0
1
2
3
4
ε_x

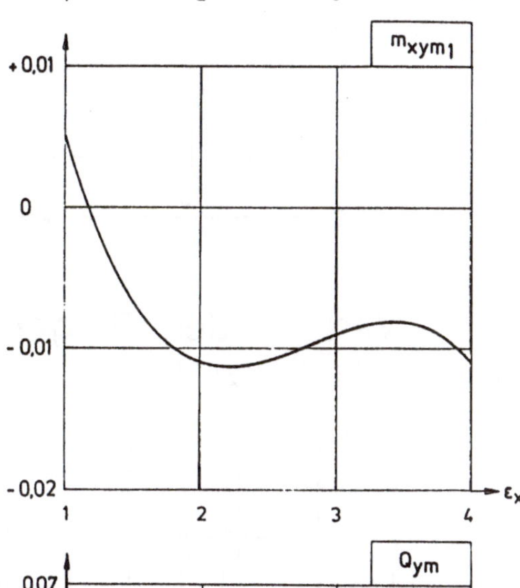
m_{xym1}
+0,01
0
-0,01
-0,02
1
2
3
4
ε_x

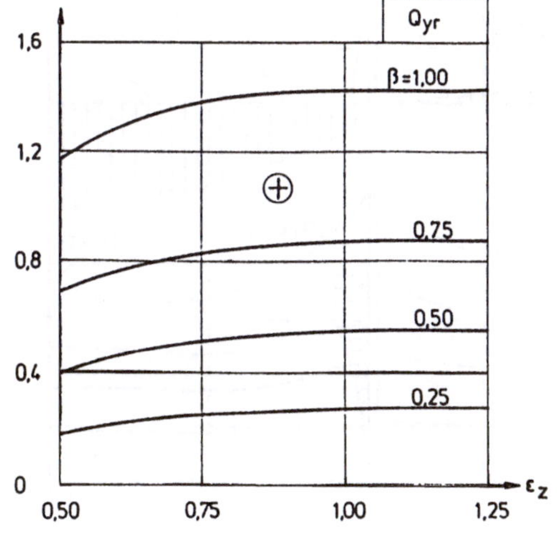
Q_{yr}
$\beta=1,00$
0,75
0,50
0,25
1,6
1,2
0,8
0,4
0
0,50
0,75
1,00
1,25
ε_z
⊕

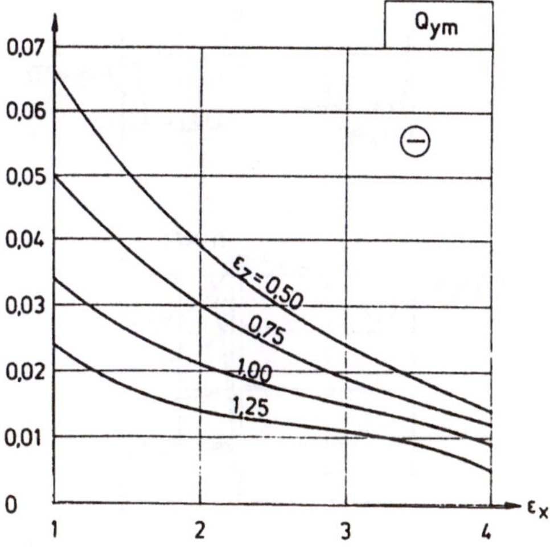
Q_{ym}
⊖
$\varepsilon_z=0,50$
0,75
1,00
1,25
0,07
0,06
0,05
0,04
0,03
0,02
0,01
0
1
2
3
4
ε_x

Lastfall 12

Horizontalkraft an der Oberkante der Widerlagerwand

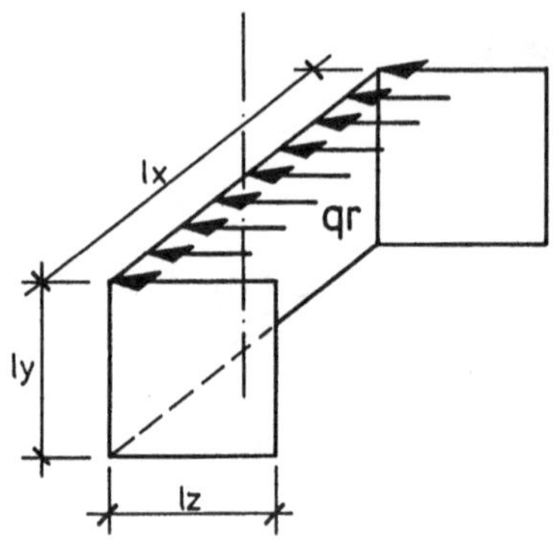

1) Biegemomente

$$m = k \cdot qr \cdot ly$$

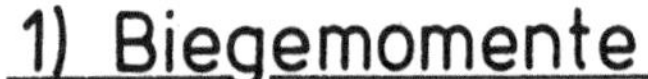

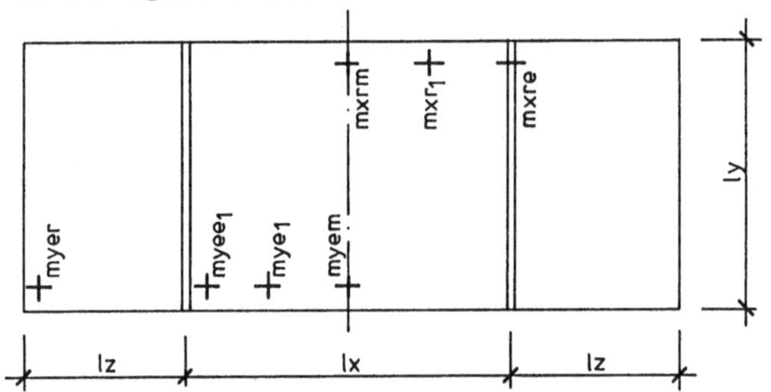

$$lx/ly = \varepsilon_x$$

$$lz/ly = \varepsilon_z$$

Verlauf der Biegemomente

$\varepsilon_z = 0{,}75 / \varepsilon_x = 1{,}0$ $\varepsilon_z = 1{,}0 / \varepsilon_x = 3{,}0$

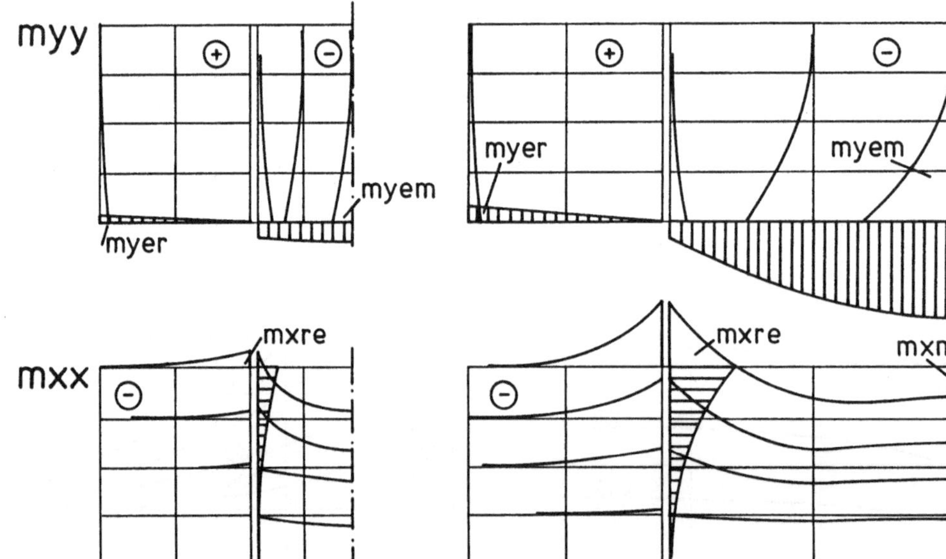

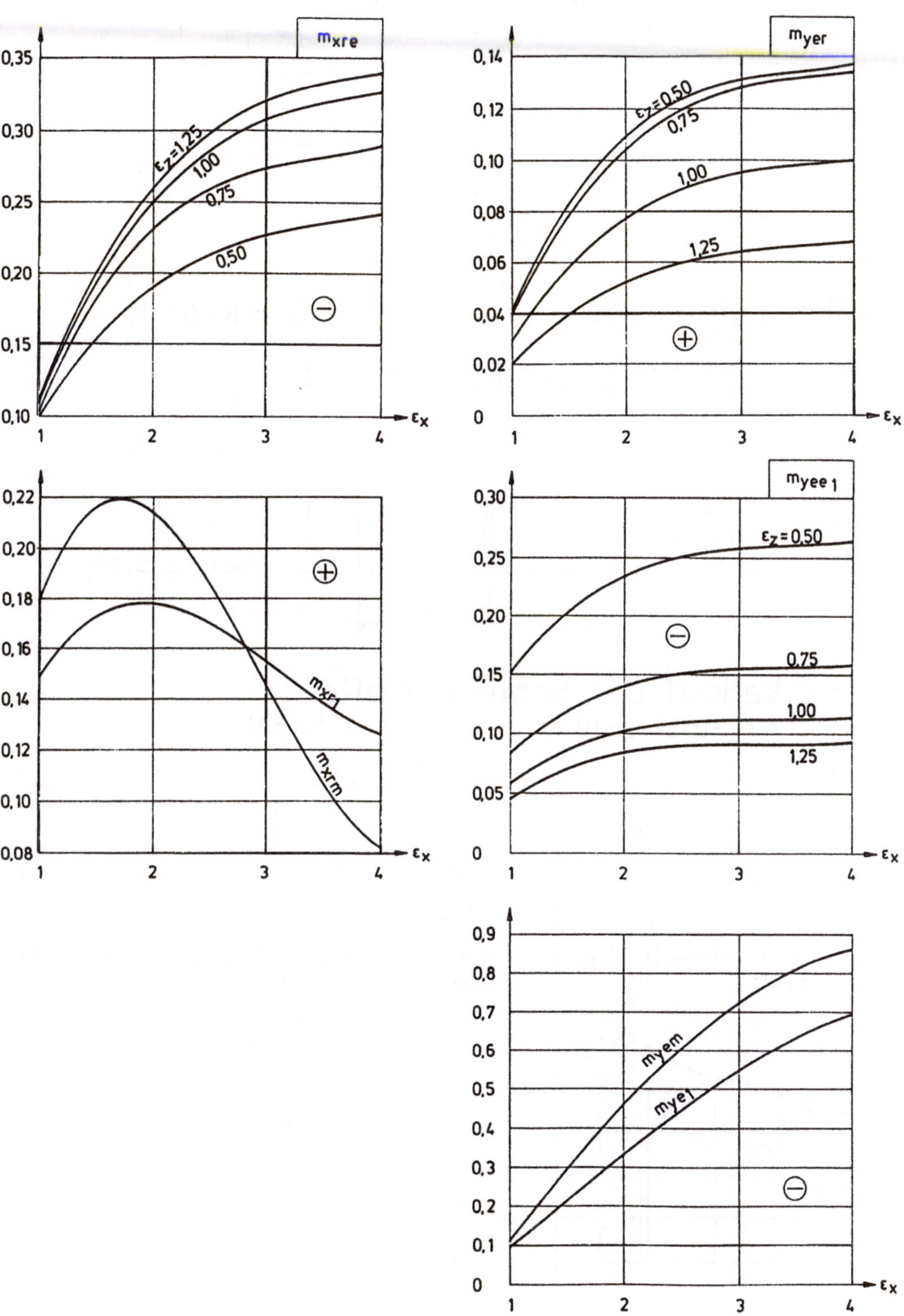
m_xre
0,35
0,30
0,25
0,20
0,15
0,10
εz=1,25
1,00
0,75
0,50
⊖
εx
1 2 3 4

m_yer
0,14
0,12
0,10
0,08
0,06
0,04
0,02
0
εz=0,50
0,75
1,00
1,25
⊕
εx
1 2 3 4

0,22
0,20
0,18
0,16
0,14
0,12
0,10
0,08
⊕
m_xrf
m_xrm
εx
1 2 3 4

m_yee1
0,30
0,25
0,20
0,15
0,10
0,05
0
εz=0,50
⊖
0,75
1,00
1,25
εx
1 2 3 4

0,9
0,8
0,7
0,6
0,5
0,4
0,3
0,2
0,1
0
m_yem
m_yer
⊖
εx
1 2 3 4

Lastfall 12

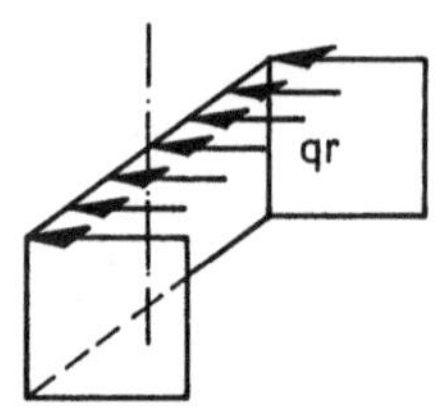

2) Scheibenkräfte

$$S = k \cdot qr \cdot ly$$

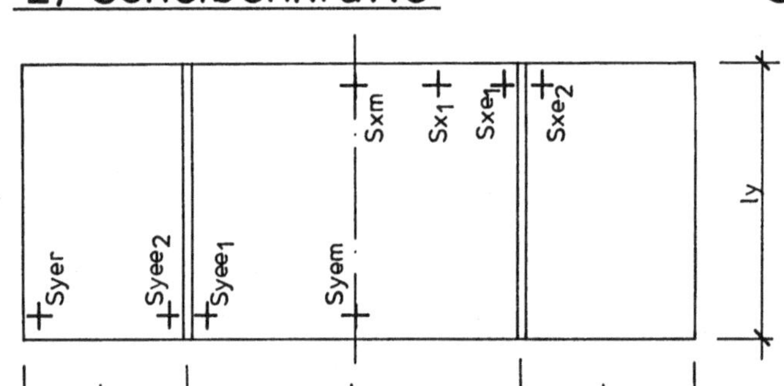

$$lx/ly = \varepsilon_x$$
$$lz/ly = \varepsilon_z$$

$$Syee_2 \lesseqgtr Syee_1$$

Verlauf der Scheibenkräfte

$\varepsilon_z = 0{,}75 \,/\, \varepsilon_x = 1{,}0$ $\qquad\qquad$ $\varepsilon_z = 1{,}0 \,/\, \varepsilon_x = 3{,}0$

Syy

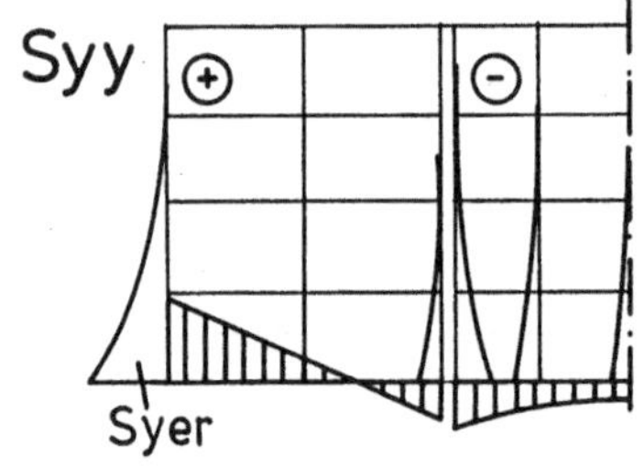

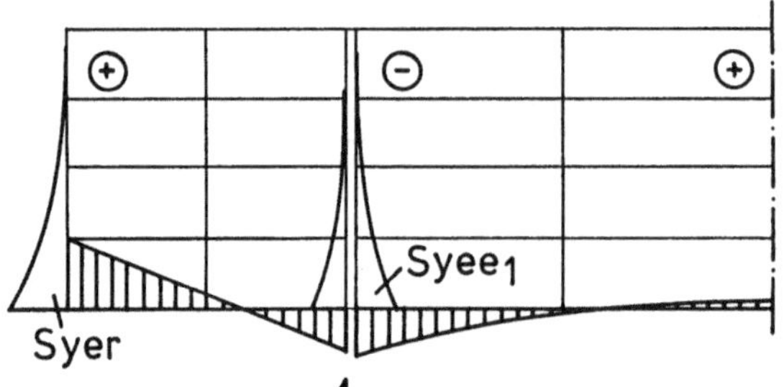

Sxx

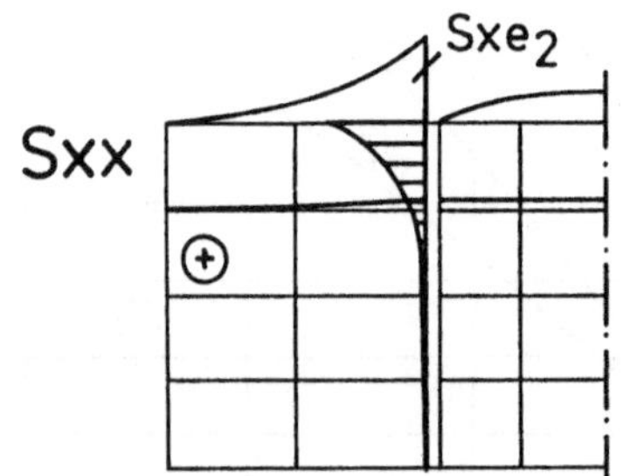

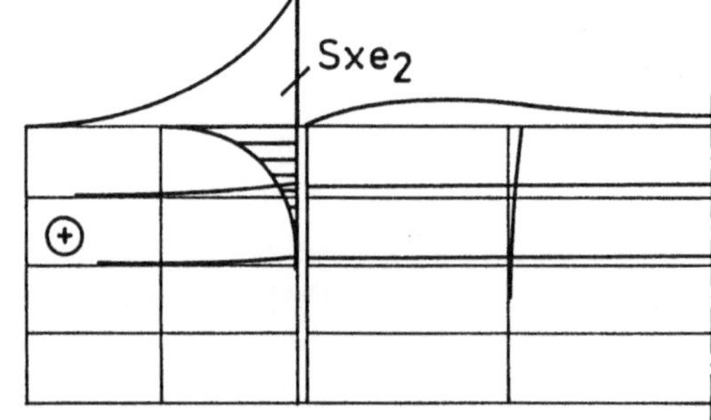

Beiwerte k

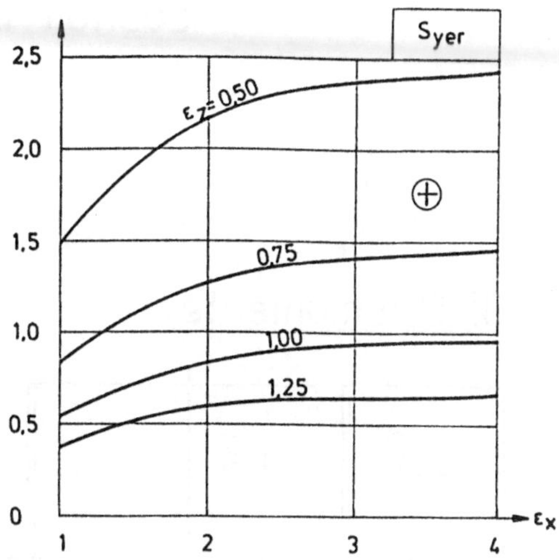

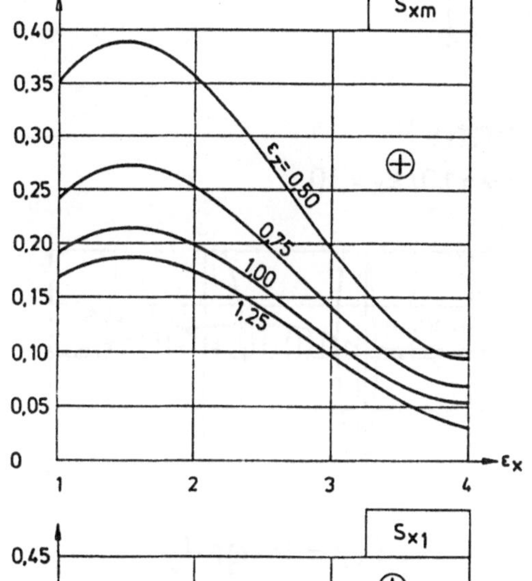

$$S_{xe_1} \atop S_{yem} \Big\} \text{ nahezu null}$$

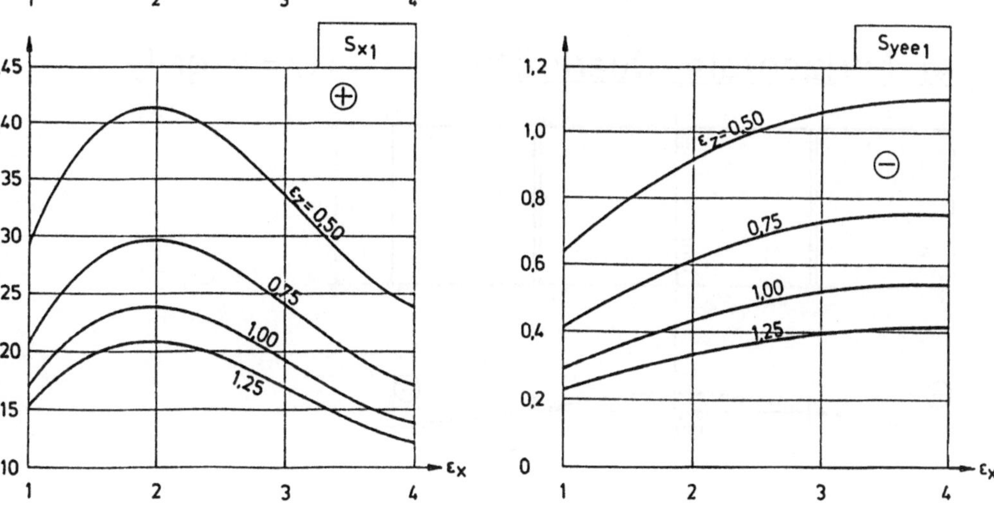

Lastfall 12

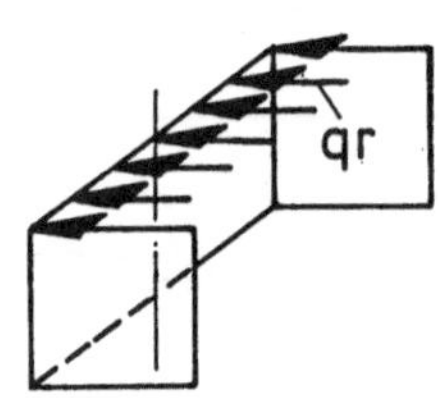

3) Drillmomente

$$mxy = k \cdot qr \cdot ly$$

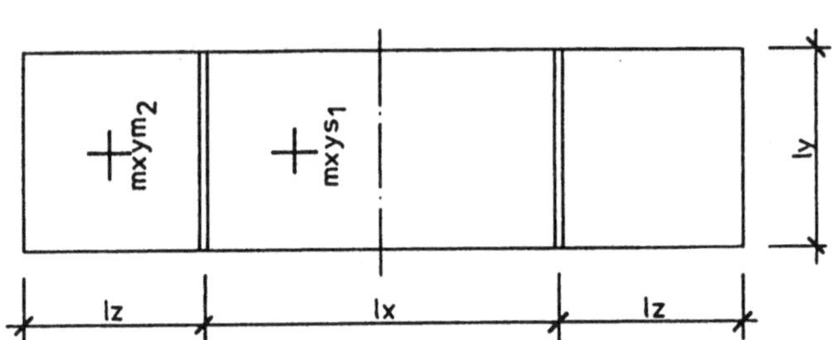

$$lx/ly = \varepsilon_x$$
$$lz/ly = \varepsilon_z$$

Verlauf der Drillmomente

$\varepsilon_{\underline{z}} = 0,75 \,/\, \varepsilon_x = 1,0$ $\varepsilon_z = 1,0 \,/\, \varepsilon_x = 3,0$

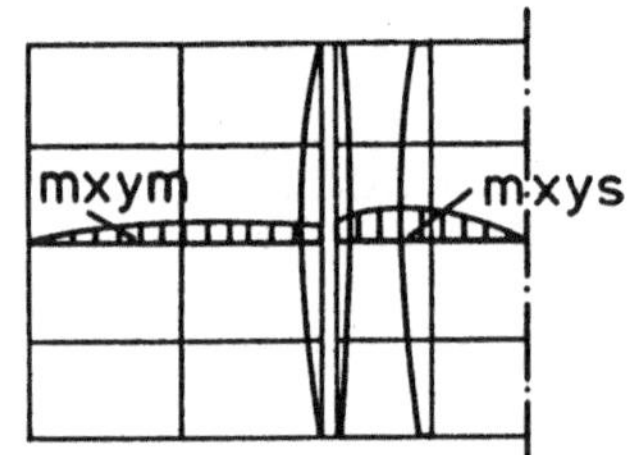

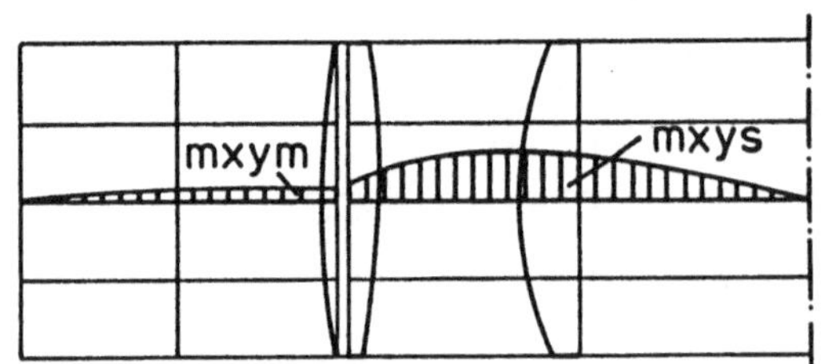

4) horizontale Querkräfte

$$Qy = k \cdot qr \cdot ly$$

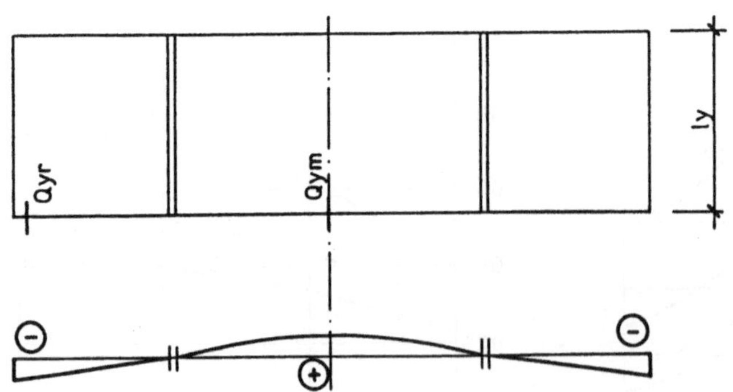

Beiwerte k

0,18
0,16
0,14
0,12
0,10
0,08
0,06
0,04
0,02
0
m_xys1
m_xym2
−
+
1
2
3
4
ε_x

Q_yr
0,20
0,18
0,16
0,14
0,12
0,10
0,08
0,06
0,04
0,02
0
ε_z=0,50
0,75
1,00
1,25
−
1
2
3
4
ε_x

0,22
0,20
0,18
0,16
0,14
0,12
0,10
0,08
0,06
0,04
Q_ym
+
1
2
3
4
ε_x

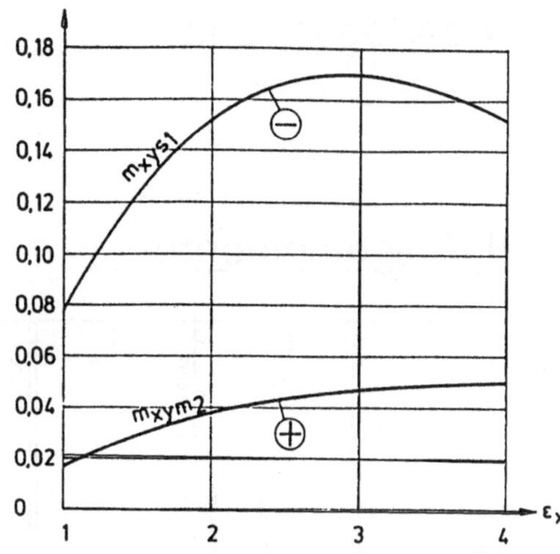

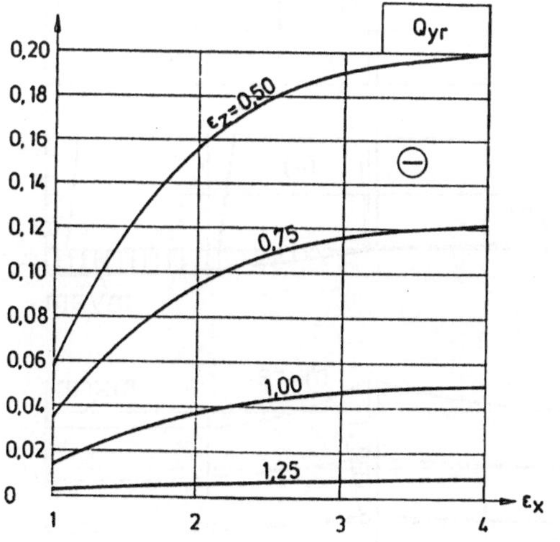

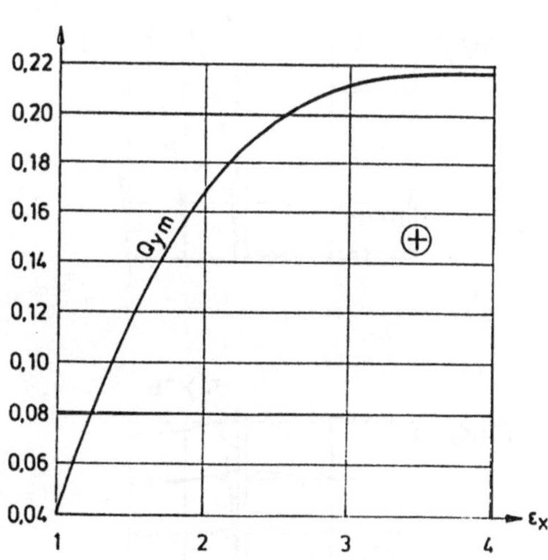

Lastfall 13

Randmoment an
der Oberkante der
Widerlagerwand

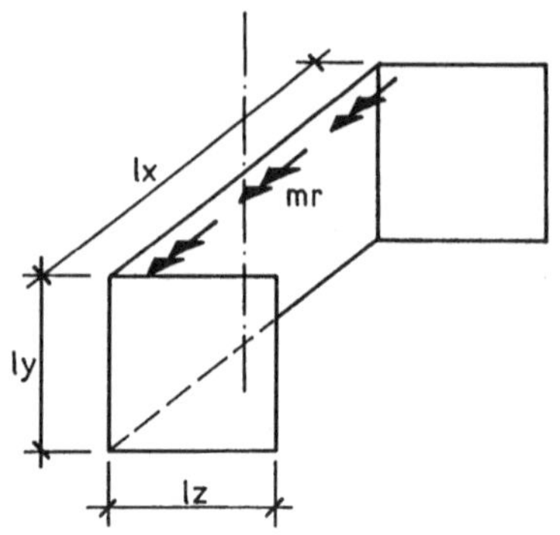

1) Biegemomente

$$m = k \cdot mr$$

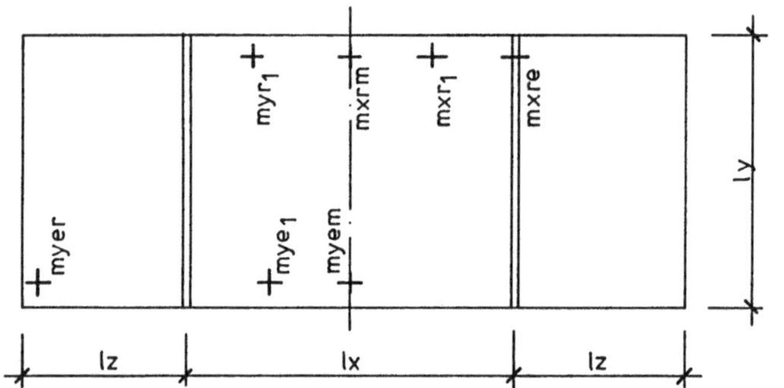

$$lx/ly = \varepsilon_x$$

$$lz/ly = \varepsilon_z$$

Verlauf der Biegemomente

$\varepsilon_z = 0{,}75 / \varepsilon_x = 1{,}0$ $\varepsilon_z = 1{,}0 / \varepsilon_x = 3{,}0$

myy

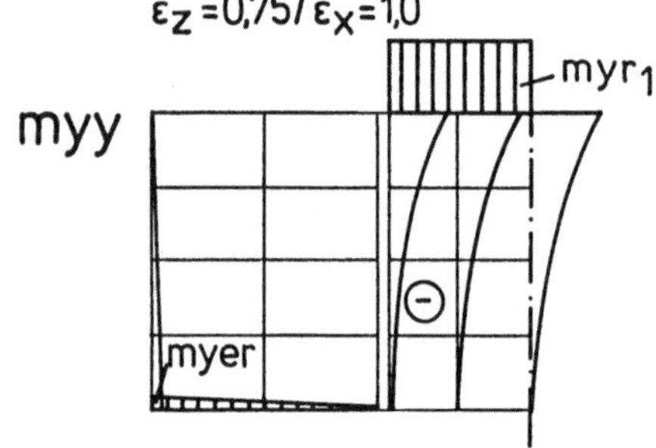

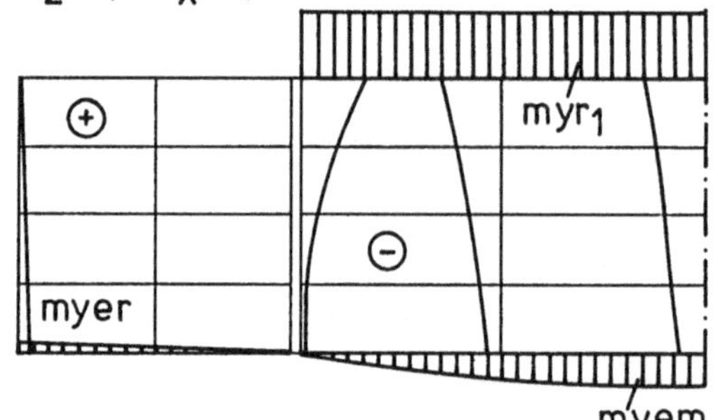

mxx

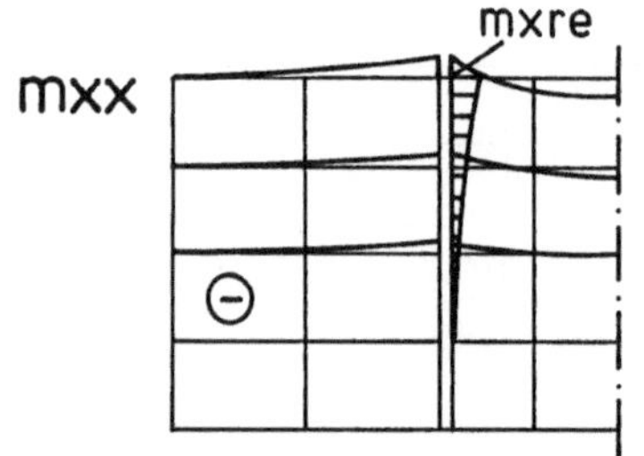

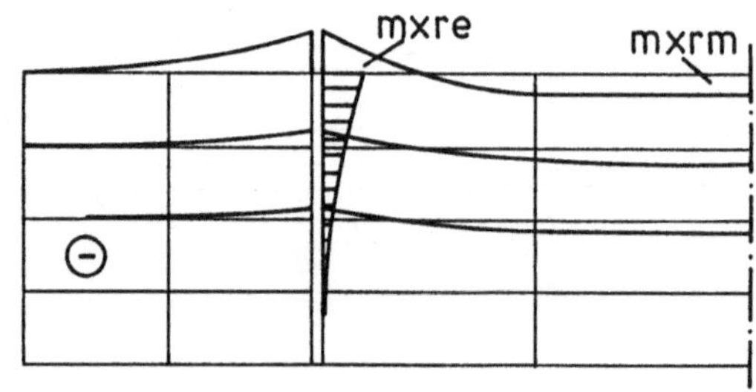

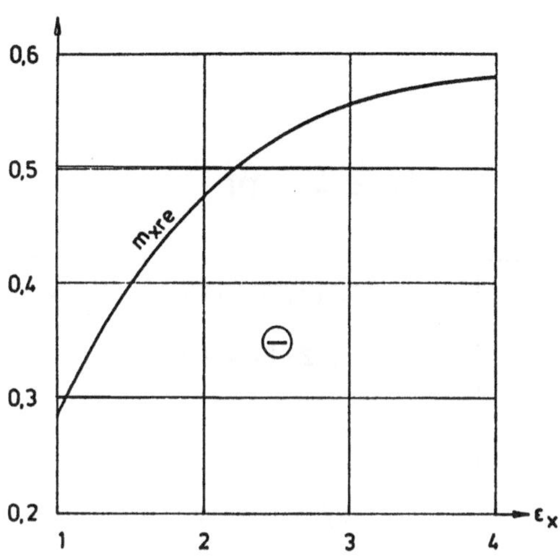

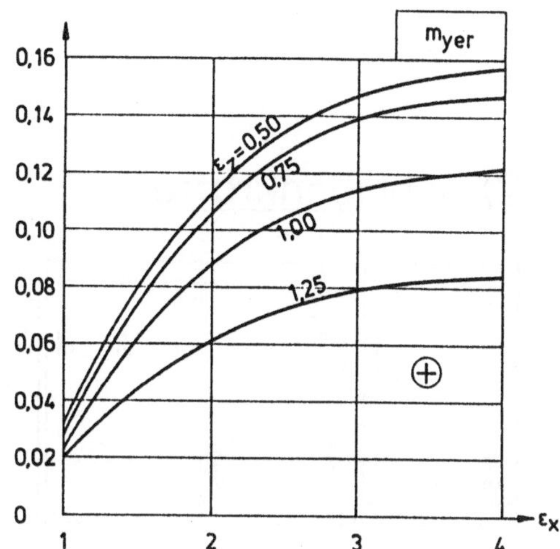

Festwert :

myr_1 | : k = 1,0

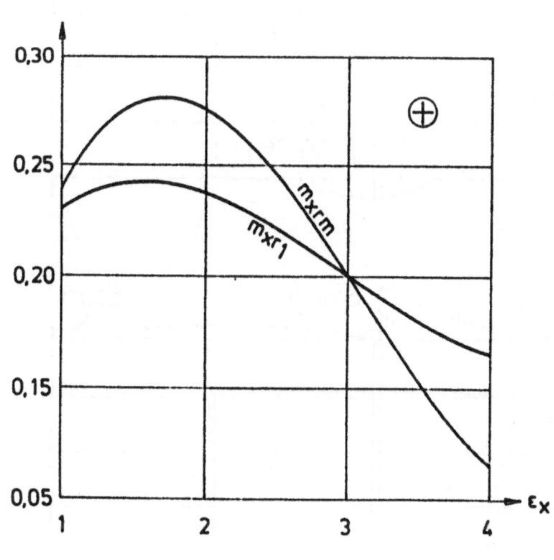

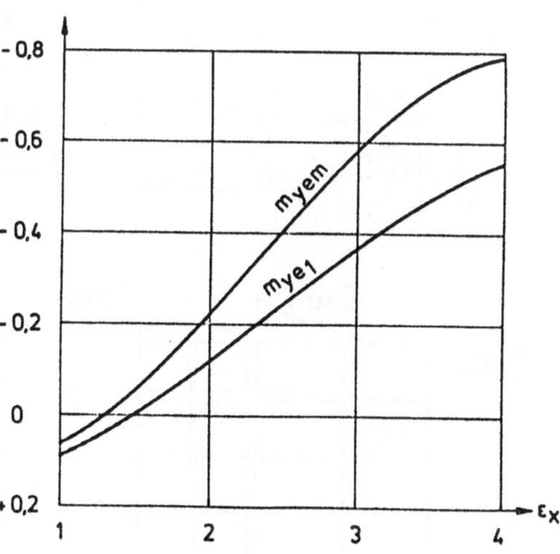

Lastfall 13

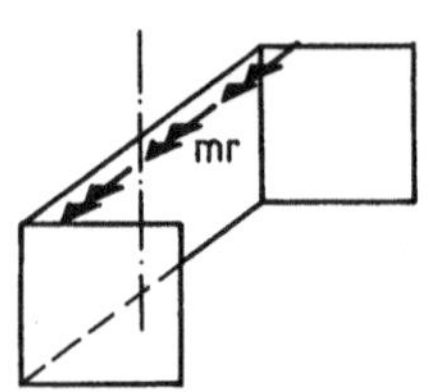

2) Scheibenkräfte $S = k \cdot mr$

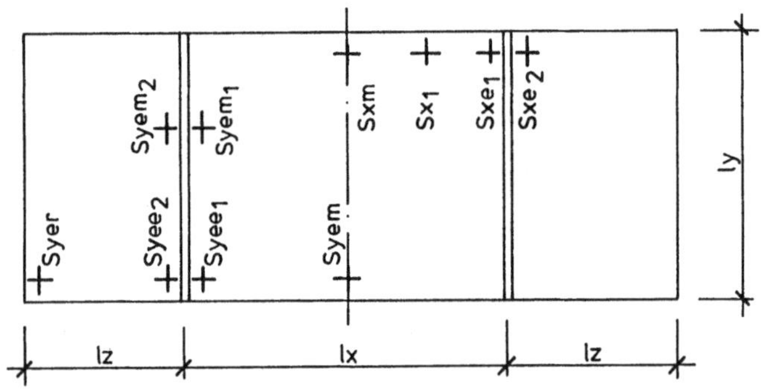

$lx/ly = \varepsilon_x$

$lz/ly = \varepsilon_z$

$Syee_2 \leqq Syee_1$

Verlauf der Scheibenkräfte

$\varepsilon_z = 0{,}75 / \varepsilon_x = 1{,}0$ $\qquad\qquad$ $\varepsilon_z = 1{,}0 / \varepsilon_x = 3{,}0$

Syy

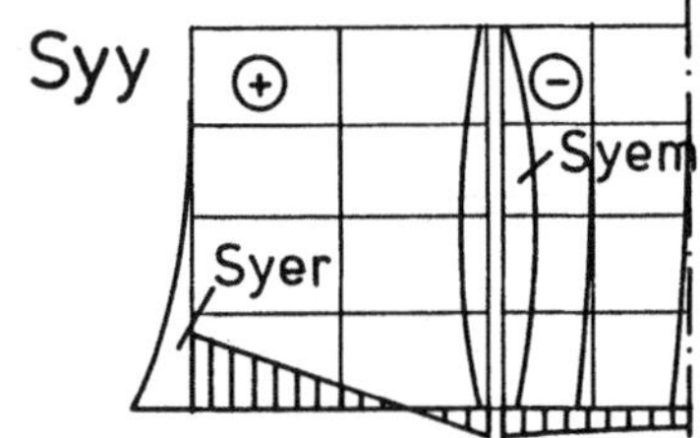

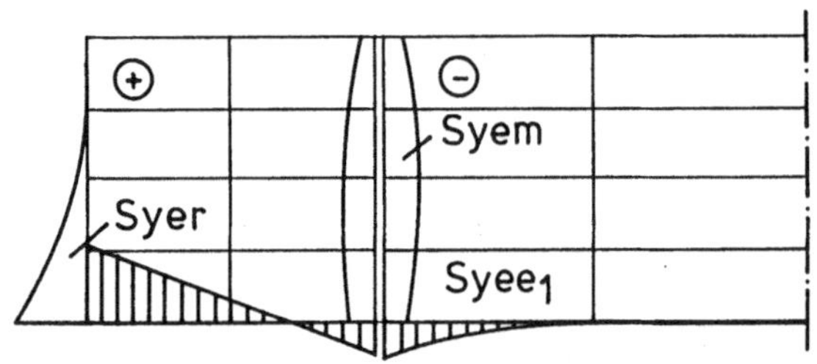

Sxx

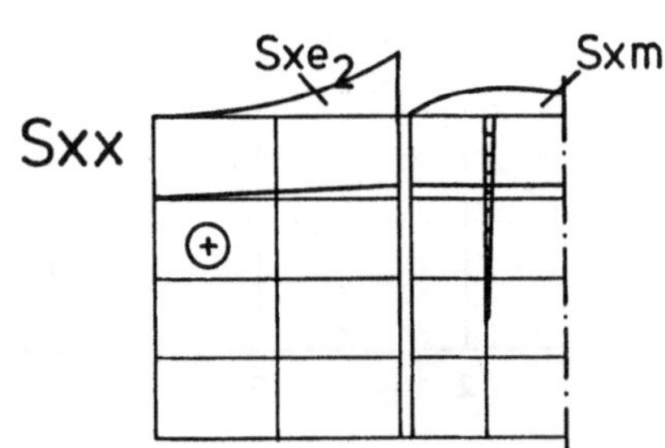

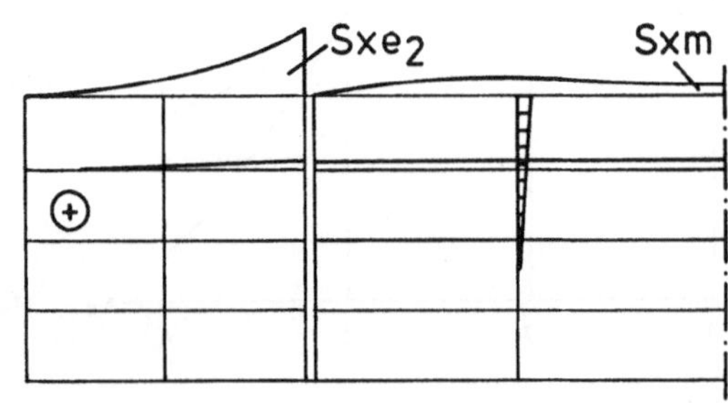

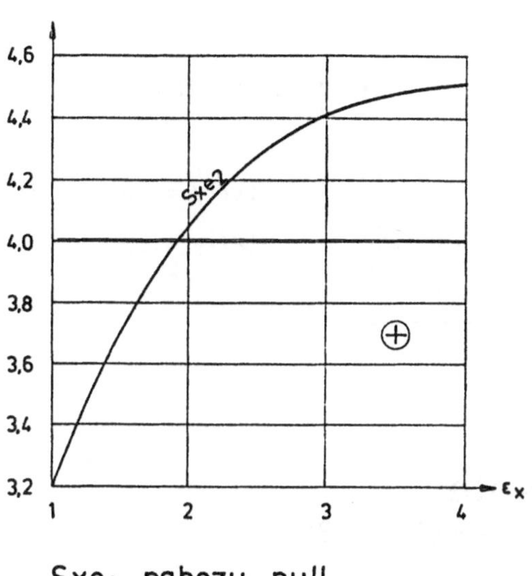

Sxe₁ nahezu null

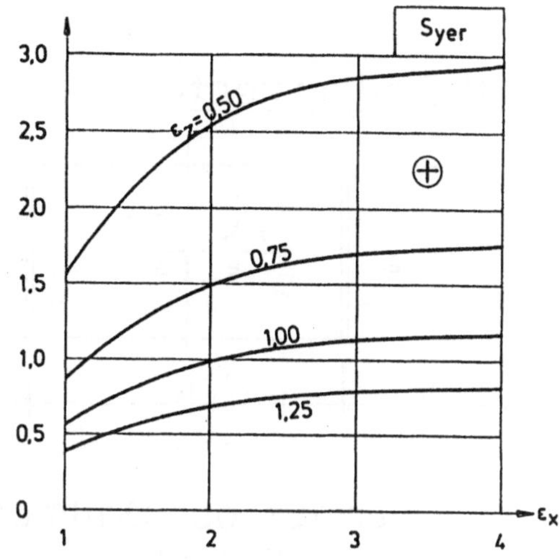

Syem nahezu null

Festwerte :

Syem₁ | : k = 0,81

Syem₂ | : k = 0,65

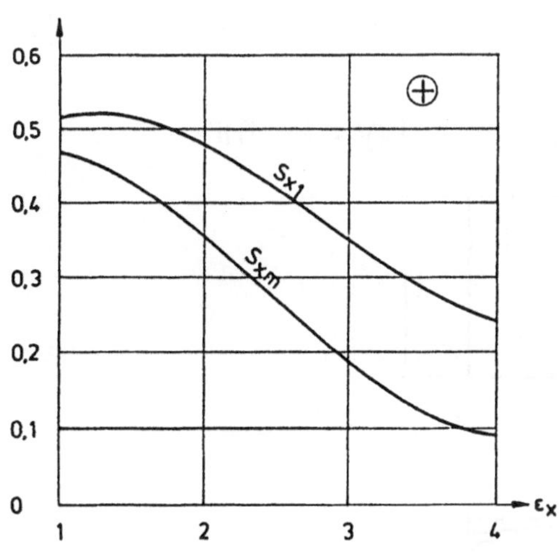

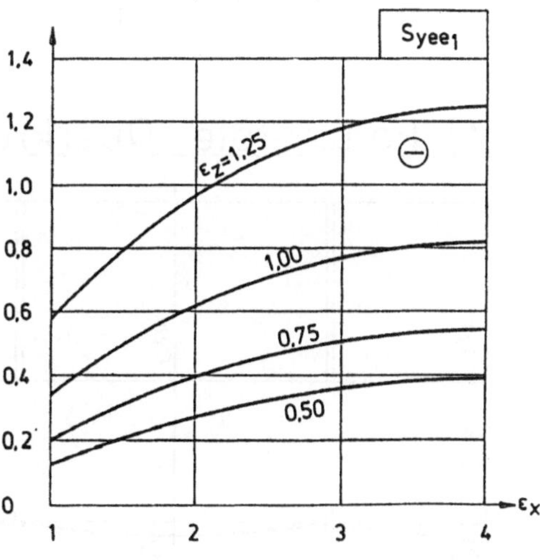

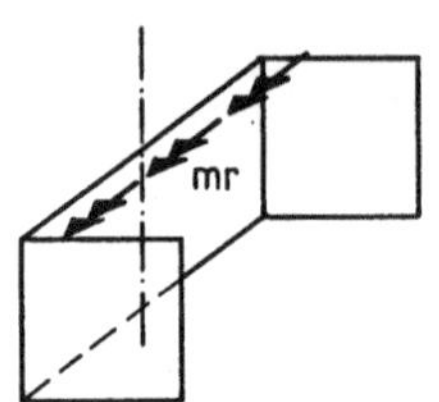

Lastfall 13

3) Drillmomente

$mxy = k \cdot mr$

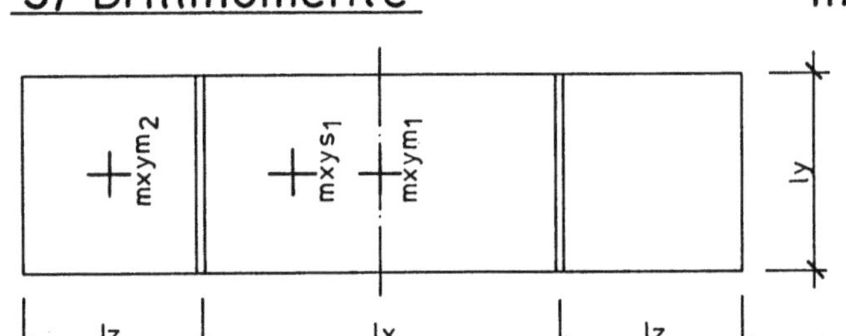

$lx/ly = \varepsilon_x$

$lz/ly = \varepsilon_z$

Verlauf der Drillmomente

$\varepsilon_z = 0{,}75 \,/\, \varepsilon_x = 1{,}0$ $\varepsilon_z = 1{,}0 \,/\, \varepsilon_x = 3{,}0$

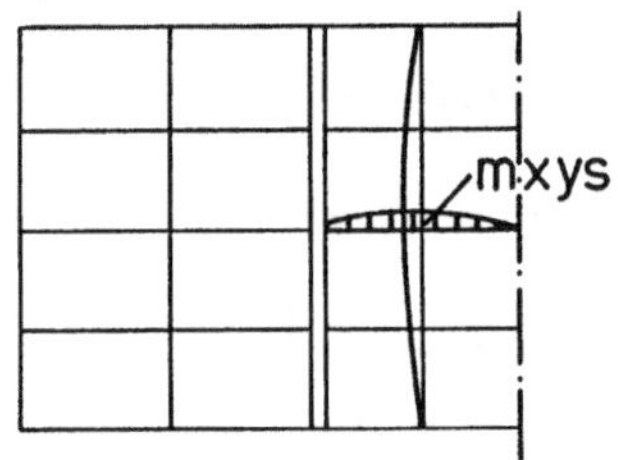

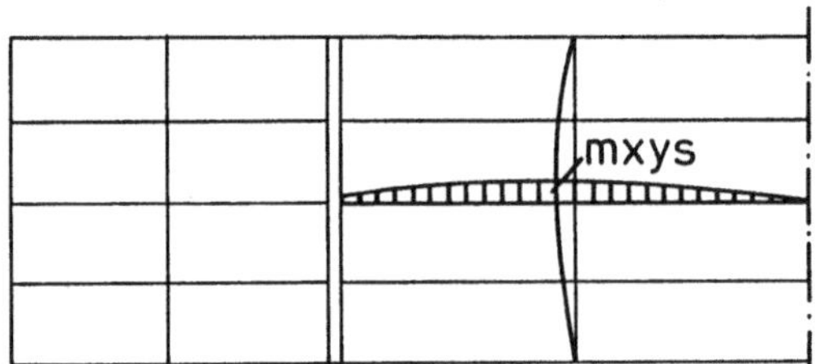

4) horizontale Querkräfte

$Qy = k \cdot mr$

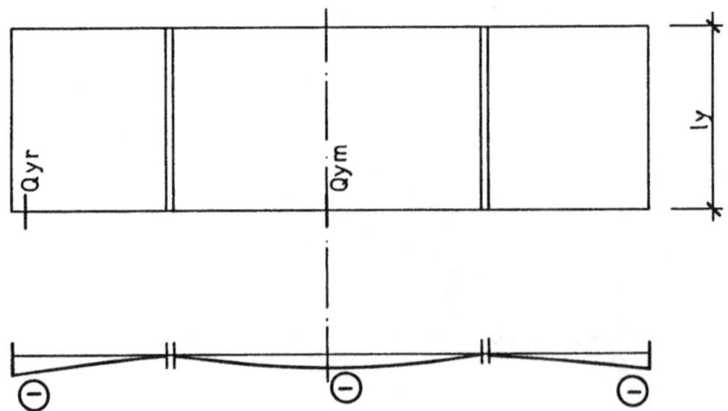

mxym$_2$ nahezu null

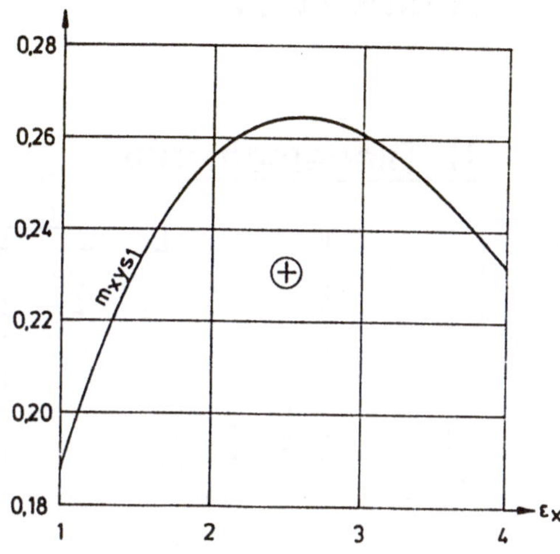

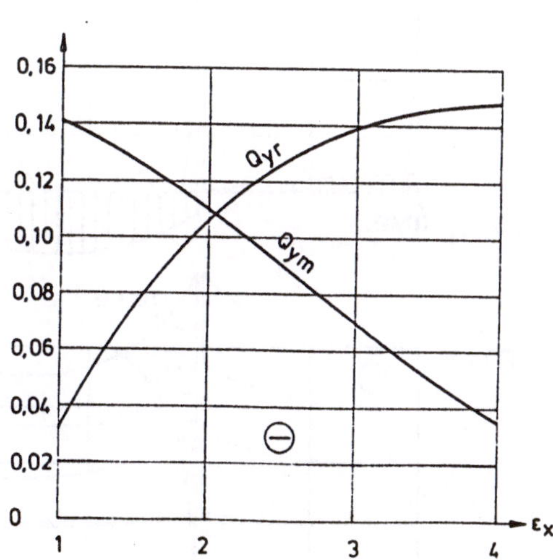

Lastfall 14

Horizontalkraft an
der Oberkante der
Widerlagerwand
(halbseitig)

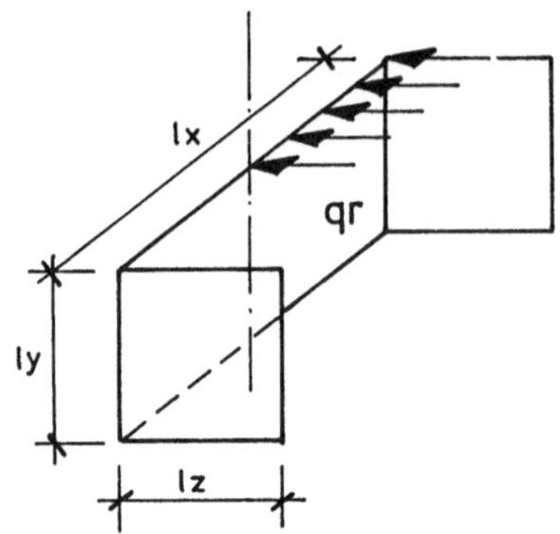

1) Biegemomente

$$m = k \cdot qr \cdot ly$$

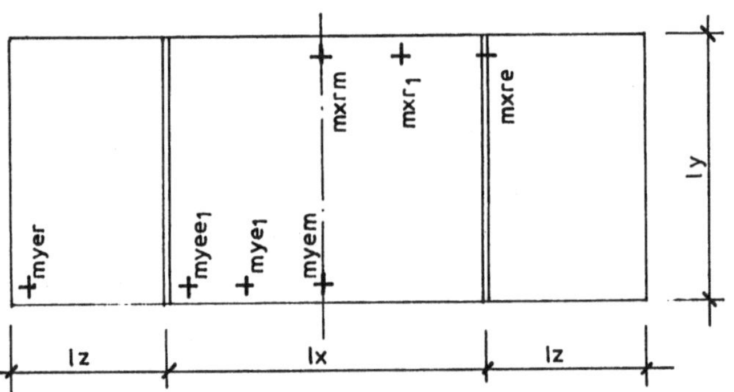

$$lx / ly = \varepsilon_x$$
$$lz / ly = \varepsilon_z$$

Verlauf der Biegemomente

$$\varepsilon_z = 1{,}0 \ / \ \varepsilon_x = 2{,}0$$

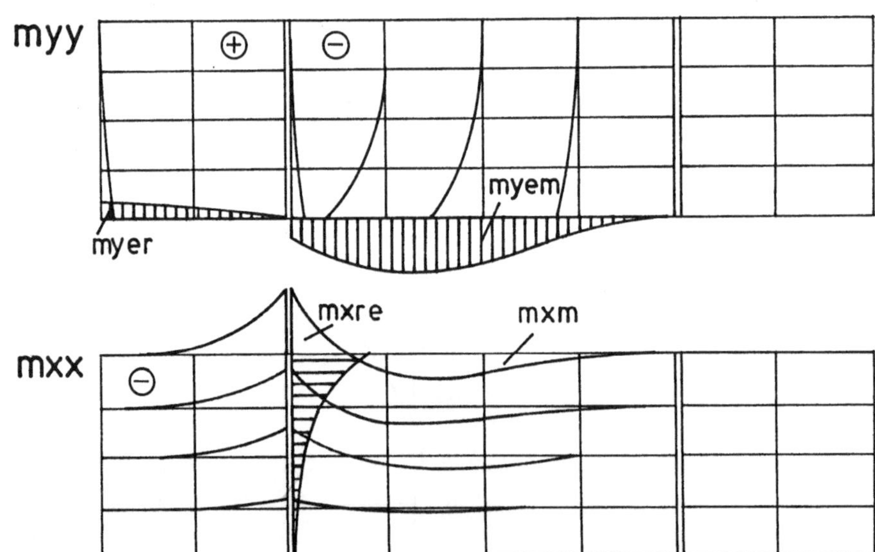

Beiwerte k

m_xre
0,35
0,30
0,25
ε_z=1,25
1,00
0,75
0,20
0,50
0,15
0,10
⊖
0
1 2 3 4 ε_x

m_yer
0,16
0,14
0,12
0,10
ε_z=0,50
0,08
0,75
1,00
0,06
0,04
1,25
⊕
0,02
0
1 2 3 4 ε_x

0,20
m_xr1
0,15
0,10
m_xrm
0,05
⊕
0
1 2 3 4 ε_x

m_yee1
0,30
ε_z=0,50
0,25
⊖
0,20
0,75
0,15
1,00
0,10
1,25
0,05
0
1 2 3 4 ε_x

0,6
0,5
0,4
m_ye1
0,3
m_yem
0,2
⊖
0,1
0
1 2 3 4 ε_x

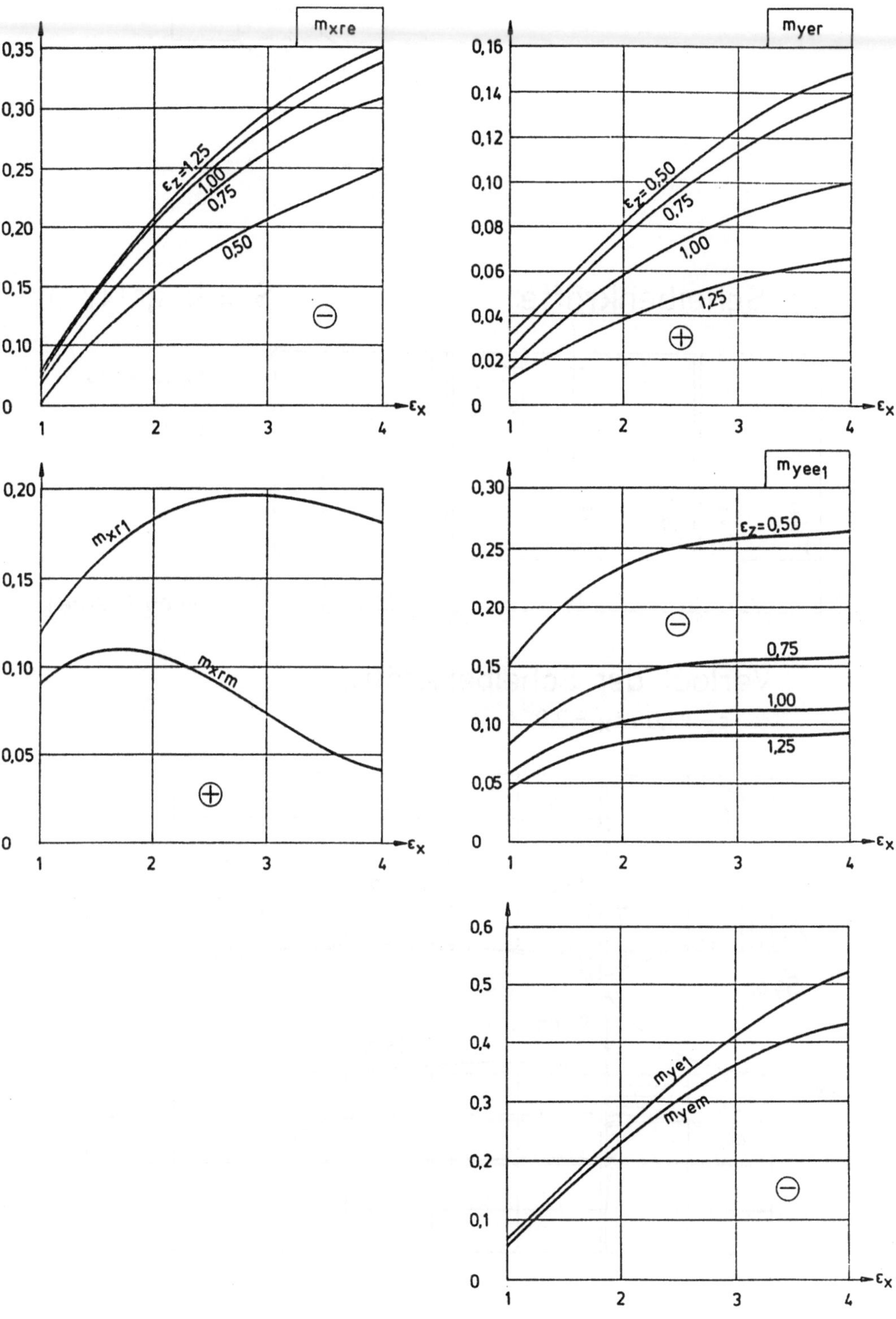

Lastfall 14

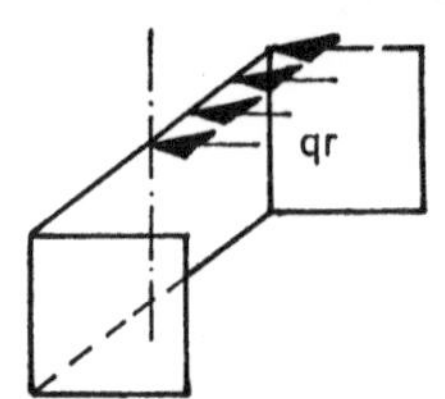

2) Scheibenkräfte

$$S = k \cdot qr \cdot ly$$

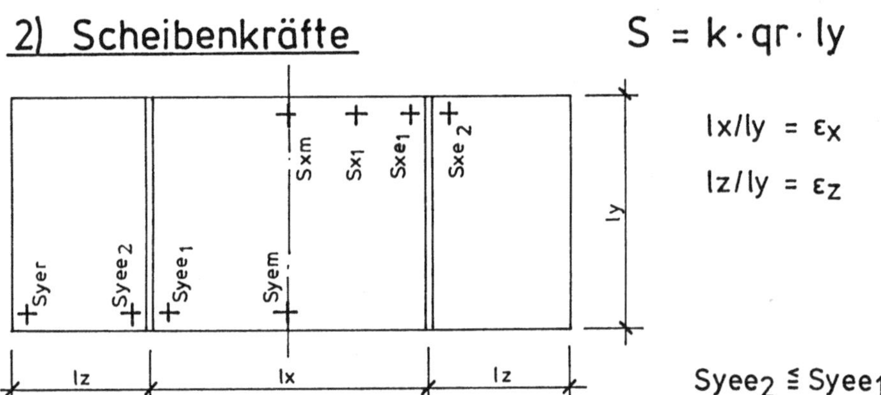

$$lx/ly = \varepsilon_x$$

$$lz/ly = \varepsilon_z$$

$$Syee_2 \lesseqgtr Syee_1$$

Verlauf der Scheibenkräfte

$$\varepsilon_z = 1{,}0 \;/\; \varepsilon_x = 2{,}0$$

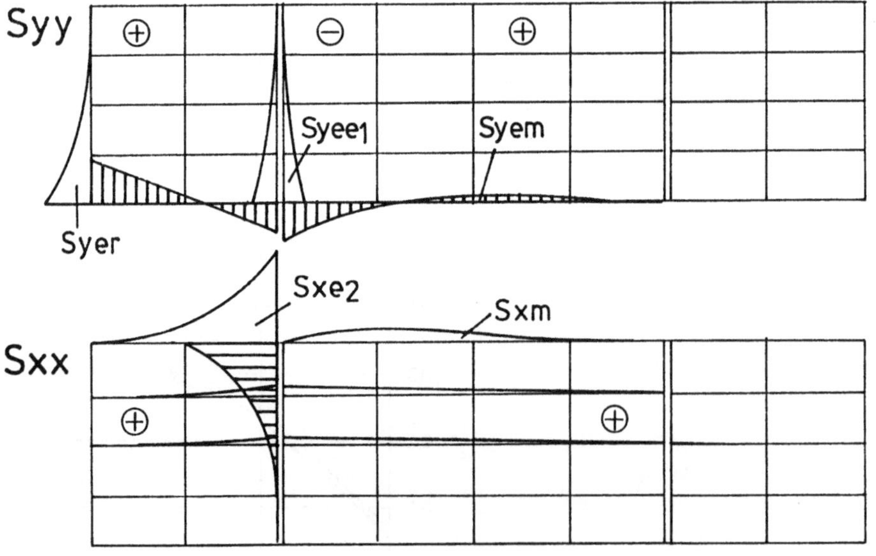

Beiwerte k

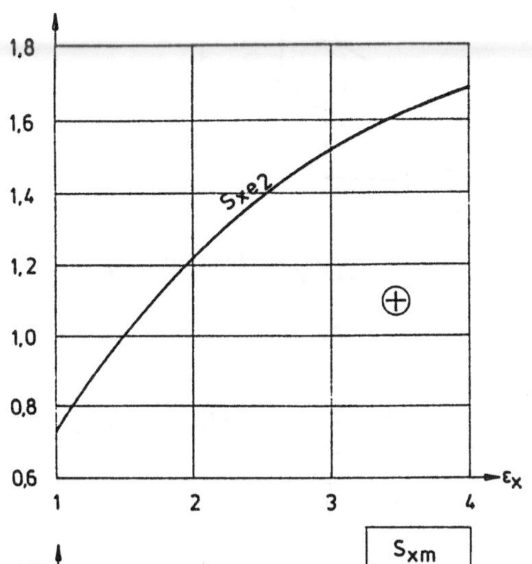

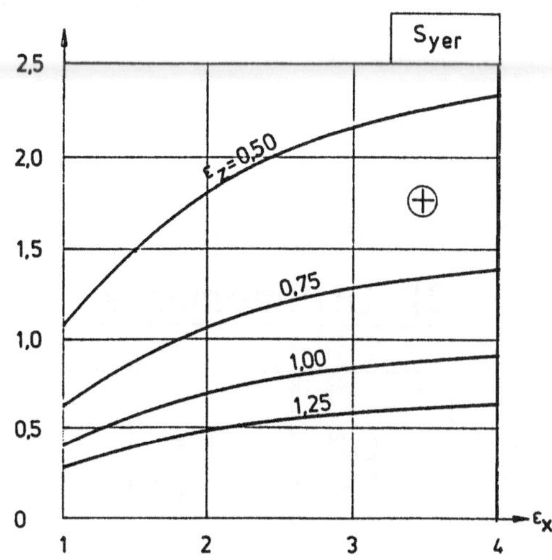

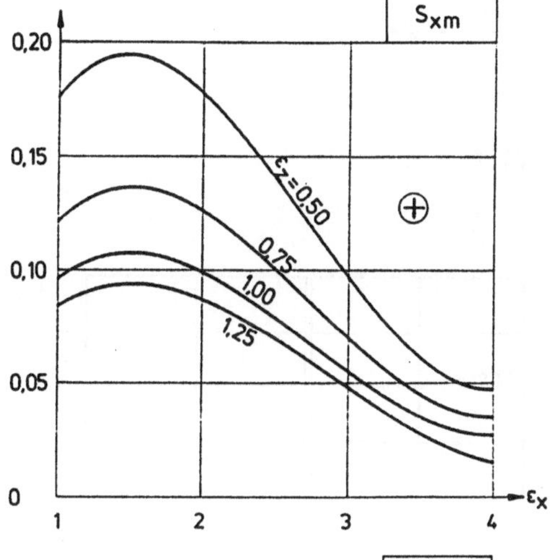

$$\left.\begin{array}{l} \text{Sxe}_1 \\ \text{Syem} \end{array}\right\} \text{nahezu null}$$

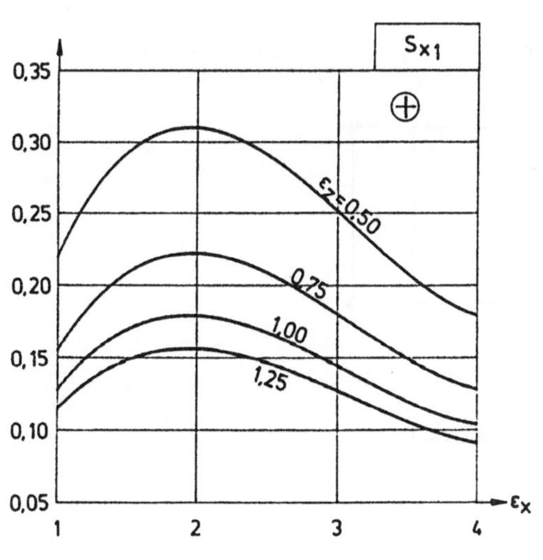

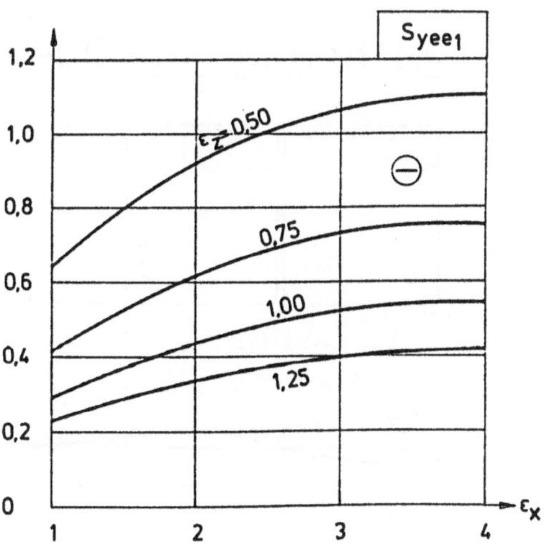

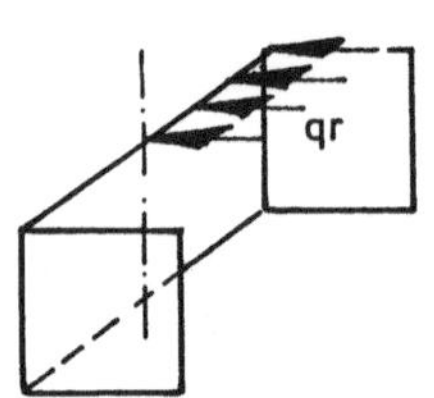

3) Drillmomente

$$mxy = k \cdot qr \cdot ly$$

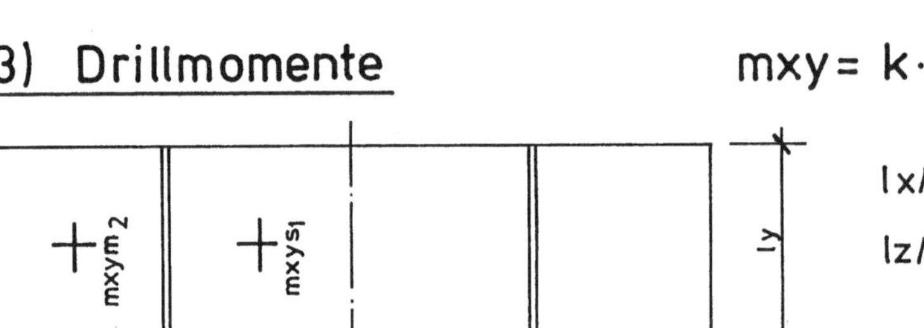

$$lx/ly = \varepsilon_x$$
$$lz/ly = \varepsilon_z$$

Verlauf der Drillmomente
$$\varepsilon_z = 1{,}0 \ / \ \varepsilon_x = 2{,}0$$

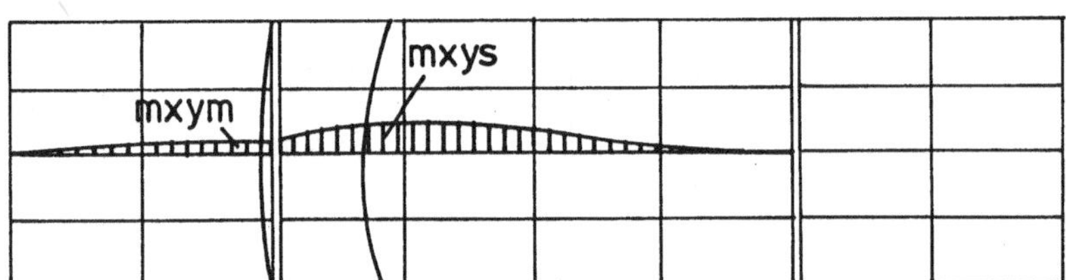

4) horizontale Querkräfte

$$Qy = k \cdot qr \cdot ly$$

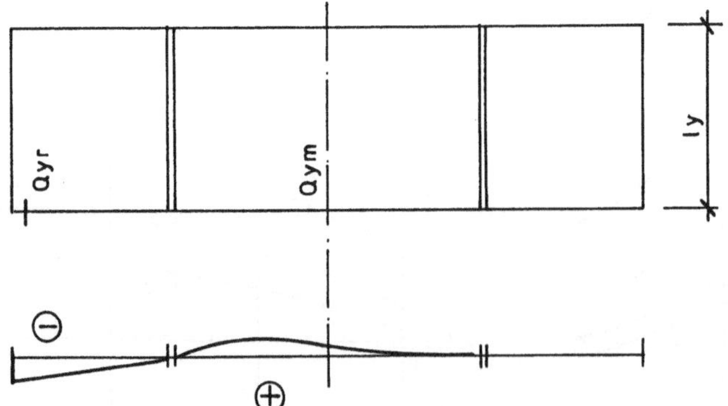

Beiwerte k

0,14
0,12
0,10
0,08
0,06
0,04
0,02
0
mxys1
mxym2
⊖
⊕
1
2
3
4
εx

Qyr
0,20
0,15
0,10
0,05
0
εz=0,50
0,75
1,00
1,25
⊖
1
2
3
4
εx

0,12
0,10
0,08
0,06
0,04
0,02
0
Q-ym
⊕
1
2
3
4
εx

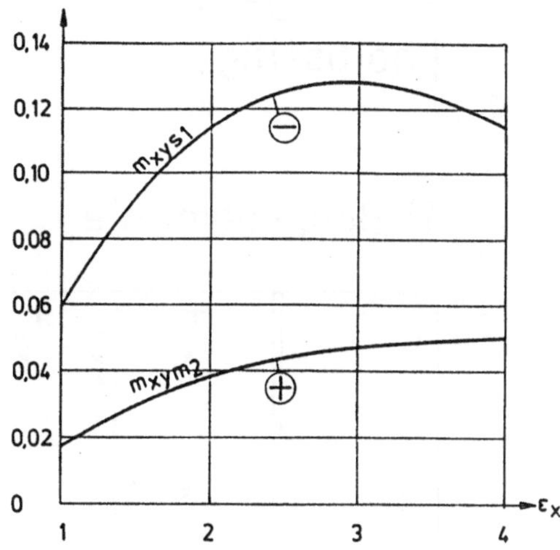

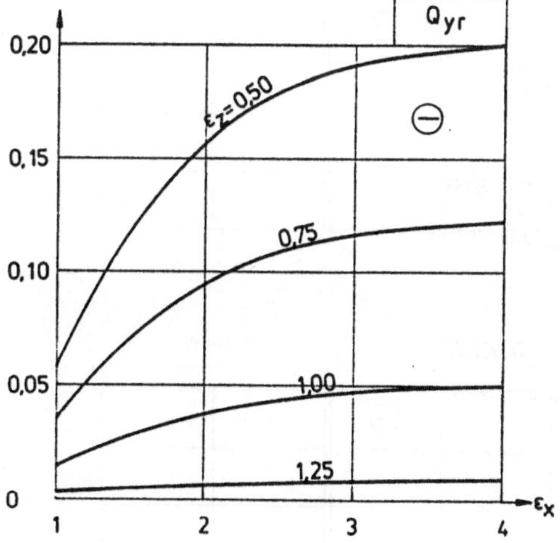

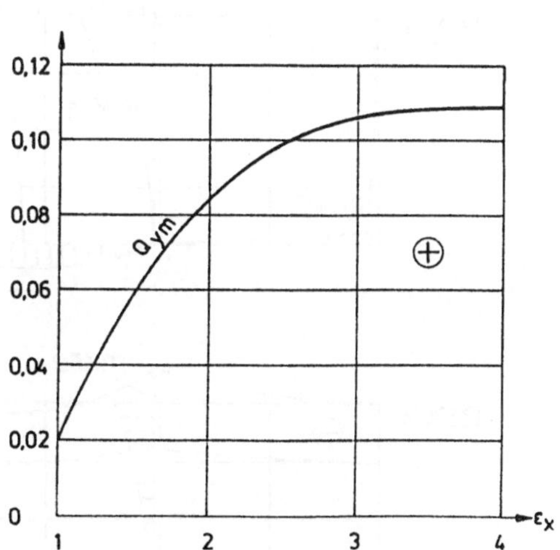

Lastfall 15

Randmoment an
der Oberkante der
Widerlagerwand
(halbseitig)

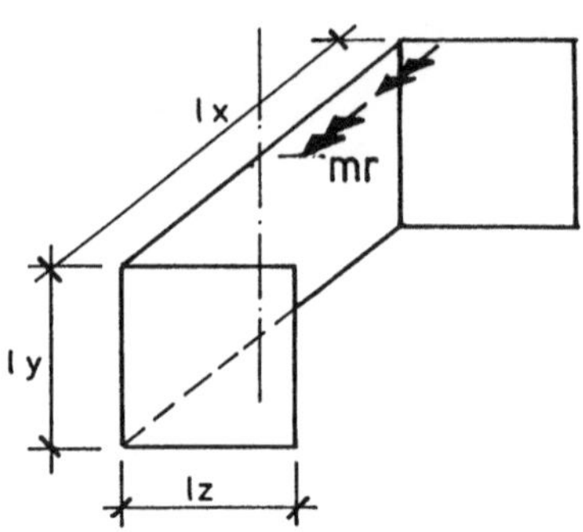

1) Biegemomente

$$m = k \cdot mr$$

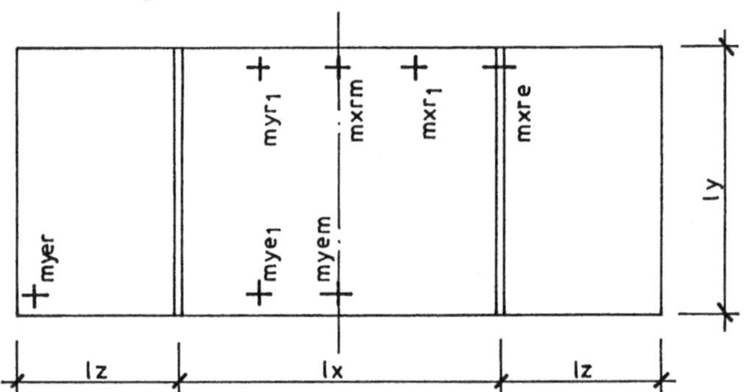

$$lx/ly = \varepsilon_x$$

$$lz/ly = \varepsilon_z$$

Verlauf der Biegemomente

$$\varepsilon_z = 1{,}0 \: / \: \varepsilon_x = 2{,}0$$

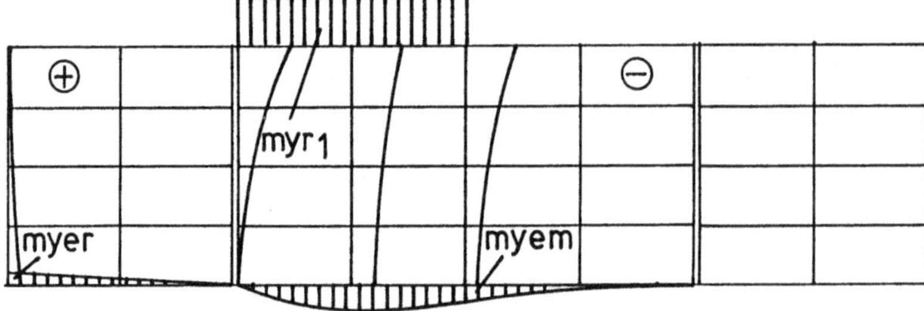

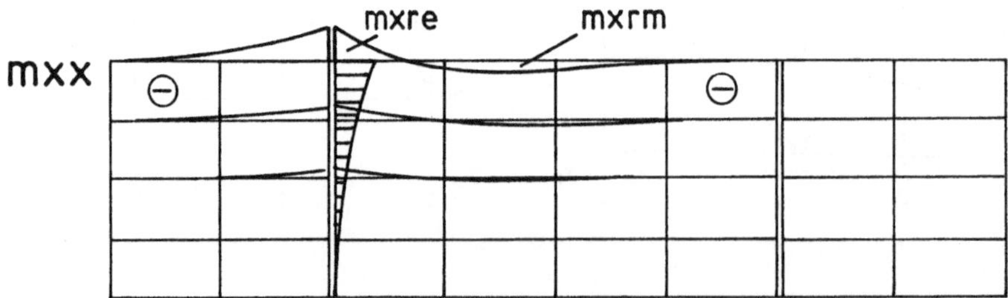

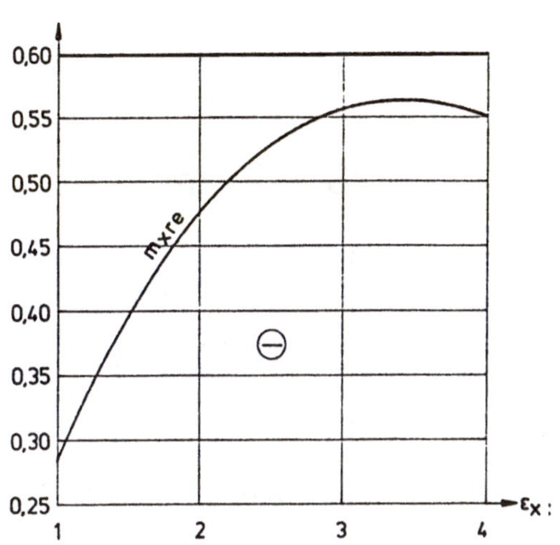

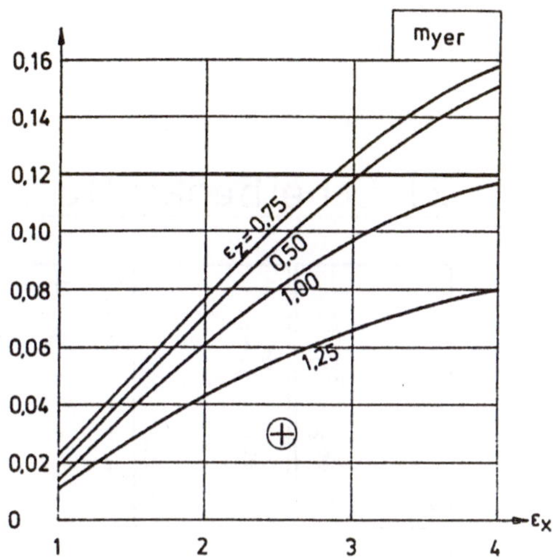

Festwert :

myr_1 | : k = 1,0

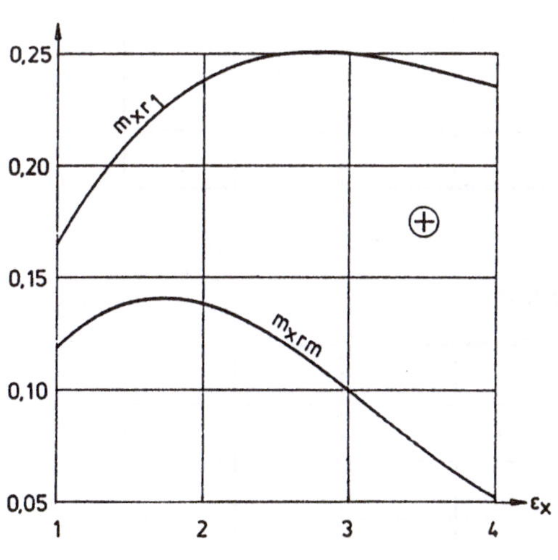

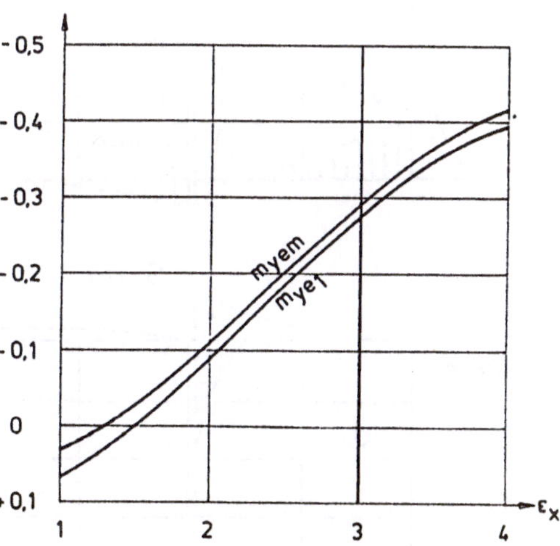

Lastfall 15

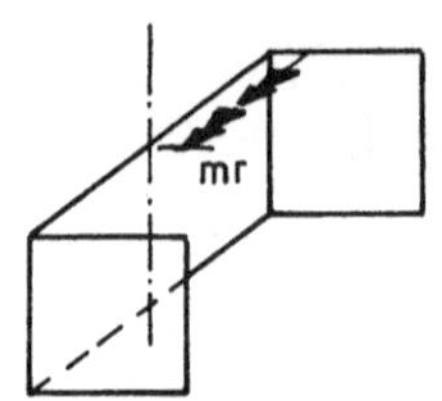

2) Scheibenkräfte

$$S = k \cdot mr$$

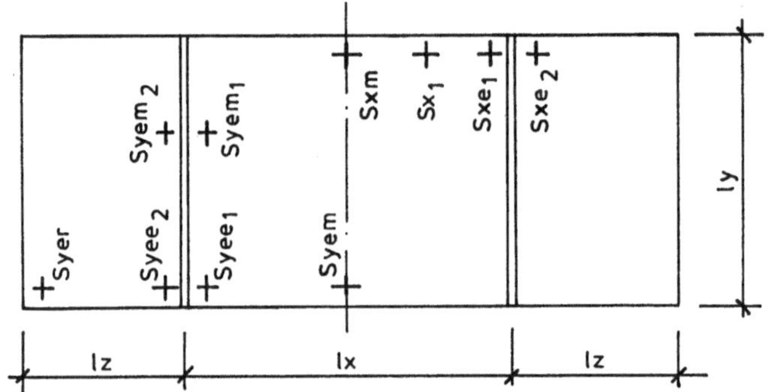

$$lx/ly = \varepsilon_x$$

$$lz/ly = \varepsilon_z$$

$$Syee_2 \lesseqgtr Syee_1$$

Verlauf der Scheibenkräfte

$$\varepsilon_z = 1{,}0 \ / \ \varepsilon_x = 2{,}0$$

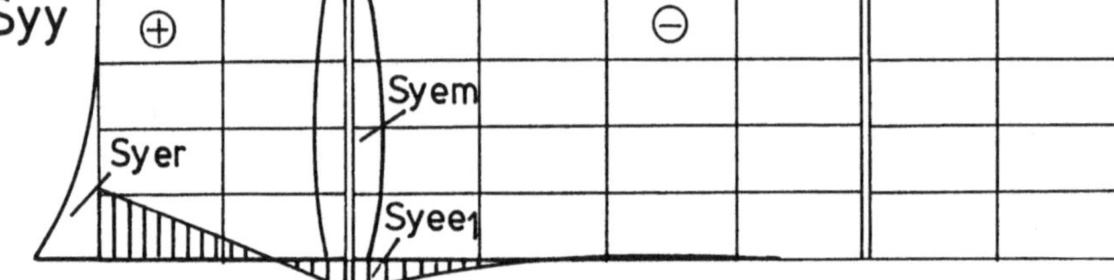

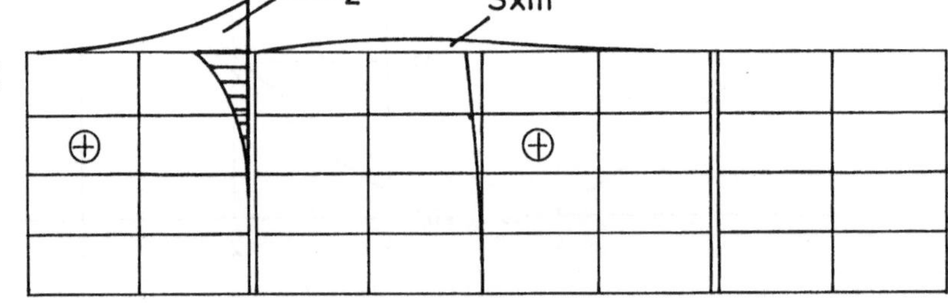

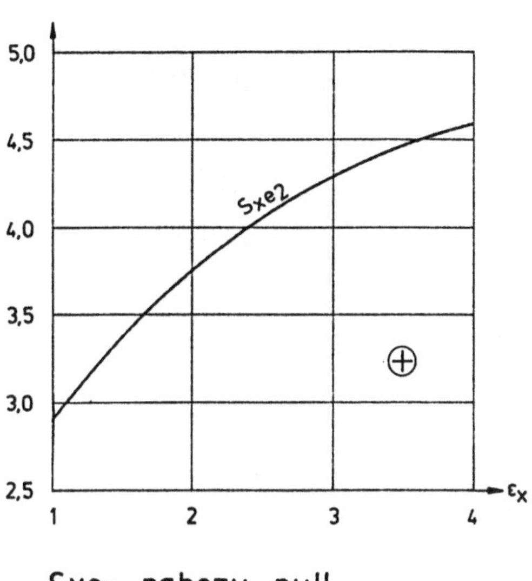

Sxe$_1$ nahezu null

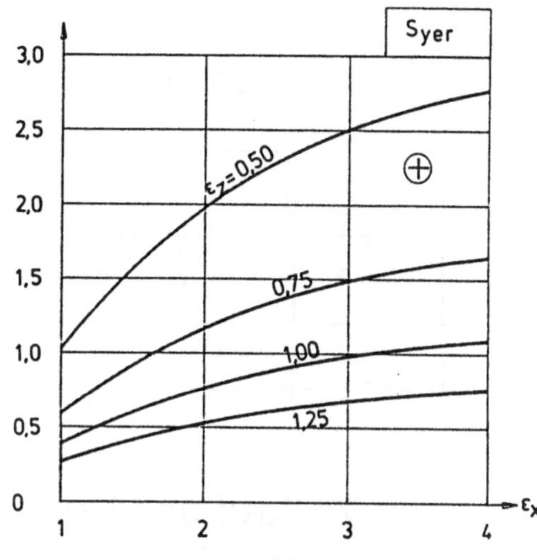

Syem nahezu null

Festwerte :

Syem$_1$ | : k = 0,81

Syem$_2$ | : k = 0,65

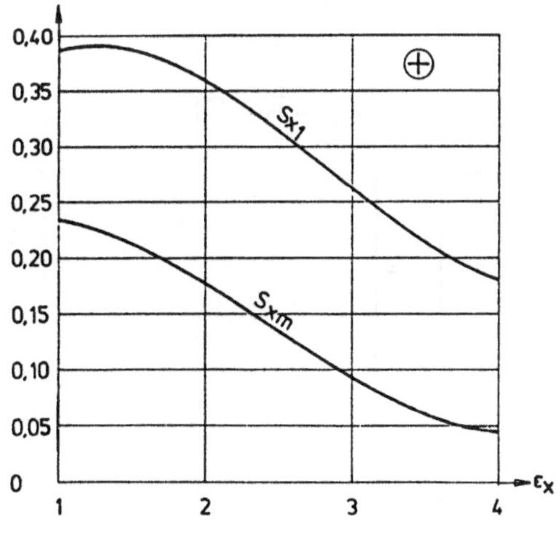

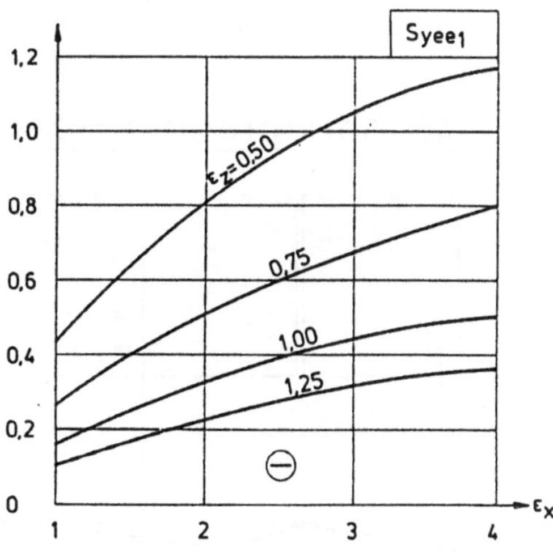

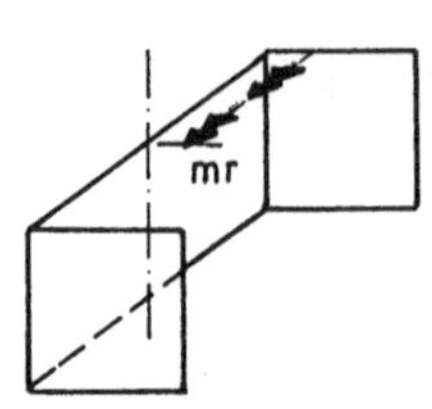

3) Drillmomente

$$mxy = k \cdot mr$$

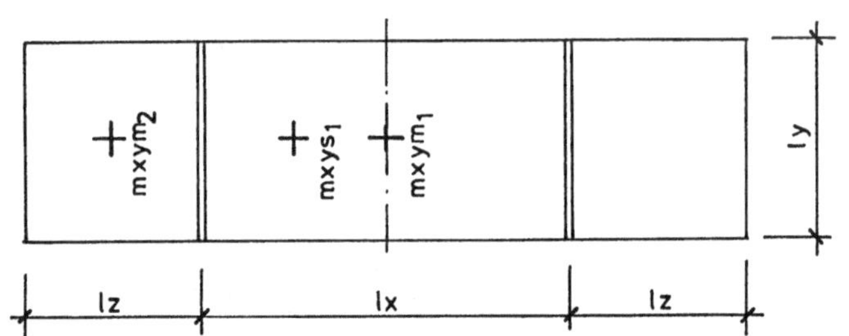

$$lx/ly = \varepsilon_x$$

$$lz/ly = \varepsilon_z$$

Verlauf der Drillmomente

$$\varepsilon_z = 1{,}0 \ / \ \varepsilon_x = 2{,}0$$

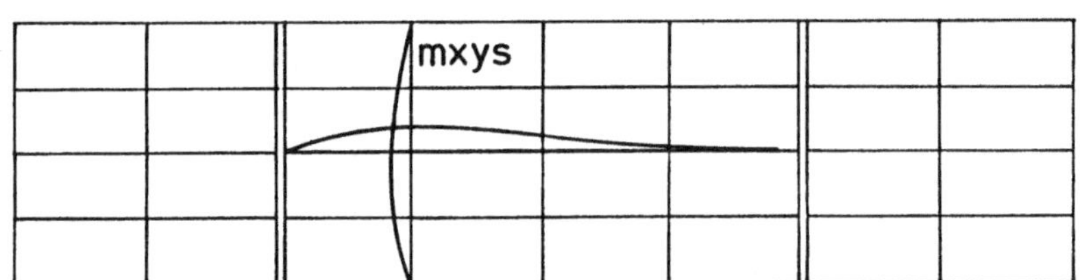

4) horizontale Querkräfte

$$Qy = k \cdot mr$$

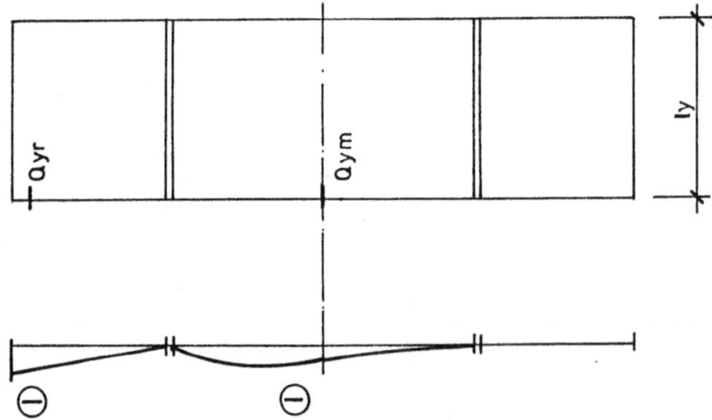

mxym$_2$ nahezu null

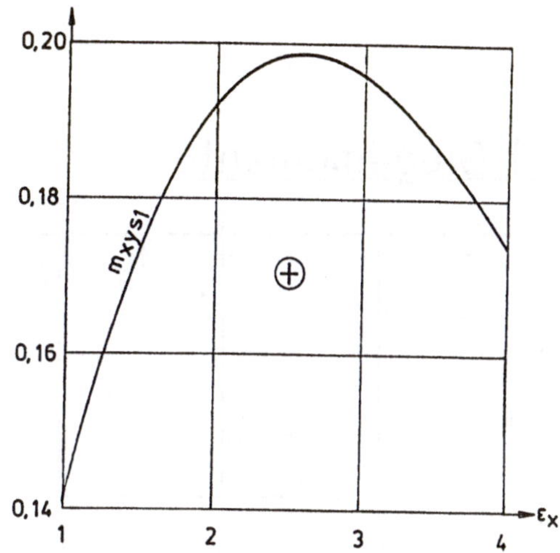

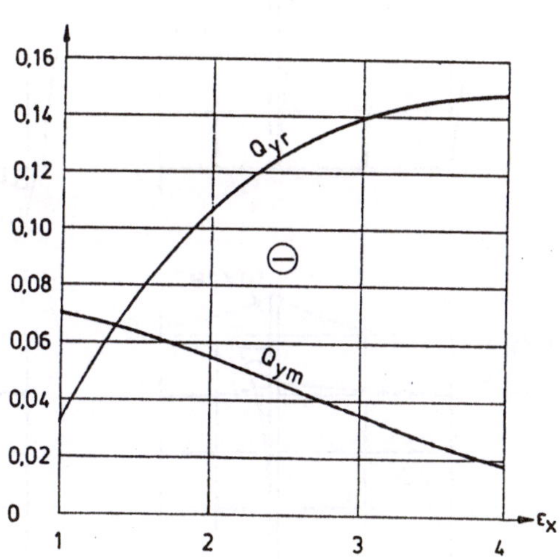

Lastfall 16

Randmoment an
der Flügelwand
(beidseitig)

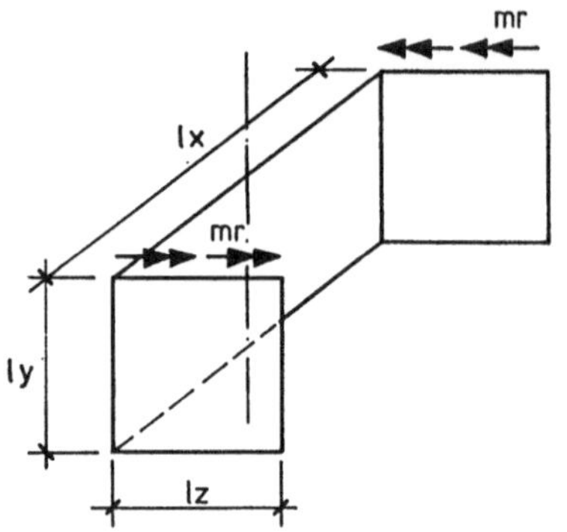

1) Biegemomente

$$m = k \cdot mr$$

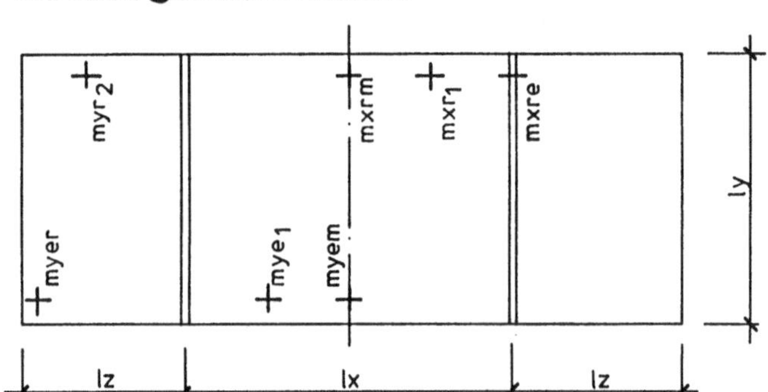

$$lx / ly = \varepsilon_x$$

$$lz / ly = \varepsilon_z$$

Verlauf der Biegemomente

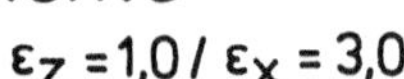

$\varepsilon_z = 0,75 / \varepsilon_x = 1,0$ $\varepsilon_z = 1,0 / \varepsilon_x = 3,0$

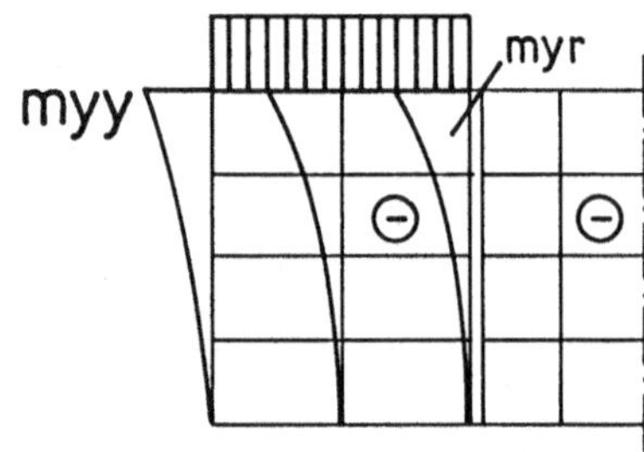
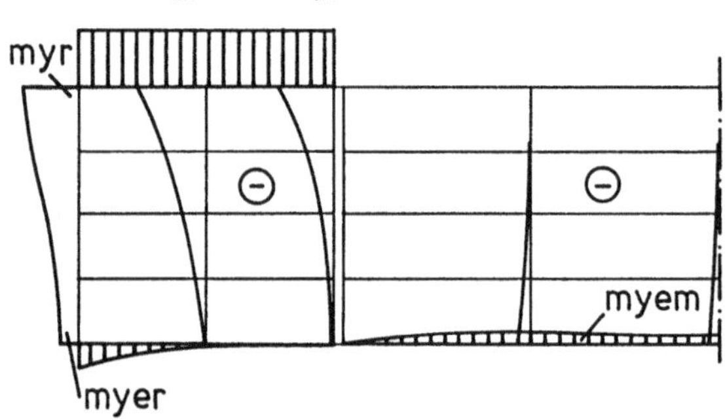

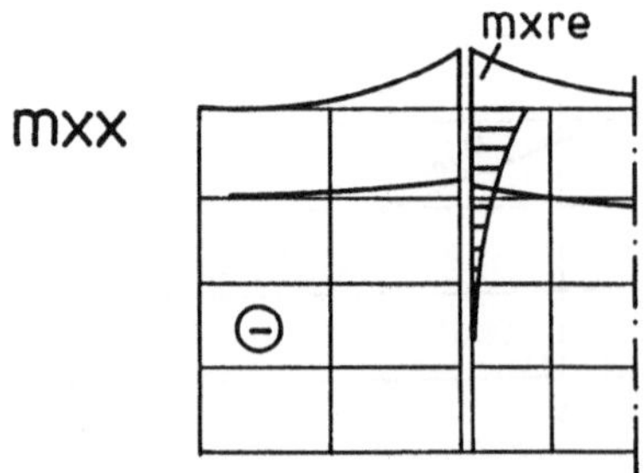
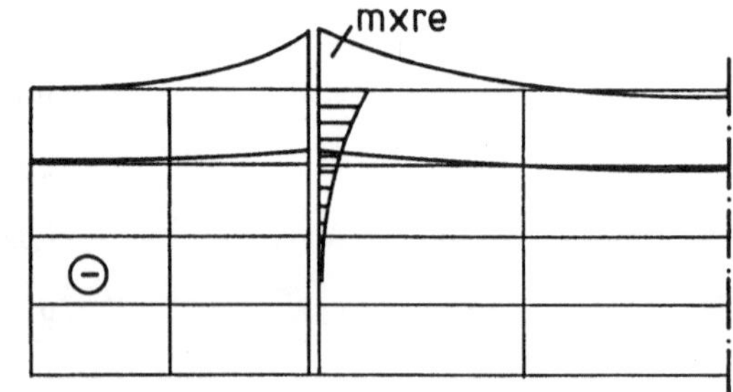

Beiwerte k

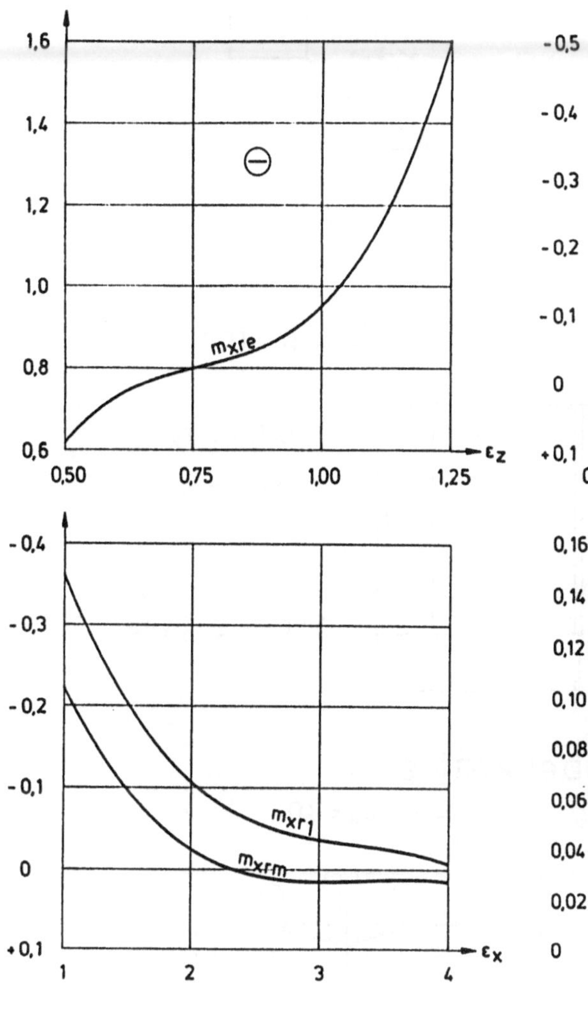

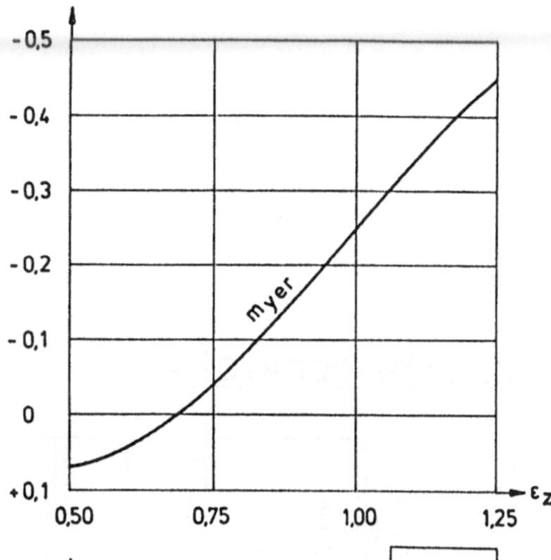

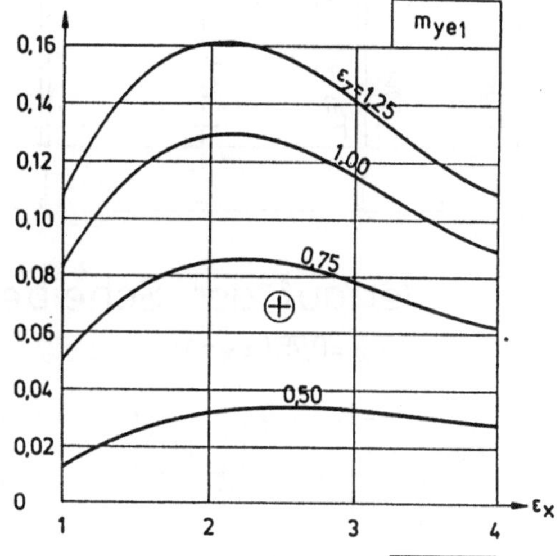

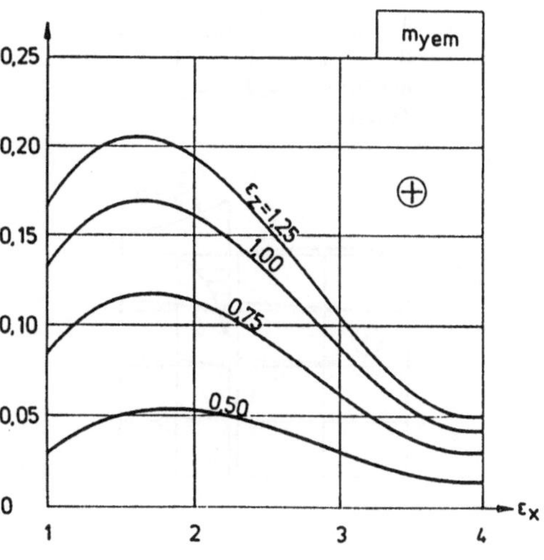

Festwert:

myr_2 | : k = 1,0

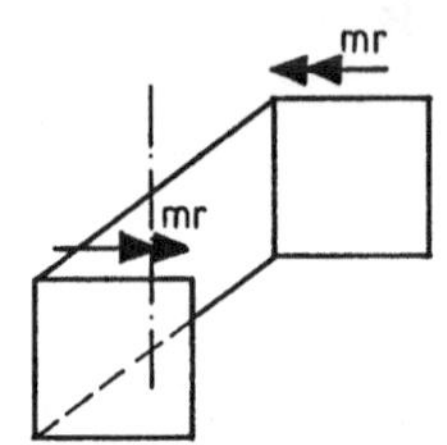

Lastfall 16

2) Scheibenkräfte

$$S = k \cdot mr$$

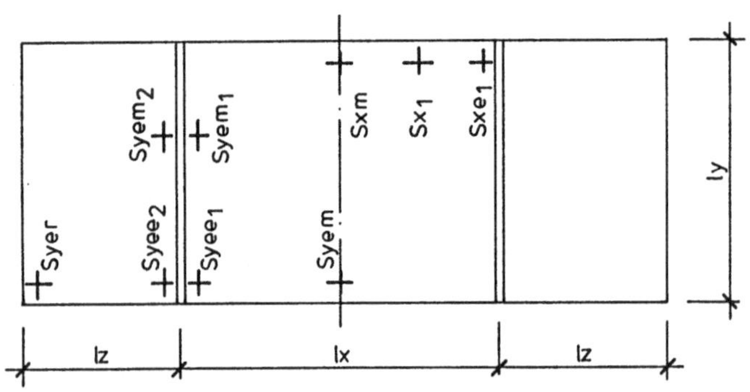

$$lx/ly = \varepsilon_x$$
$$lz/ly = \varepsilon_z$$

$$Syee_2 \lesseqgtr Syee_1$$

Verlauf der Scheibenkräfte

$$\varepsilon_z = 0{,}75 / \quad \varepsilon_x = 1{,}0 \qquad\qquad \varepsilon_z = 1{,}0 / \quad \varepsilon_x = 3{,}0$$

Syy

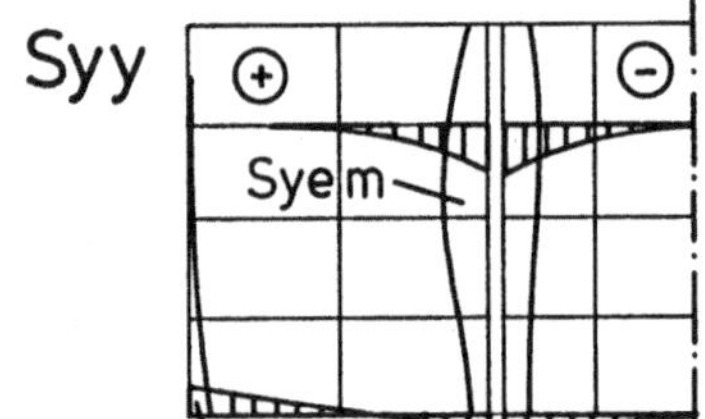

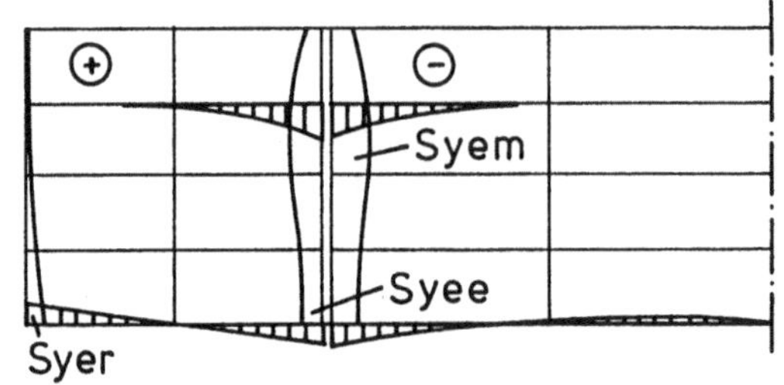

Sxx

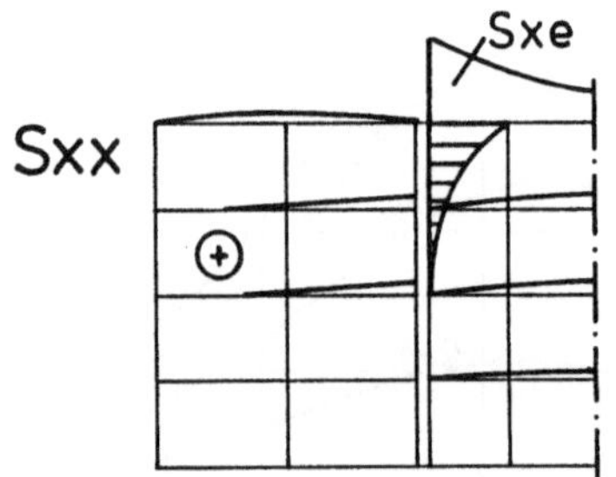

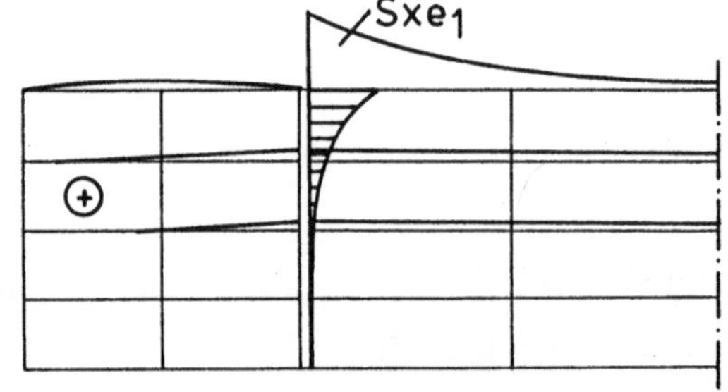

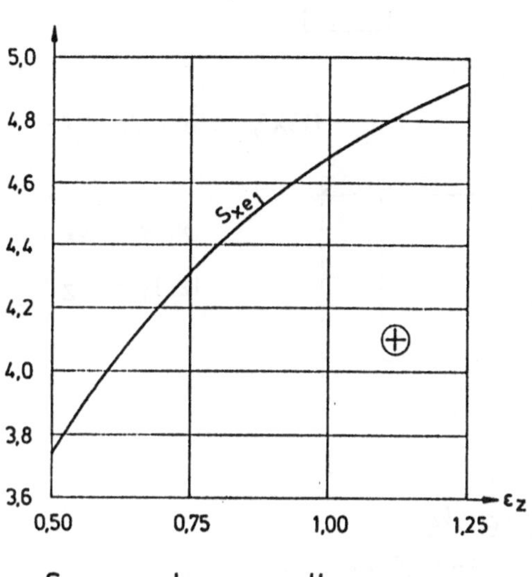

Sxe$_2$ nahezu null

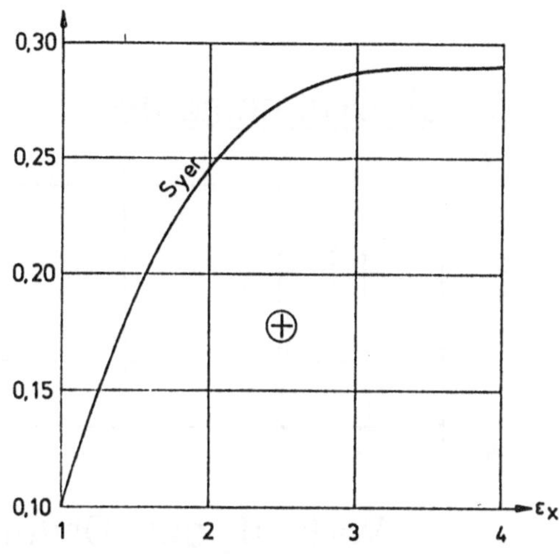

Syem nahezu null

Festwerte :

$Syem_1$ | : k = 0,92

$Syem_2$ | : k = 0,74

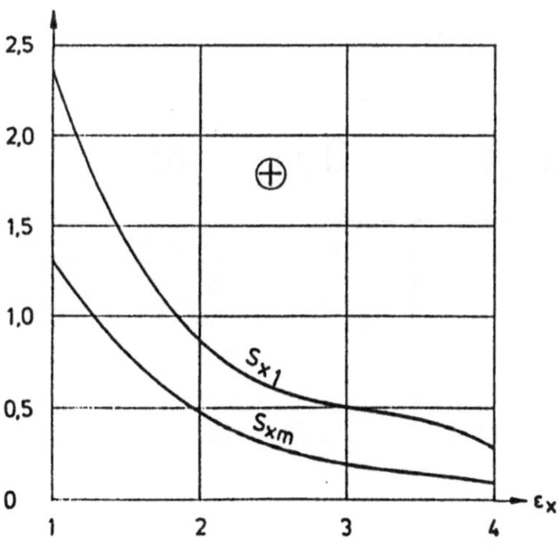

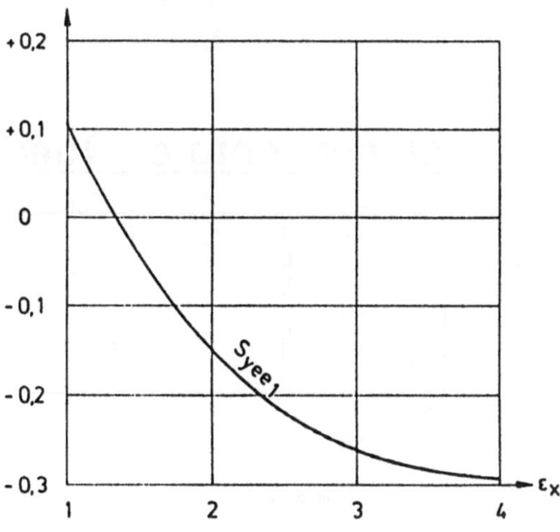

Lastfall 16

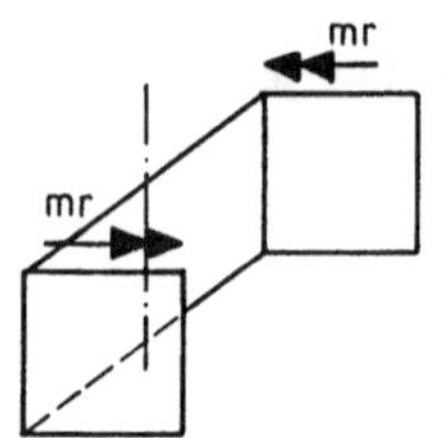

3) Drillmomente

$$mxy = k \cdot qr \cdot ly$$

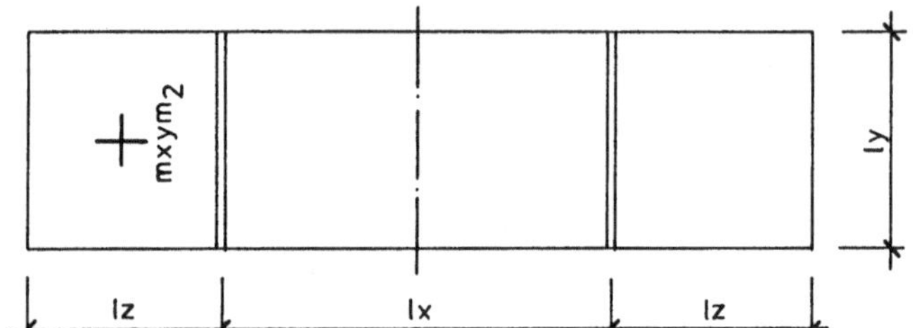

$$lx/ly = \varepsilon_x$$
$$lz/ly = \varepsilon_z$$

Verlauf der Drillmomente

$\varepsilon_z = 0{,}75 / \varepsilon_x = 1{,}0$ $\varepsilon_z = 1{,}0 / \varepsilon_x = 3{,}0$

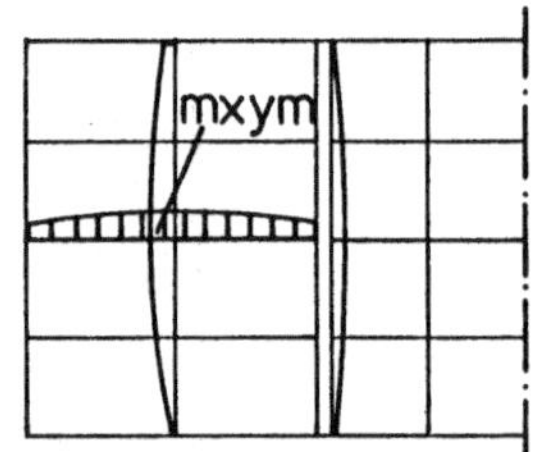
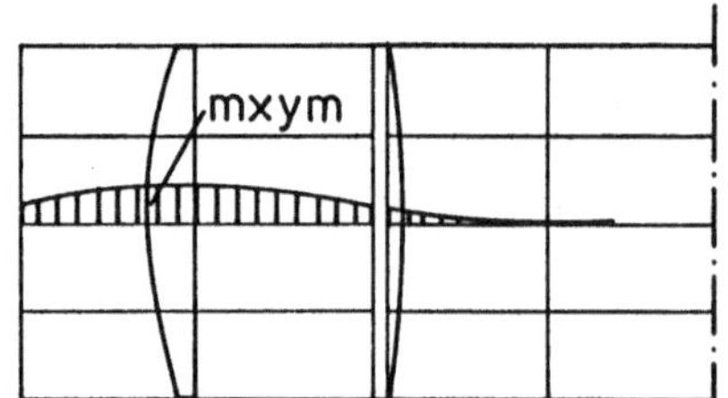

4) horizontale Querkräfte

$$Qy = k \cdot mr$$

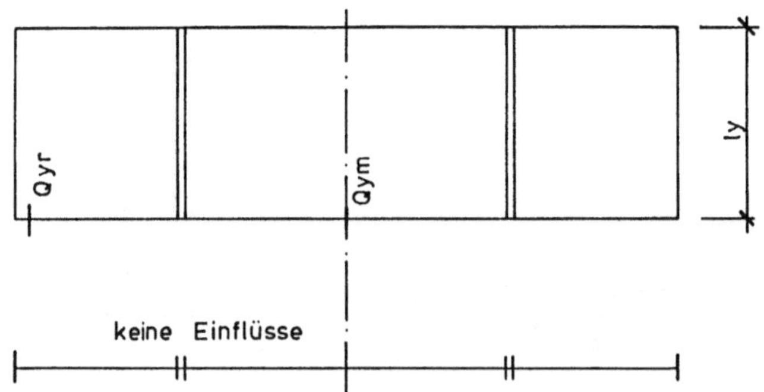

Beiwerte k

Tafel 16.3 - $\angle$ 90°

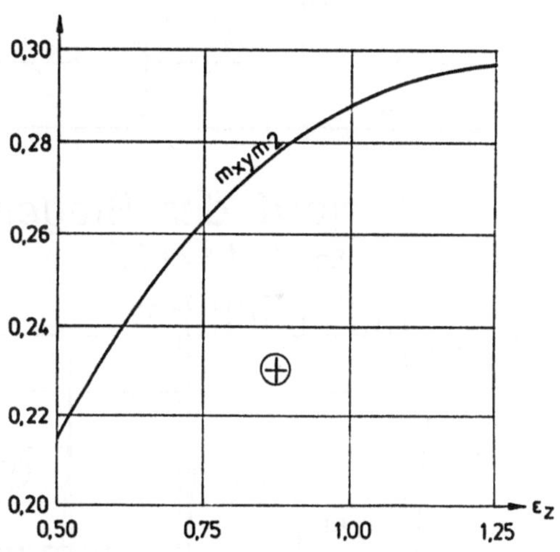

Lastfall 17

Randmoment an
der Flügelwand
(einseitig)

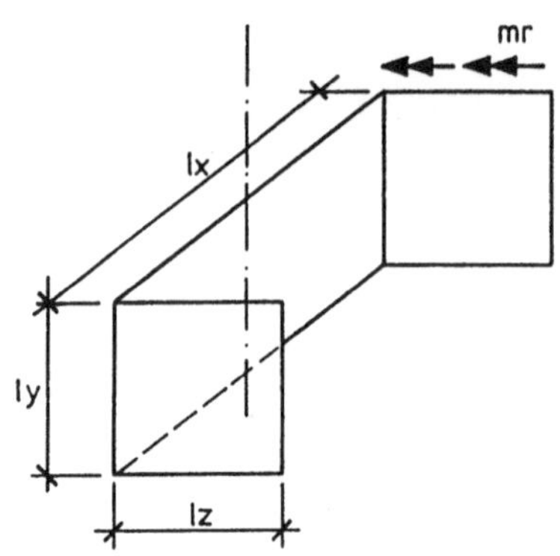

1) Biegemomente

$$m = k \cdot mr$$

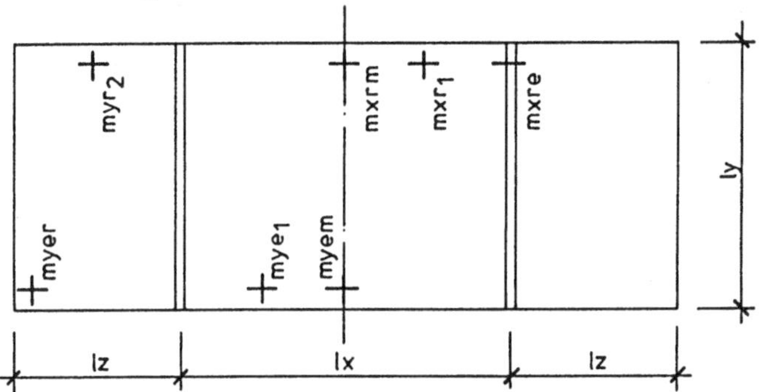

$$lx/ly = \varepsilon_x$$
$$lz/ly = \varepsilon_z$$

Verlauf der Biegemomente
$\varepsilon_z = 1{,}0 / \varepsilon_x = 2{,}0$

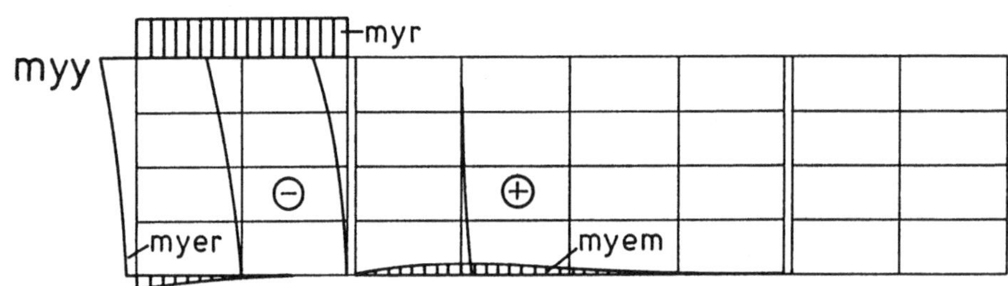

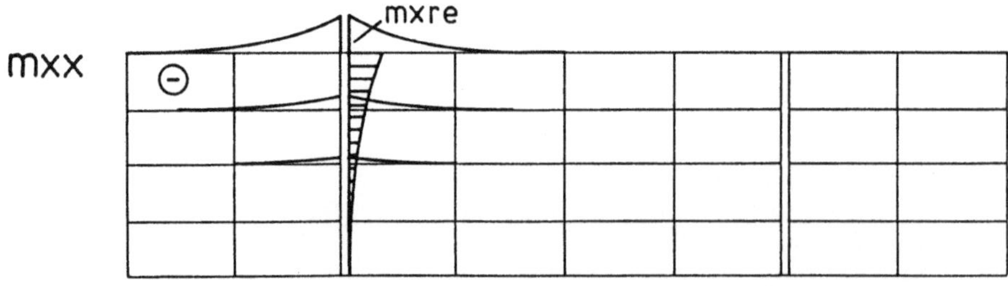

Beiwerte k

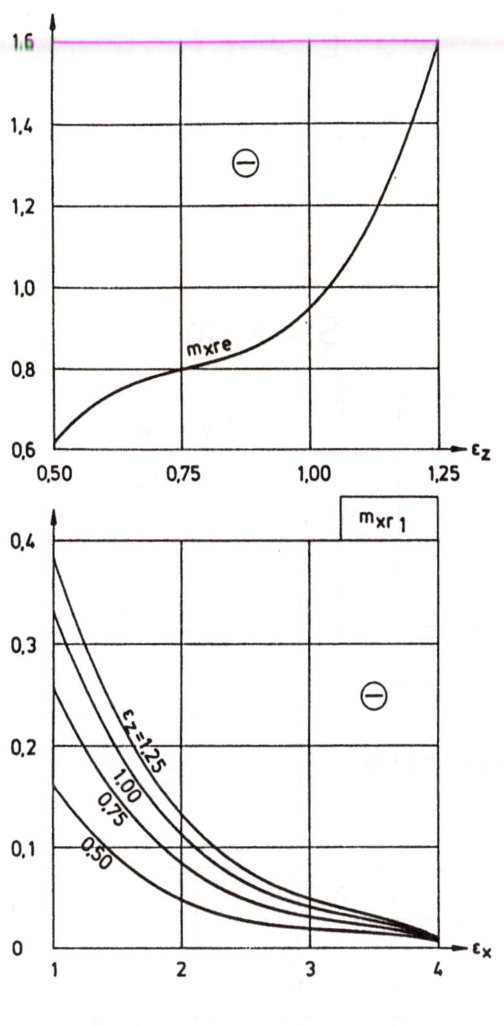

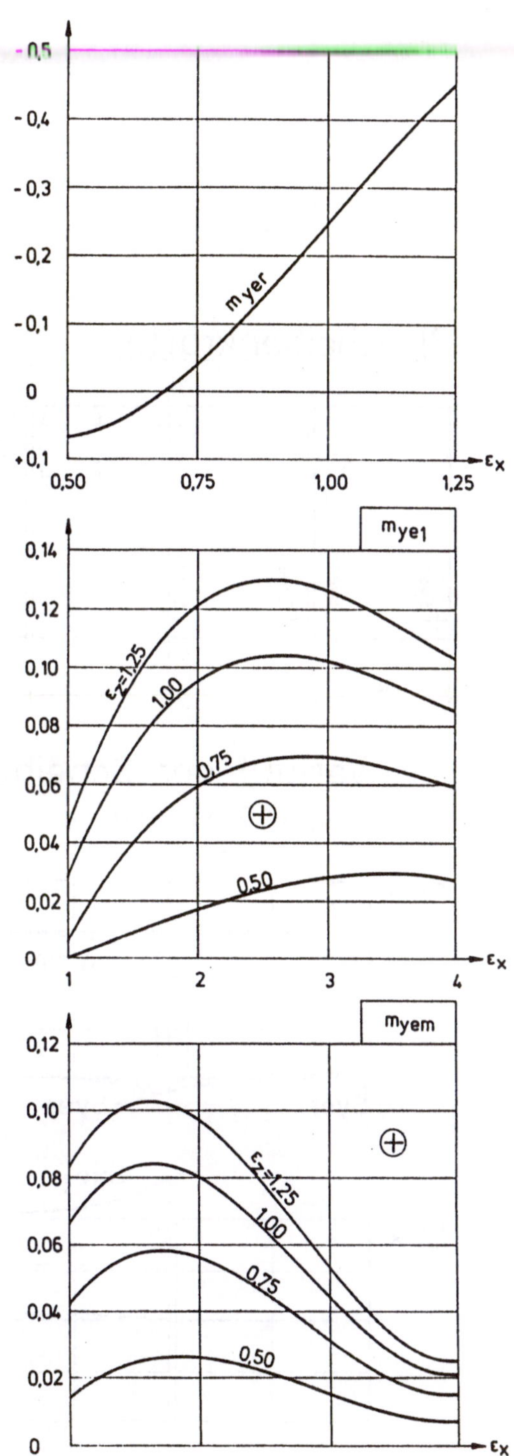

Festwert :

$myr_2 \ | \ : k = 1,0$

Lastfall 17

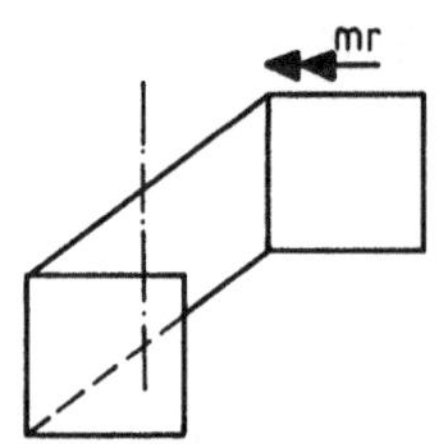

2) Scheibenkräfte

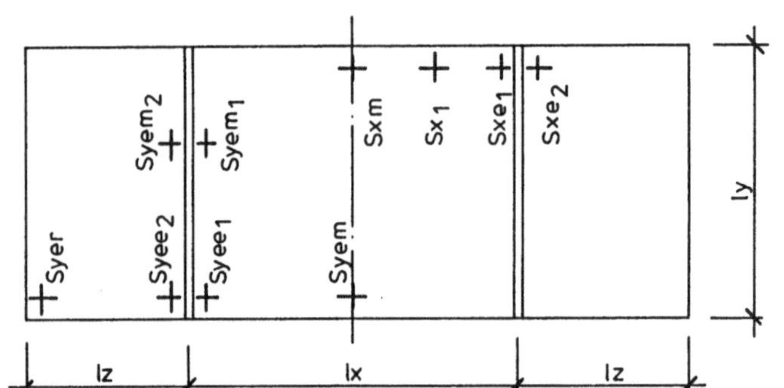

$$S = k \cdot mr$$

$$lx/ly = \varepsilon_x$$
$$lz/ly = \varepsilon_z$$

$$Syee_2 \leqq Syee_1$$

Verlauf der Scheibenkräfte

$$\varepsilon_z = 1{,}0 \; / \; \varepsilon_x = 2{,}0$$

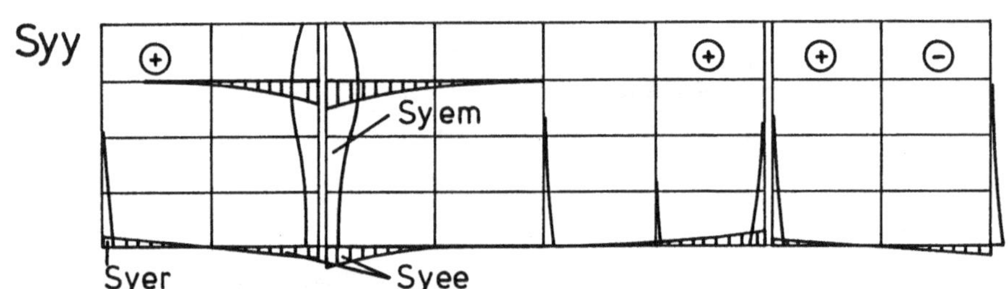

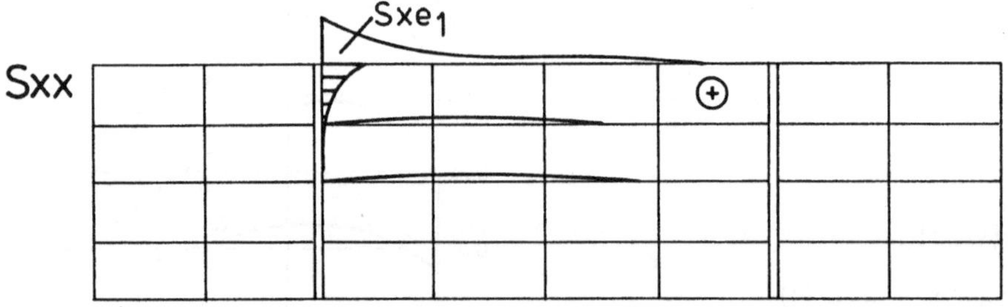

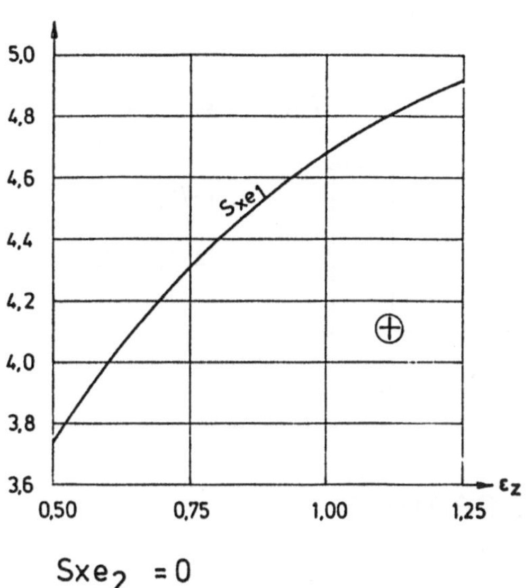

$Sxe_2 = 0$

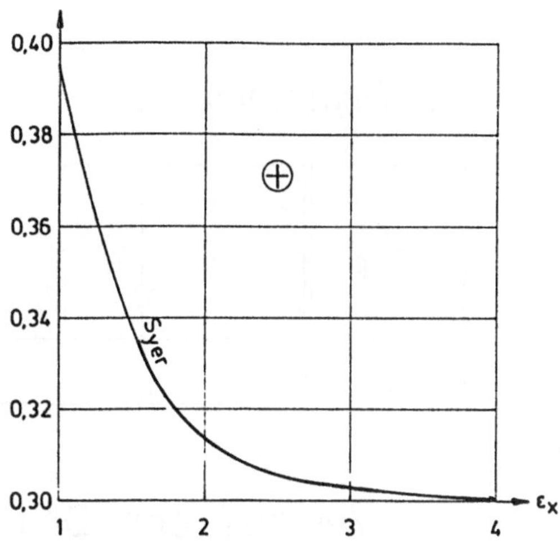

Syem   nahezu   null

Festwerte :

$Syem_1$: k = 0,93

$Syem_2$: k = 0,75

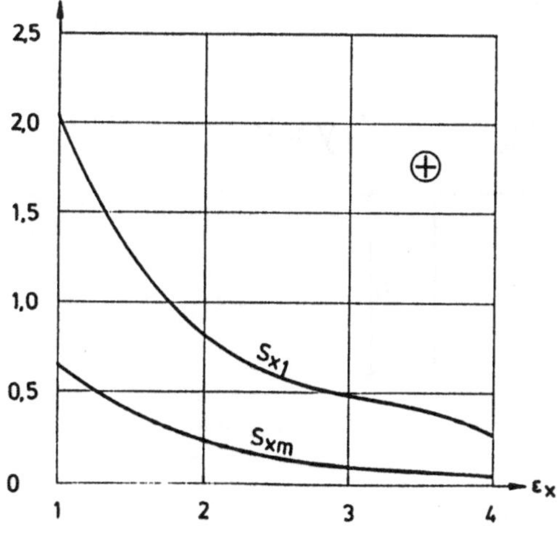

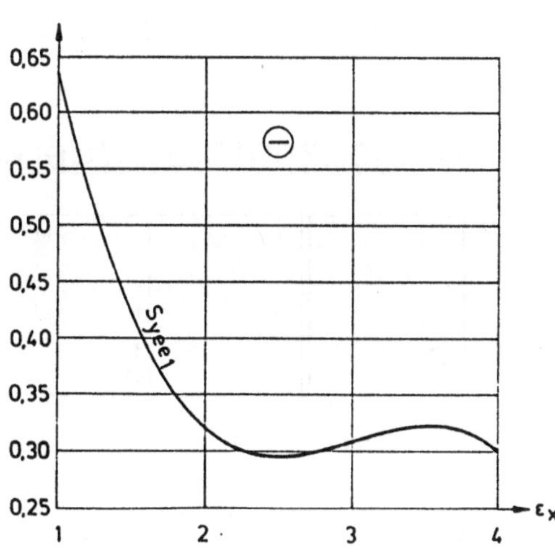

Lastfall 17

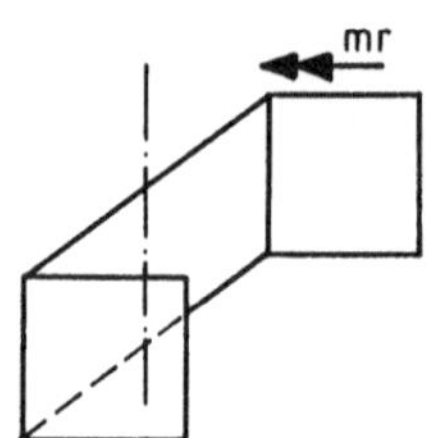
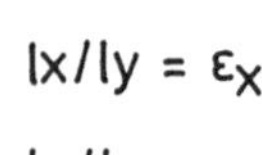

3) Drillmomente

$$mxy = k \cdot mr$$

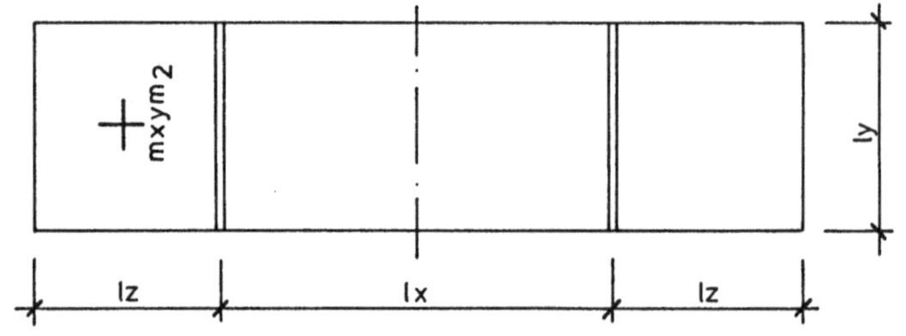

$$lx/ly = \varepsilon_x$$
$$lz/ly = \varepsilon_z$$

Verlauf der Drillmomente

$\varepsilon_z = 1{,}0 \; / \; \varepsilon_x = 2{,}0$

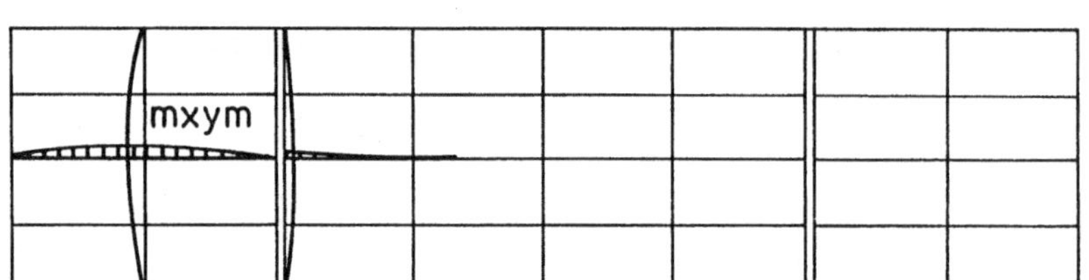

4) horizontale Querkräfte

$$Qy = k \cdot mr$$

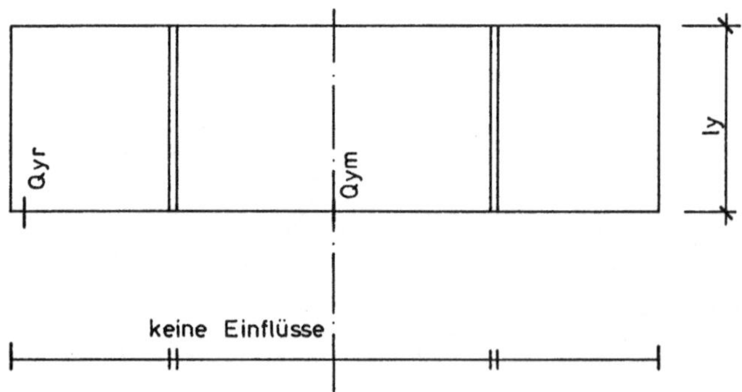

Beiwerte k   Tafel 17.3 - ◻ 90°

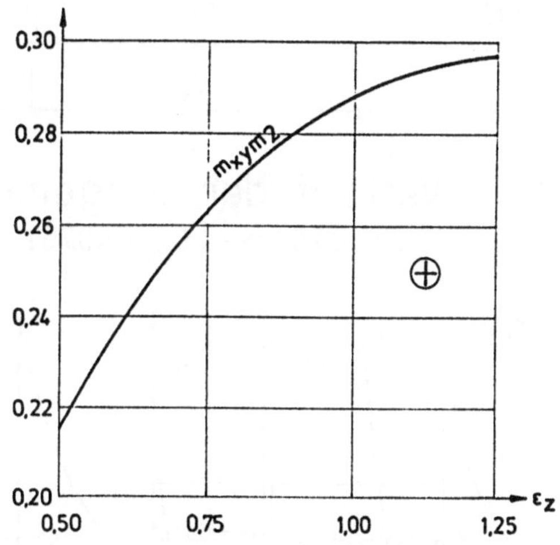

Lastfall 18

Horizontale Randlast
an der Flügelwand
(beidseitig)

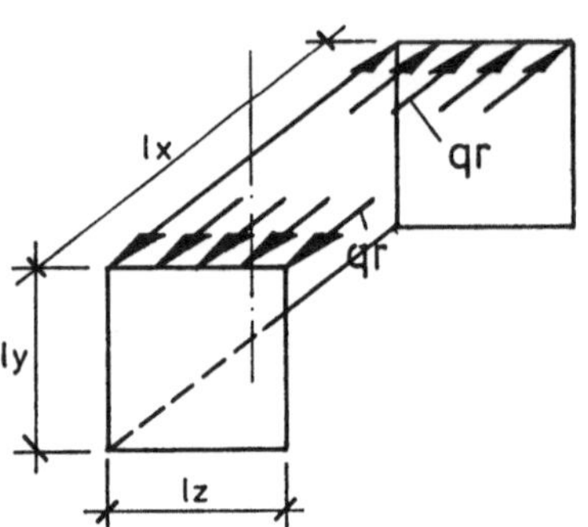

1) Biegemomente

$$m = k \cdot qr \cdot ly$$

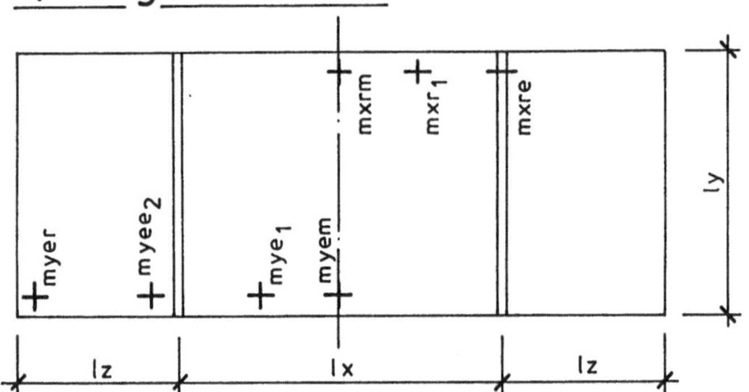

$$lx / ly = \varepsilon x$$
$$lz / ly = \varepsilon z$$

Verlauf der Biegemomente

$\varepsilon z = 0{,}75 / \varepsilon x = 1{,}0 , \quad \beta = 0{,}75 ; \qquad \varepsilon z = 1{,}0 / \varepsilon x = 3{,}0$

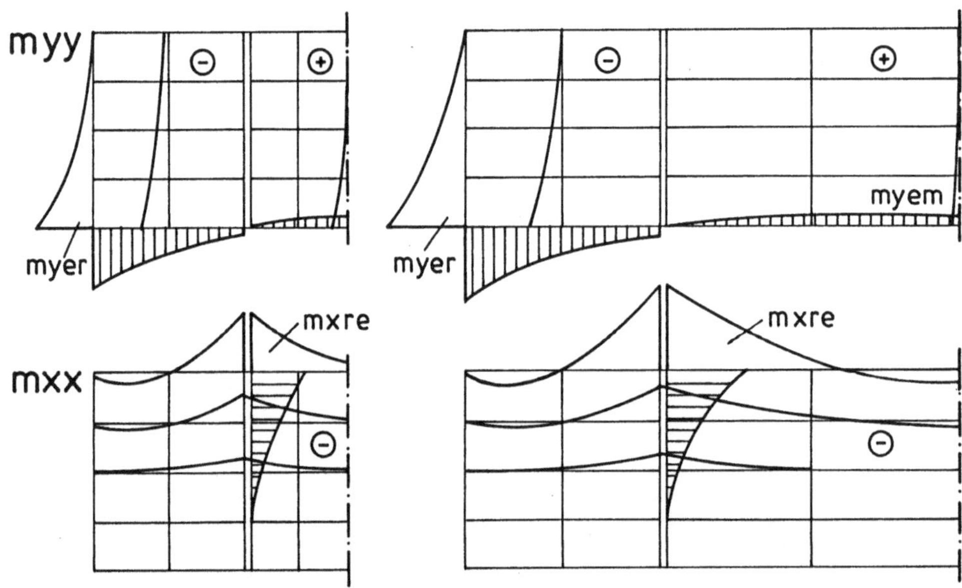

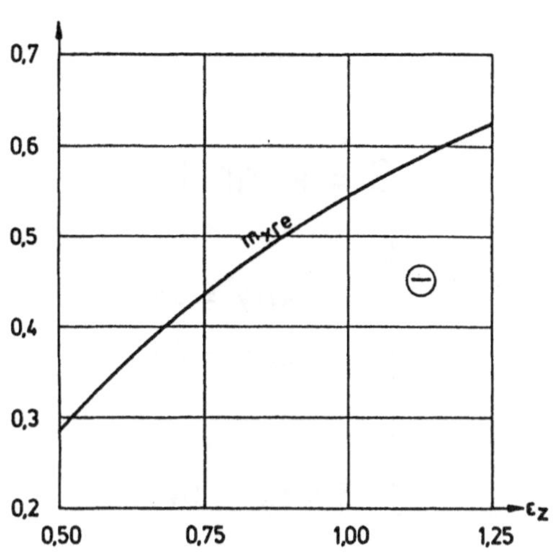

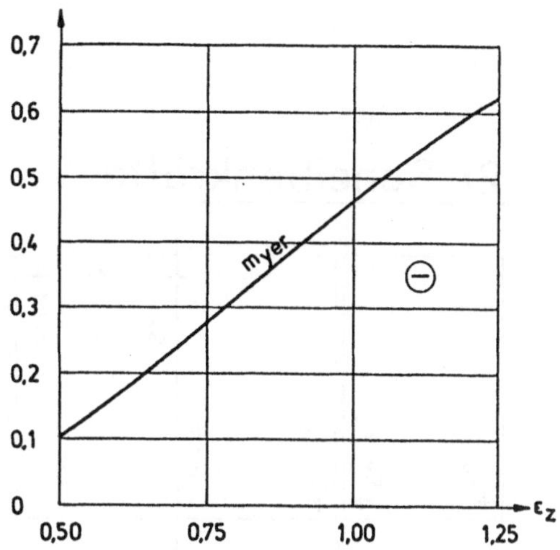

Festwert:

m_{yee_2} |: k = 0,035

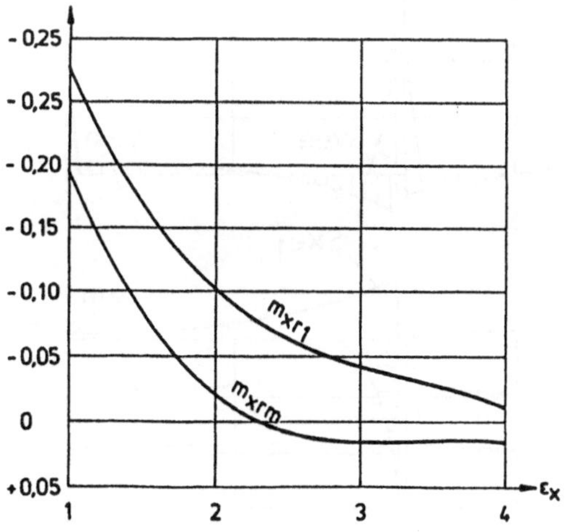

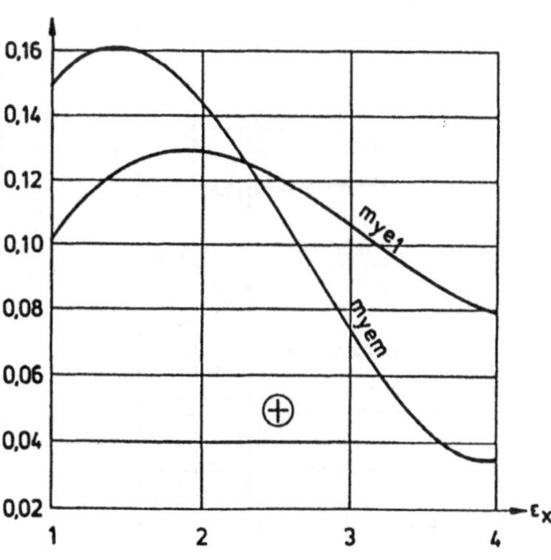

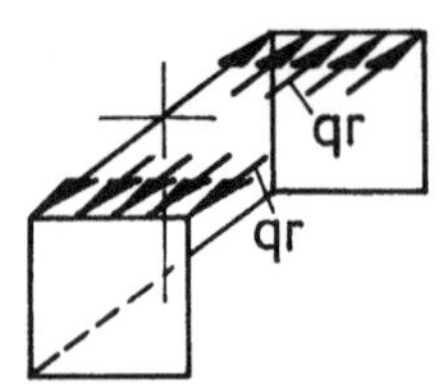

2) Scheibenkräfte

$$S = k \cdot qr \cdot ly$$

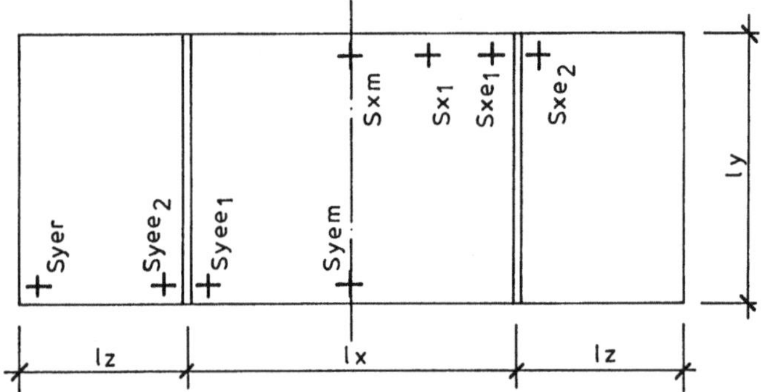

$$lx/ly = \varepsilon x$$
$$lz/ly = \varepsilon z$$

Syee2   Syee1

Verlauf der Scheibenkräfte
$\varepsilon z = 0{,}75 / \varepsilon x = 1{,}0$, $\beta = 0{,}75$; $\varepsilon z = 1{,}0 / \varepsilon x = 3{,}0$

Syy

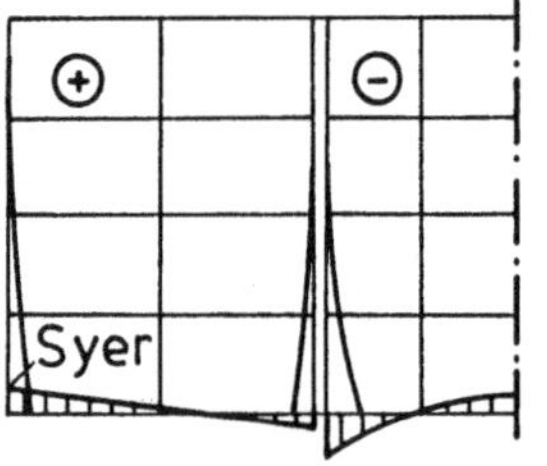
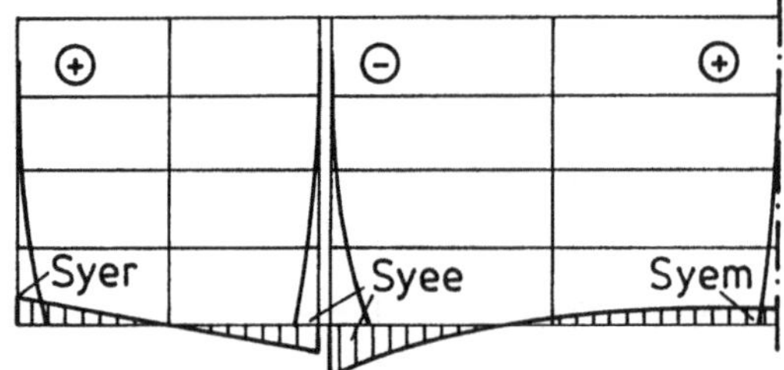

Sxx

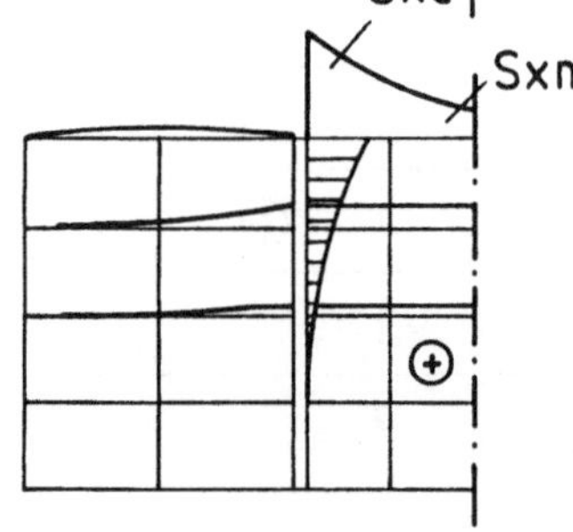
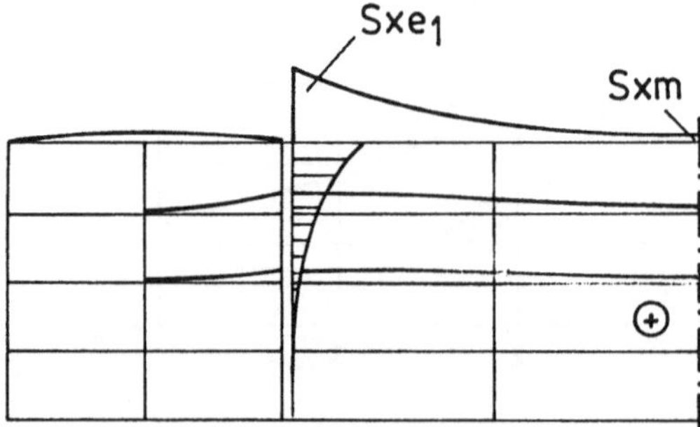

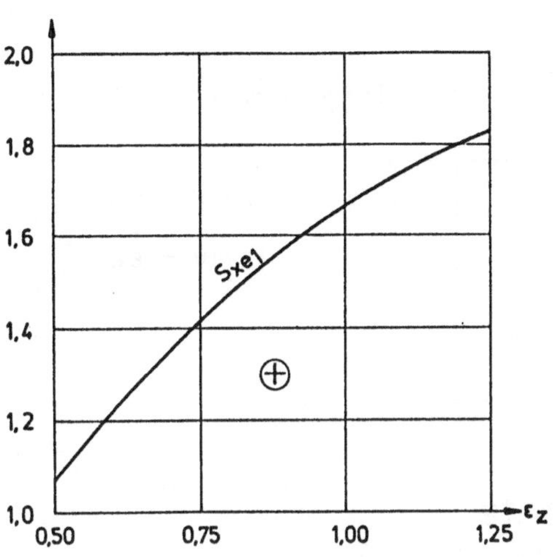

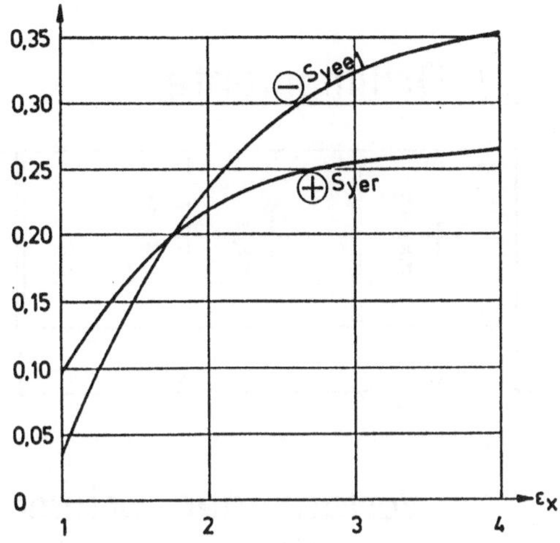

S_{xe2} nahezu null

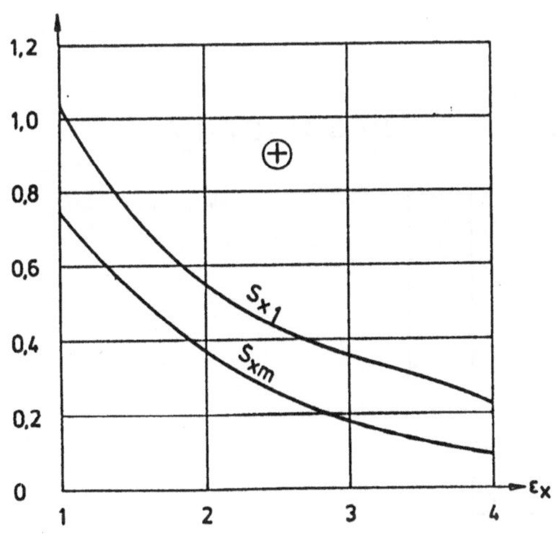

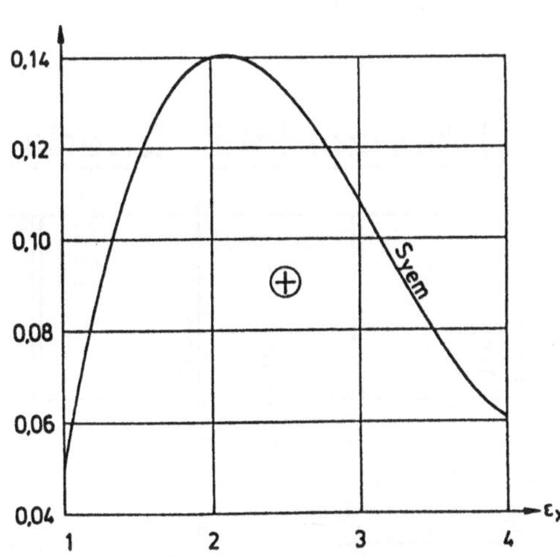

Lastfall 18

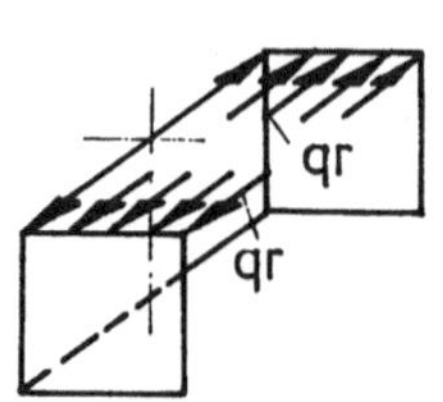

3) Drillmomente

$$mxy = k \cdot qr \cdot ly$$

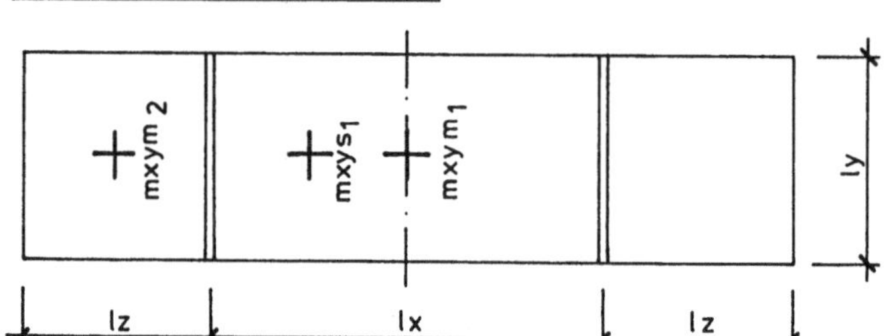

$lx/ly = \varepsilon x$

$lz/ly = \varepsilon z$

Verlauf der Drillmomente

$\varepsilon z = 0{,}75 \, / \, \varepsilon x = 1{,}0 \, , \quad = 0{,}75 ; \qquad \varepsilon z = 1{,}0 \, / \, \varepsilon x = 3{,}0$

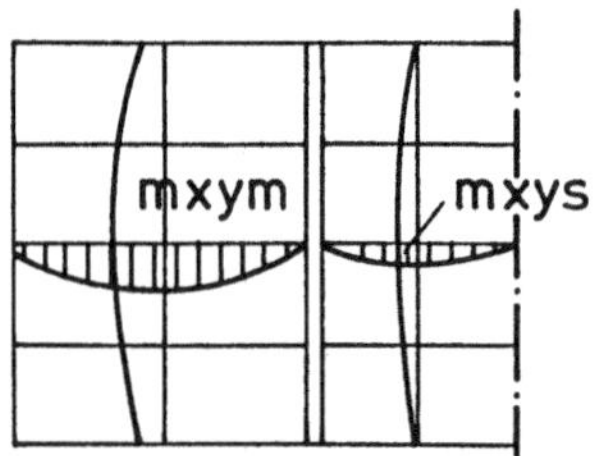

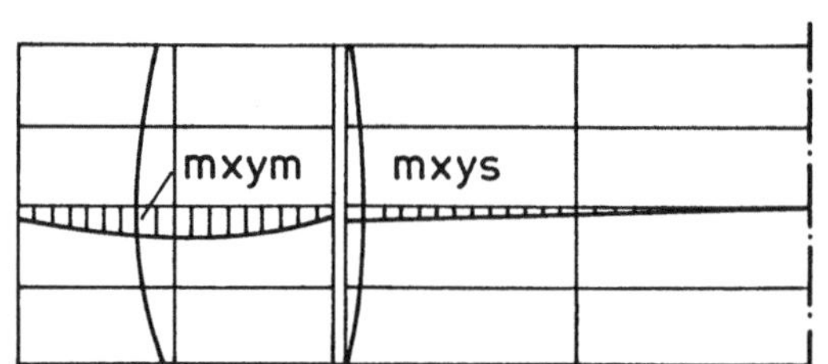

4) horizontale Querkraft

$$Qy = k \cdot qr \cdot ly$$

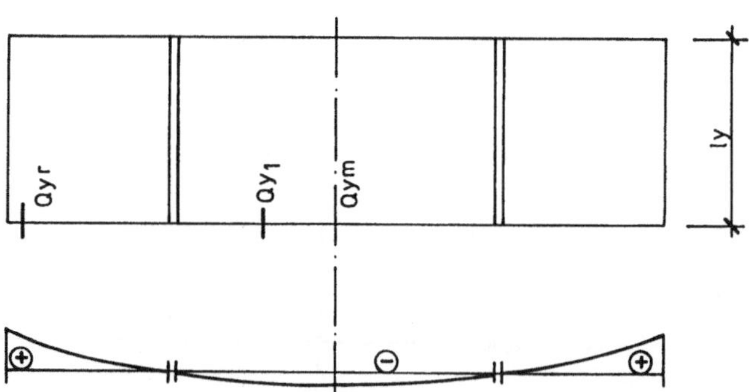

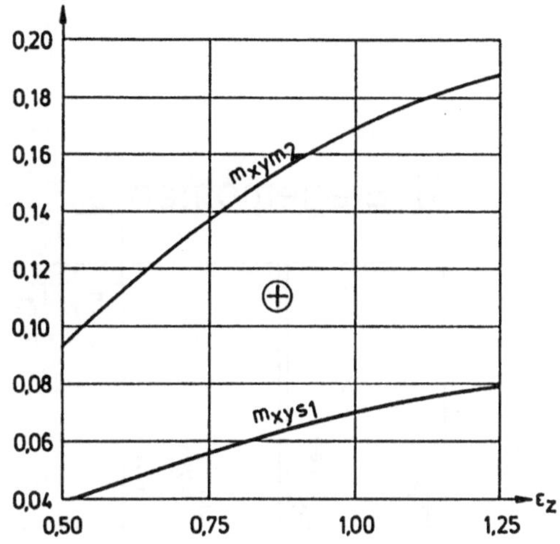
0,20
0,18
0,16
0,14
0,12
0,10
0,08
0,06
0,04
m_xym2
⊕
m_xys1
ε_z
0,50   0,75   1,00   1,25

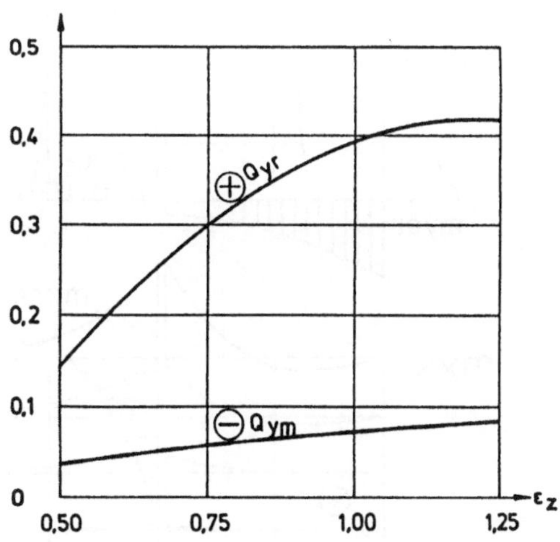
0,5
0,4
0,3
0,2
0,1
0
⊕ q_yr
⊖ q_ym
ε_z
0,50   0,75   1,00   1,25

Lastfall 19

Horizontale Randlast
an der Flügelwand
(einseitig)

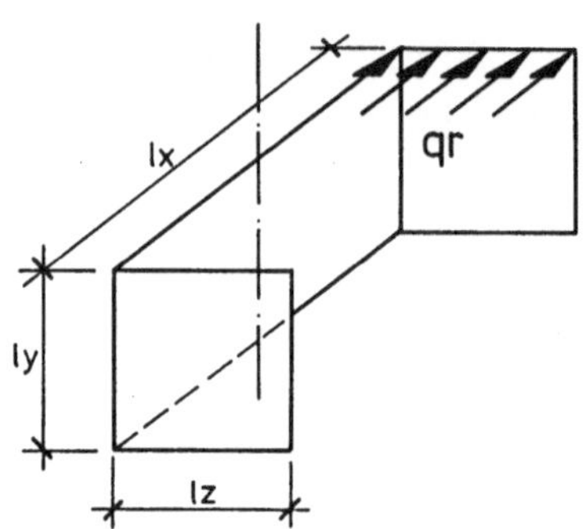

1) Biegemomente

$$m = k \cdot qr \cdot ly$$

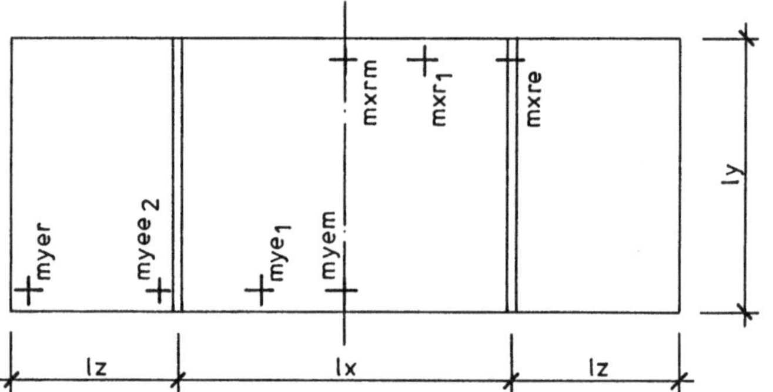

$$lx/ly = \varepsilon_x$$
$$lz/ly = \varepsilon_z$$

Verlauf der Biegemomente
$\varepsilon_z = 1{,}0 \;/\; \varepsilon_x = 2{,}0$

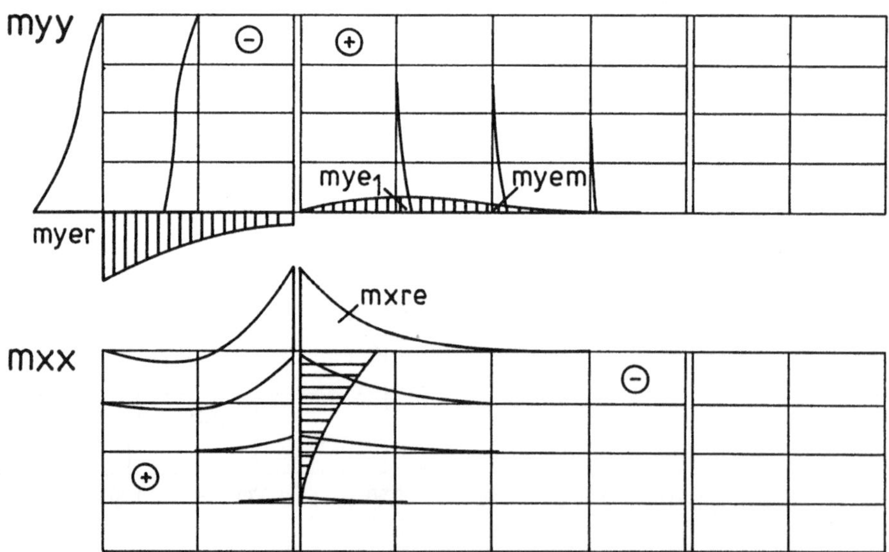

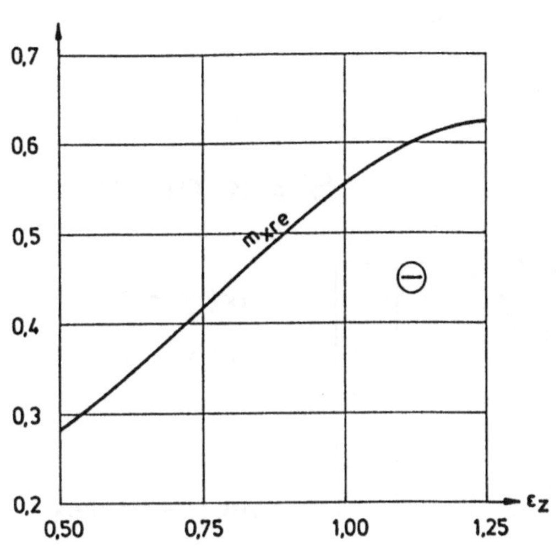

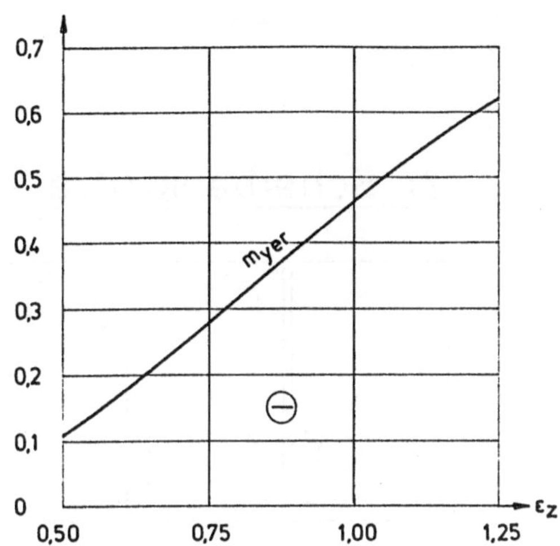

Festwert:

$myee_2$ |: $k = 0{,}035$

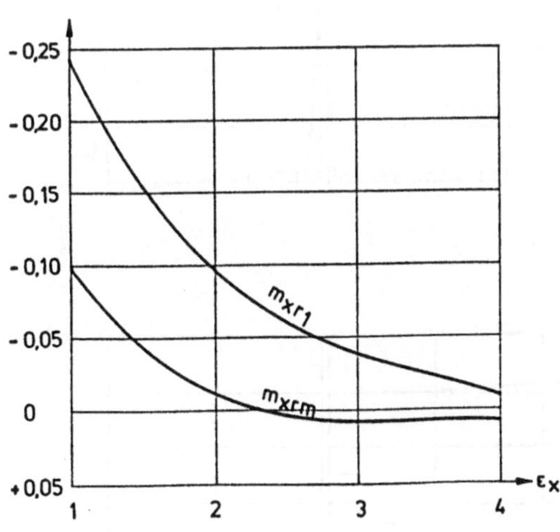

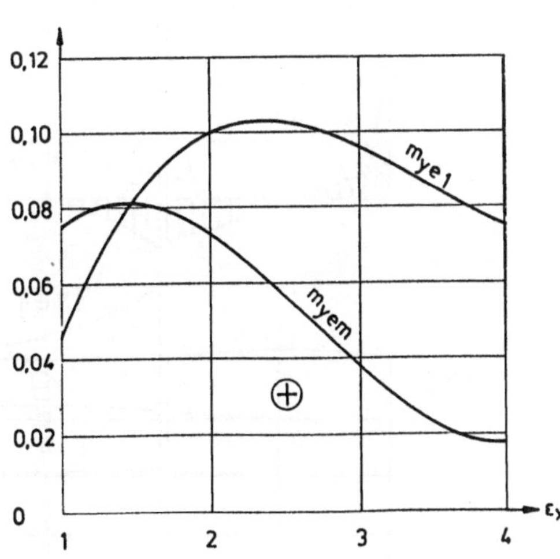

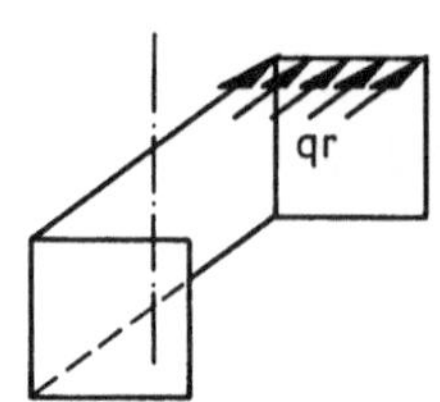

Lastfall 19

2) Scheibenkräfte

$$S = k \cdot qr \cdot ly$$

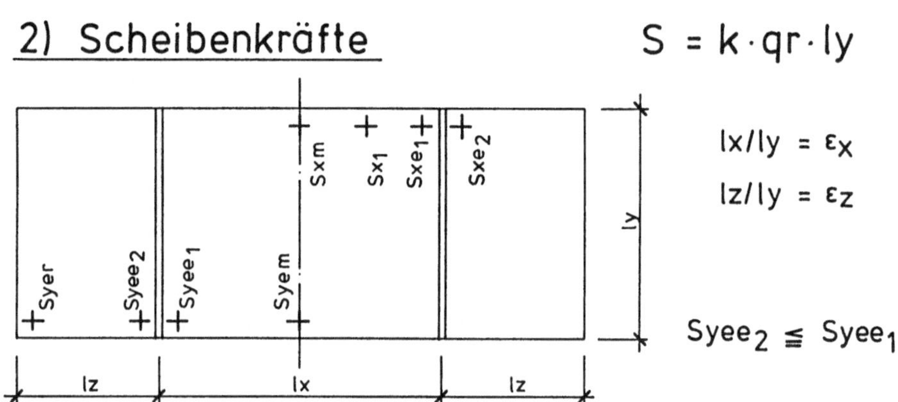

$$lx/ly = \varepsilon_x$$
$$lz/ly = \varepsilon_z$$

$$Syee_2 \lesseqgtr Syee_1$$

Verlauf der Scheibenkräfte

$$\varepsilon_z = 1{,}0 \; / \; \varepsilon_x = 2{,}0$$

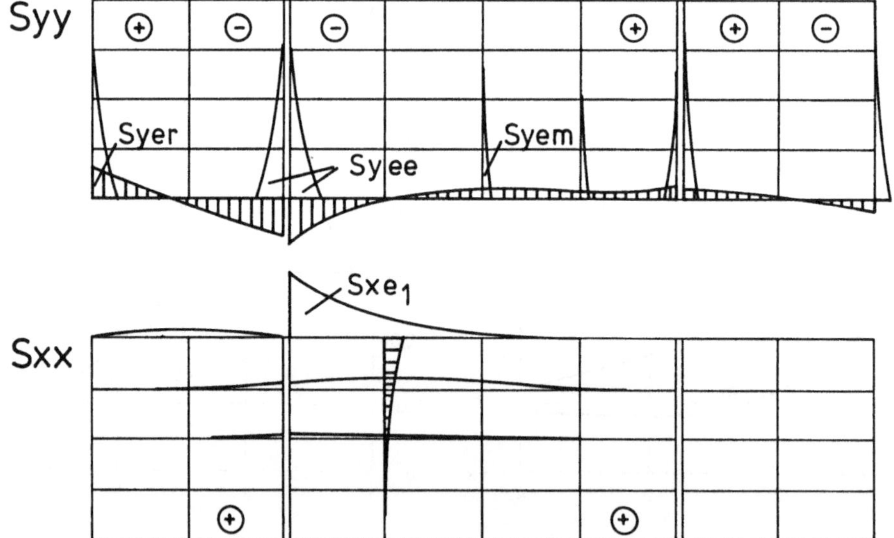

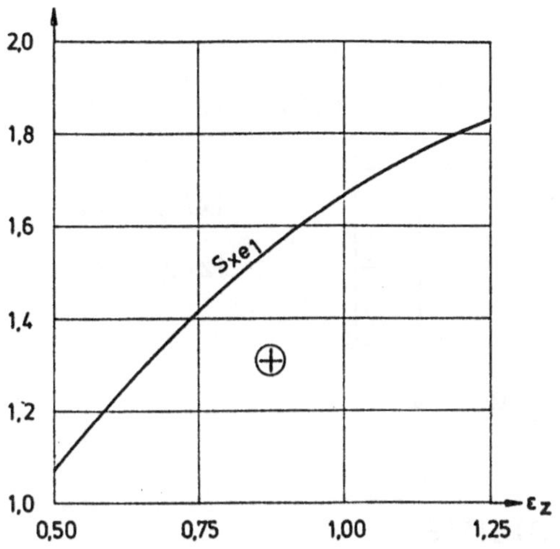

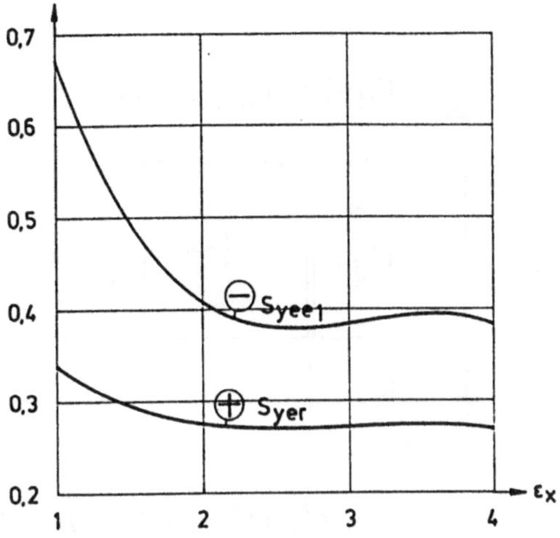

Sxe₂ nahezu null

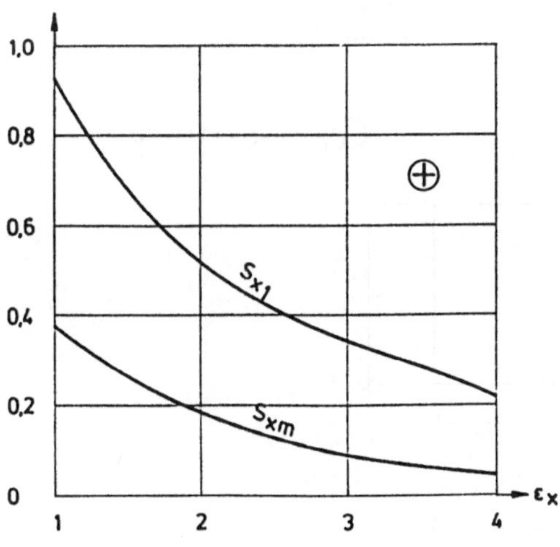

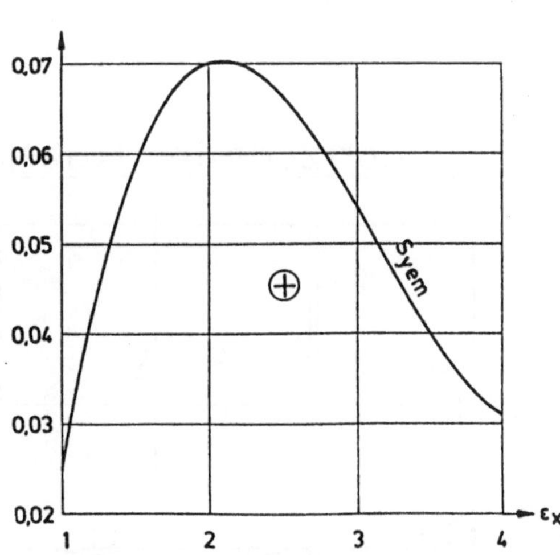

Lastfall 19

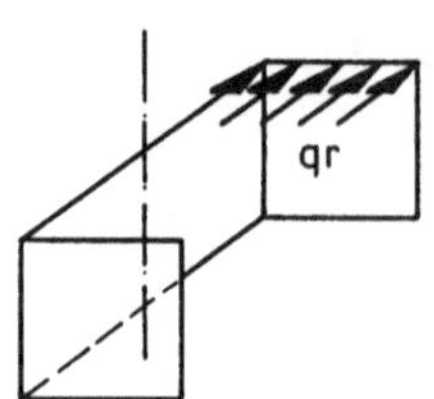

3) Drillmomente

$$mxy = k \cdot qr \cdot ly$$

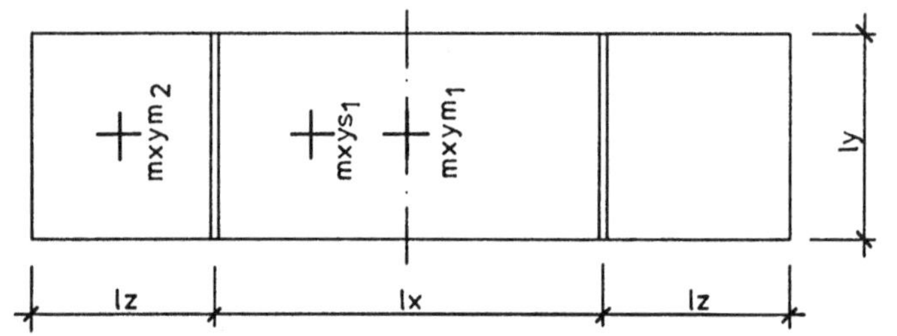

$$lx/ly = \varepsilon_x$$

$$lz/ly = \varepsilon_z$$

Verlauf der Drillmomente
$\varepsilon_z = 1{,}0 \;/\; \varepsilon_x = 2{,}0$

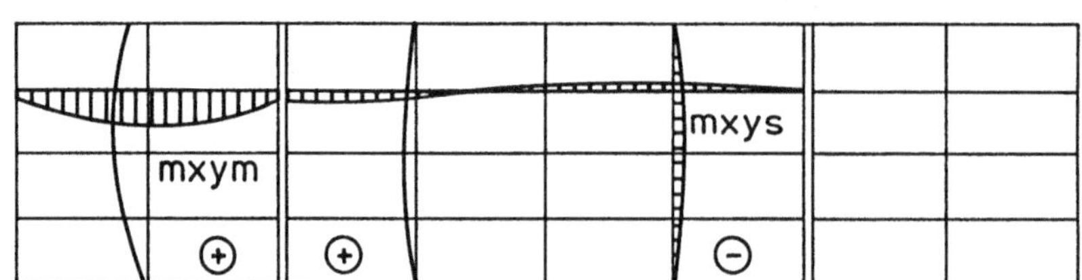

4) horizontale Querkraft

$$Qy = k \cdot qr \cdot ly$$

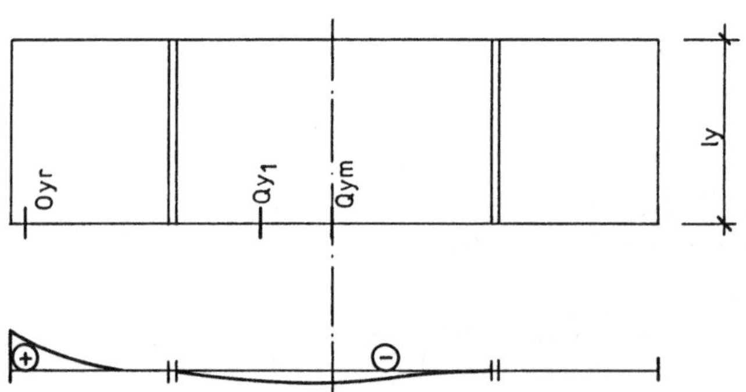

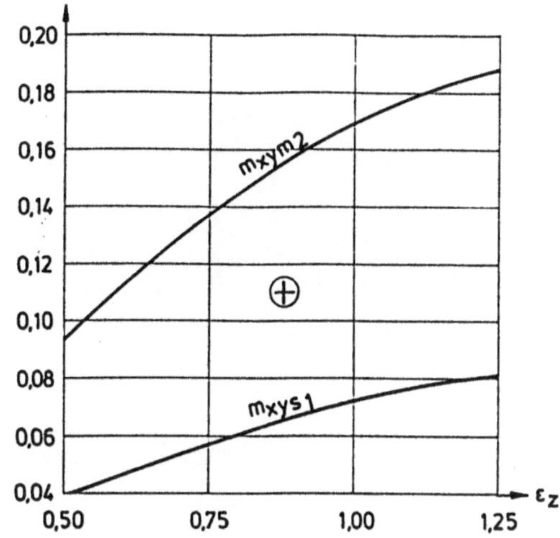
0,20
0,18
0,16
0,14
0,12
0,10
0,08
0,06
0,04
m_xym2
m_xys1
⊕
0,50
0,75
1,00
1,25
ε_z

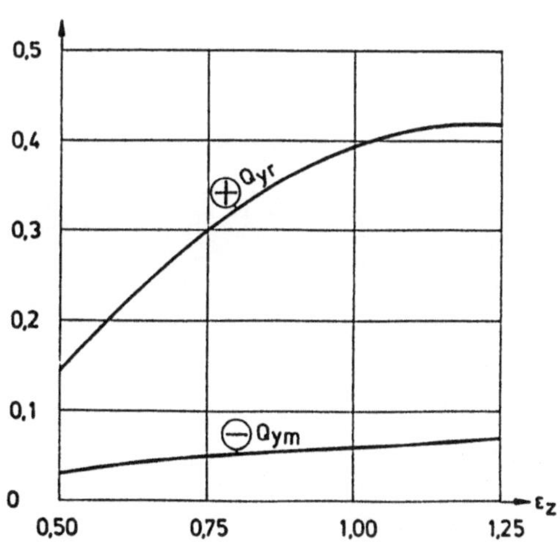
0,5
0,4
0,3
0,2
0,1
0
⊕ q_yr
⊖ q_ym
0,50
0,75
1,00
1,25
ε_z

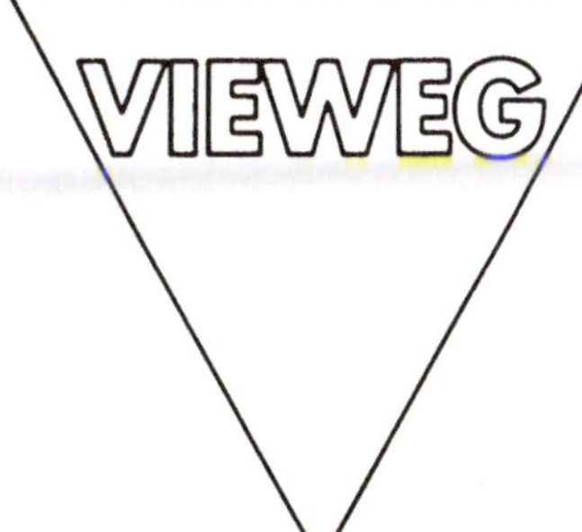

Christian Petersen

Stahlbau

Grundlagen der Berechnung und baulichen Ausbildung von Stahlbauten.

1988. XII, 1413 Seiten. 17 x 24,5 cm. Gebunden.

Das Buch ist aus Vorlesungen entstanden und begreift sich in erster Linie als Lehrbuch für Studierende des Bauingenieurwesens. Der Inhalt wird zum Teil systematisch, zum Teil exemplarisch dargestellt. Theorie und Konstruktion der wichtigsten Bereiche der Stahlbautechnik werden von den Grundlagen her entwickelt und durch viele Beispiele erläutert. Für Konstrukteure und Statiker in den technischen Büros der Industrie, der Beratenden Ingenieure und der Prüfämter enthält das Buch aufbereitete Berechnungsverfahren und Konstruktionsvorschläge in großer Zahl. Die Ausführungen berücksichtigen die neuesten Regelwerke und werden durch eine umfangreiche Literaturdokumentation ergänzt.

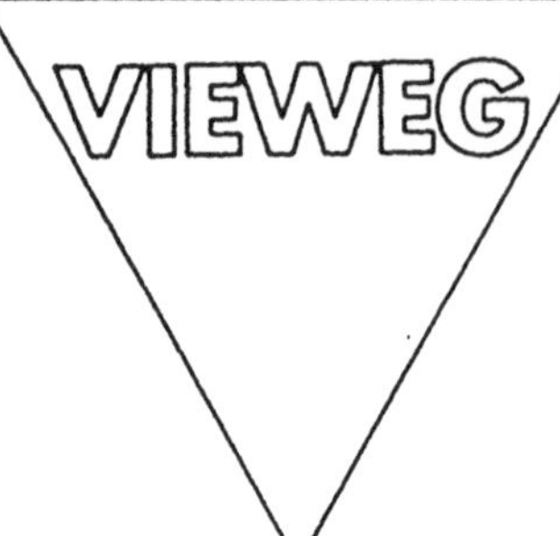

Helmut Bruckner

Winkelplatten

Der um eine Ecke geführte Platten-vollstreifen mit sämtlichen Randbe-dingungen.

1986. XXXVIII, 757 Seiten. 16,2 x 22,9 cm. Gebunden.

Das Buch behandelt den um eine Ecke geführten Plattenvollstreifen, den man auch als Winkelplatte bezeichnet. Es enthält sämtliche Stützungsarten solcher Platten. Die Tabellen behandeln die Lasttypen Gleichlast (Vollast), Einzel- und Linienlasten beliebiger Länge in beiden Richtungen. Aus letzteren lassen sich die Schnittkräfte aus Teilflächenlasten und beliebig geformten und angeordneten Blocklasten ermitteln. Für den Lastfall Gleichlast wurde ein so enger Raster der Tabellenwerte gewählt, daß der Momentenverlauf genau verfolgt werden kann, auch für Drillmomente. Bei den weiteren Lastfällen wurde eine ausreichende Anzahl von Aufpunkten gewählt. Bei einigen Lastfällen wurden die Einflußfelder und der Verlauf der Einflußfelder zeichnerisch dargestellt. Für durchlaufende Systeme gilt das Einspanngradverfahren.